普通高等院校土木建筑类专业系列特色教材

U0169424

建 筑 结 构 试 验

主　编 ◎ 谢永雄　罗伯光　廖葵莉

副主编 ◎ 刘之葵　王　蕊　蒋仕清　姜大伟

西南交通大学出版社

·成　都·

图书在版编目（CIP）数据

建筑结构试验 / 谢永雄，罗伯光，廖葵莉主编. —
成都：西南交通大学出版社，2023.8
普通高等院校土木建筑类专业系列特色教材
ISBN 978-7-5643-9360-1

Ⅰ. ①建… Ⅱ. ①谢… ②罗… ③廖… Ⅲ. ①建筑结
构 – 结构试验 – 高等学校 – 教材 Ⅳ. ①TU317

中国国家版本馆 CIP 数据核字（2023）第 112790 号

普通高等院校土木建筑类专业系列特色教材

Jianzhu Jiegou Shiyan

建筑结构试验

主编　　谢永雄　　罗伯光　　廖葵莉

责任编辑	陈　斌
封面设计	吴　兵

出版发行	西南交通大学出版社
	（四川省成都市金牛区二环路北一段 111 号
	西南交通大学创新大厦 21 楼）
邮政编码	610031
发行部电话	028-87600564　028-87600533
网址	http://www.xnjdcbs.com
印刷	成都中永印务有限责任公司

成品尺寸	185 mm×260 mm
印张	13.75
字数	343 千
版次	2023 年 8 月第 1 版
印次	2023 年 8 月第 1 次
定价	42.00 元
书号	ISBN 978-7-5643-9360-1

前　言

　　本书以高等学校土木工程专业指导委员会制定的《高等学校土木工程本科指导性专业规范》为依据，并根据《高等学校土木工程专业本科生教育培养目标和培养方案及教学大纲》及最新颁布的国家标准和规范编写而成的专业基础课实验教材。

　　建筑结构试验是研究和发展土木工程新结构、新材料、新工艺以及检验结构分析和设计理论的重要手段，在土木工程的科学研究和技术创新等方面起着重要作用。该课程的任务是通过理论和实验的教学环节，使学生获得结构试验技术的基础知识和基本技能，掌握结构试验的基本方法和试验技能。

　　本书根据土木工程专业理论课程最新教学大纲要求，参考了国内建筑结构方面理论与试验相关教材，突出了工程实践中各类建筑结构的基本技术要求。本书力求从整体上理顺框架，内容精炼、篇幅适当、重点突出，在编写过程中参考了大量的同类教材和文献资料，反映国内外土木工程结构试验和检测技术的最新进展，对我国近年来在结构试验方面的最新研究成果和先进技术、仪器设备也做了介绍。

　　参与本书编写的作者主要有：谢永雄（桂林理工大学）、罗伯光（桂林理工大学）、廖葵莉（南宁理工学院）、刘之葵（桂林理工大学）、王蕊（桂林理工大学）、蒋仕清（建材桂林地质工程勘察院有限公司）、姜大伟（建材桂林地质工程勘察院有限公司）。

　　本书得到南方石山地区矿山地质环境修复工程技术创新中心项目（CXZX2020002）、广西岩土力学与工程重点实验室项目（桂科能 20-Y-XT-03）和桂林理工大学教材建设基金的资助出版。同时也是"广西高校示范性现代产业学院-先进建材与智慧建造现代产业学院"的建设内容之一。

　　本书引用了许多国内外同行的资料和成果，在此表示衷心的感谢。由于编者水平有限，书中难免存在疏漏和不足之处，欢迎读者批评指正。

编　者

2023 年 6 月

目　录

第1章 绪 论

土木工程结构包括建筑结构、桥梁结构、地下结构、水工结构、隧道结构及各种特种结构等。这些结构都是以各种土木工程材料为主体构成的不同类型的承重构件相互连接而成的组合体。为满足结构在功能及使用上的要求，必须使得这些结构在稳定的使用期内能安全有效地承受外部及内部形成的各种作用，为了进行合理的设计，工程技术人员必须掌握在各种作用下结构的实际工作状态，了解结构构件的承载力、刚度、受力性能以及实际所具有的安全储备。

为了确保实现结构的功能，常采用以下三种途径：① 理论分析：利用现有成熟的理论，计算分析结构在各种作用下的效应，使其满足规范、规程、标准的要求。② 结构试验：对结构施加各种作用，通过测试技术评判结构是否满足要求。③ 计算机模拟：利用计算机程序模拟分析结构在各种作用下的效应，通过大量的参数分析，寻找其中的规律，从而解决结构功能问题。

上述三种解决结构功能的途径，彼此并不是独立的，而是互为指导和验证的关系。特别是随着土木工程结构的不断发展，结构越来越复杂，要确保这些结构功能的实现，这三种途径缺一不可。在结构分析中，一方面可以利用传统的理论计算方法，另一方面也可以利用试验方法，即通过结构试验，采用试验应力分析方法来解决。特别是电子计算机技术的发展，它为用数学模型方法进行计算分析创造了条件。同样，利用计算机控制的结构试验技术，为实现荷载模拟、数据采集、数据处理，以及整个试验过程实现自动化提供了有利条件，使结构试验技术的发展产生了根本性的变化。因此，结构试验仍然是发展结构理论和解决工程设计方法的主要手段之一，在结构工程学科的发展演变过程中形成的由结构试验、结构理论与结构计算构成的新学科结构中，结构试验本身也成为一门真正的实验科学。

1.1 结构试验的任务和目的

土木工程结构试验的任务就是以土木工程结构物（实物或模型）为研究对象，以设备仪器为工具，以各种试验技术为手段，借助量测技术对结构物受作用后的性能进行观测，量测与结构工作性能有关的各种参数（变形、挠度、应变、振幅、频率……），从强度、稳定性、刚度和抗裂性以及结构实际破坏形态来判断结构的实际工作性能，估计结构的承载能力，确定结构对使用要求的符合程度，并用以检验和发展结构的计算理论。例如以下三个任务：

（1）钢筋混凝土简支梁在竖向静力荷载作用下，通过检测在不同受力阶段的挠度、角变位、截面应变和裂缝宽度等参数，分析梁的整个受力过程以及结构的强度、挠度和抗裂性能。

（2）结构承受动力荷载作用时，可以量测结构的自振频率、阻尼系数、振幅和动应变等参量，研究结构的动力特性和结构对动力荷载的反应。

（3）在结构的抗震研究中，结构在低周反复荷载作用下，通过试验获得应力-变形关系滞回曲线，为分析抗震结构的强度、刚度、延性、刚度退化、变形能力等提供数据资料。

可见，土木工程结构试验的任务是以试验方式测定相关数据，由此反映结构或构件的工作性能、承载能力以及相应的安全度，为结构的安全使用或设计理论的建立提供科学依据。

17世纪初期，伽利略（1564—1642）首先研究了材料的强度问题，提出许多正确的理论。但他在1638年出版的著作中，也错误地认为受弯梁的断面应力分布是均匀受拉的。46年后，法国物理学家马里奥脱和德国物理学家兼哲学家莱布尼兹对这个假定提出了修正，认为其应力分布不是均匀的，而是呈三角形分布的。其后，胡克和伯努利建立了平面假定。1713年法国人巴朗进一步提出中和层的理论，认为受弯梁断面上的应力分布以中和层为界，一边受拉，另一边受压。由于当时无法验证，巴朗的理论只是一个假设，受弯梁断面上存在压应力的理论仍未被人们接受。

1767年，法国科学家容格密里首先用简单的试验方法，令人信服地证明了断面上压应力的存在。他在一根简支梁的跨中，沿上缘受压区开槽，槽的方向与梁轴线垂直，槽内嵌入硬木垫块。试验证明，这种梁的承载能力丝毫不低于整体并未开槽的木梁。试验现象表明，只有梁的上缘受压力时，才可能有这样的结果。当时，科学家们对容格密里的这个试验给予了极高的评价，誉为"路标试验"。它总结了人们100多年来的探索成果，像十字路口的路标一样，为人们指出了进一步发展结构强度计算理论的正确方向和方法。

1821年，法国科学院院士拿维叶从理论上推导了现代材料力学中受弯构件断面应力分布的计算公式。经过了20多年，才由法国科学院另一位院士阿莫列用试验的方法验证了这个公式。人类对这个问题曾进行了200多年的不断探索，至此才告一段落。从这段漫长的历程中可以看到，不仅对于验证理论，而且在选择正确的研究方法上，试验技术都起了重要的作用。

为了使土木建筑技术能够健康地发展，需要制定一系列技术规范和技术标准。土木工程领域所使用的各类技术规范和技术标准都离不开结构试验成果。根据不同的试验目的，结构试验一般分为研究性试验和鉴定性试验。

（1）研究性试验通常用来解决下面两方面的问题：

① 通过结构试验，验证结构计算理论或通过结构试验创立新的结构理论。随着科学技术的进步，新方法、新材料、新结构、新工艺不断涌现，例如，高性能混凝土结构的工程应用、高温高压工作环境下的核反应堆安全壳、新的结构抗震设计方法、全焊接钢结构节点的热应力影响区等。一种新的结构体系、新的设计方法都必须经过试验的检验，结构计算中的基本假设需要试验验证，结构试验也是新的发现的源泉。结构工程科学的进步离不开结构试验。我们称结构工程为一门实验科学，就是强调结构试验在推动结构工程技术发展中所起的作用。

② 通过结构试验，制定工程技术标准。由于工程结构关系到公共安全和国家经济发展，建筑结构的设计、施工、维护必须有章可循。这些规章就是结构设计规范和标准、施工验收规范和标准以及其他技术规程。我国在制定现行的各种结构设计和施工规范时，除了总结已有的工程经验和结构理论外，还进行了大量的混凝土结构，砌体结构，钢结构的梁、柱、板、框架、墙体、节点等构件和结构试验。系统的结构试验和研究为结构的安全性、使用性、耐久性提供了可靠的保证。

（2）鉴定性试验通常有直接的生产性目的和具体的工程对象，这类试验主要用于解决以下三方面的问题：

①通过结构试验检验结构、构件或结构部件的质量。建筑工程由很多结构构件和结构部件组成，例如，在钢筋混凝土结构和砖混结构房屋中，大量采用预制混凝土构件，这些预制构件的产品质量必须通过结构试验进行检验。后张法生产的预应力混凝土结构，锚具等部件是结构的组成部分，其质量也必须通过试验进行检验。大型工程结构建成后，如大跨桥梁结构要求进行荷载试验，这种试验可以全面综合地鉴定结构的设计和施工质量，并为结构长期运行和维护积累基本数据，结构试验也是处理工程结构质量事故的常用方法之一。

②通过结构试验确定已建结构的承载能力。结构设计规范规定，已建结构不得随意改变结构用途。当结构用途需要改变，而单凭结构计算又不足以完全确定结构的承载能力时，就必须通过结构试验来确定结构的承载能力。已建结构随着使用年限的增加，其安全度逐渐降低，结构可靠性鉴定的主要任务就是确定结构的剩余承载能力。结构遭遇极端灾害性作用后，如火灾、地震灾害，结构发生破损、在对结构进行维护加固前，也要求通过试验对结构的剩余承载能力做出鉴定。

③通过结构试验验证结构设计的安全度。这类试验大多在实际结构开始施工前进行。设计规范称之为"结构试验分析方法"。结构试验的主要目的是由试验确定实际结构的设计参数，验证结构施工方案的可行性和结构的安全度。试验对象多为实际结构的缩小比例模型。例如，大跨度体育场馆屋盖结构和高耸结构的风洞试验，前者通过试验确定结构的风压设计参数，后者通过试验确定结构的风振特性；又如，在地震区建造体形复杂的高层建筑，通常要进行地震模拟振动台试验，试验结果和计算结果相互验证，以确保结构的安全。

1.2　结构试验的分类

根据结构试验目的的不同，结构试验可分为研究性试验和鉴定性试验。我们知道，结构试验本质上是通过试验了解结构的性能，其中，最重要的因素就是在结构试验中模拟实际结构所处的环境。这里所说的环境，包括温度、湿度、地基、荷载、地震、火灾等各种因素。根据这些因素，可以对结构试验做出不同的分类。

1.2.1　原型及模型结构和构件试验

1. 原型试验

原型试验的试验对象是实际结构或是按实物结构足尺复制的结构或构件，如核电站安全壳加压整体性的试验、工业厂房结构的刚度试验、楼盖承载能力试验以及桥梁在移动荷载作用下的动力特性试验等，均在实际结构上加载量测。另外在高层建筑上直接进行风振测试和通过环境随机振动测定结构动力特性等均属此类。在原型试验中另一类就是足尺结构或构件的试验。以往一般对构件的足尺试验做得较多的对象就是一根梁、一块板，或一榀屋架之类的实物构件，它可以在实验室内试验，也可以在现场进行。

由于工程结构抗震研究的发展，国内外开始重视对结构整体性能的试验研究，因为通过对这类足尺结构物进行试验，可以对结构改造和各构件之间的相互作用、结构的整体刚度以及破坏阶段的实际工作性能进行全面观测了解。为了保证测试精度，防止环境因素对试验的干扰，目前国外已将这类足尺结构从现场转移到结构试验室内进行试验，如日本已在实验室内完成了七层房屋足尺结构的抗震拟静力试验。近年来国内大型结构实验室建设也已经考虑到了这类试验的要求。

2. 模型试验

由于进行原型结构试验投资大、周期长、测量精度受环境因素等影响，在经济上或技术上存在一定困难。因此，人们在结构设计的方案阶段进行初步探索比较或对设计理论和计算方法进行科学研究时，可以采用按原型结构缩小的模型进行试验。

模型是仿照原型（真实结构）并按照一定比例关系复制而成的试验代表物，它具有实际结构的全部或部分特征。模型的设计制作及试验是根据相似理论，用适当的比例和相似的材料制成与原型几何相似的试验对象，在模型上施加相似力系（或称比例荷载），使模型受力后重演原型结构的实际工作，最后按照相似理论由模型试验结果推算实际结构的工作。为此，这类模型要求有比较严格的模拟条件，即要求做到几何相似、力学相似和材料相似。目前在实验室内进行大量结构试验均属于这一类。

由于严格的相似条件给模型设计和试验带来一定的困难，在工程结构试验中尚有另一类型的模型。这类模型仅是原型结构缩小几何比例尺寸的试验代表物，将该类模型的试验结果与理论计算对比校核，用以研究结构的性能，验证设计假定与计算方法的正确性，并认为这些结果所证实的一般规律与计算理论可推广到实际结构中去，这类试验就不一定要满足严格的相似条件了。例如，上海体育馆的屋盖采用了直径为 125 m 圆形的三向钢网架结构，就是通过一个 1/20 的模型试验来验证该体型网架的变形和内力分布，同时用以探求理论计算中不易发现的次应力等问题，通过试验数据与计算比较后得到了满意的结果。

1.2.2 结构静载试验

根据结构试验中被试验的结构或构件所承受的荷载对结构试验做出分类，可分为静载试验和动载试验两大类。

静载试验是建筑结构中最常见的试验。所谓"静力"一般是指试验过程中结构本身运动的加速度效应即惯性力效应可以忽略不计。根据试验性质的不同，静载试验可分为单调静力荷载试验、低周反复荷载试验和拟动力试验。在单调静力荷载试验中，试验加载过程从零开始，在几分钟到几小时的时间内，试验荷载逐渐单调增加到结构破坏或预定的状态目标。钢筋混凝土结构、砌体结构、钢结构的设计理论和方法就是通过这类试验而建立起来的。

低周反复荷载试验属于结构抗震试验方法中的一种。房屋结构在遭遇地震灾害时，强烈的地面运动使结构承受反复作用的惯性力。在低周反复荷载试验中，利用荷载系统使结构受到逐渐增大的反复作用荷载或交替变化的位移，直到结构破坏。在这种试验中，结构或构件受力的历程有结构在地震作用下的受力历程的基本特点，但加载速度远低于实际结构在地震作用下所经历的变形速度，为区别于单调静力荷载试验，有时又称这种试验为伪静力试验。

静载试验所需的加载设备较为简单，有些试验可以直接采用重物加载。由于试验进行的速度很低，可以在试验过程中仔细记录各种试验数据，对试验对象的行为进行仔细的观察，得到直观的破坏形态。例如，在钢筋混凝土梁的受弯试验中，需要观测并记录截面的应变分布、沿梁长度方向的挠度分布、荷载-挠度曲线、裂缝间距和裂缝宽度、破坏形态等，这些数据和信息都通过静载试验获取。

按荷载作用的时间长短，结构静载试验又可分为短期荷载试验和长期荷载试验。建筑材料具有一定的黏弹性特性，例如，混凝土的徐变和预应力钢筋的松弛。此外，影响建筑结构耐久性的因素往往是长期的，例如，混凝土的碳化和钢筋的锈蚀。在短期静力荷载试验中，忽略了这些因素的影响。当这些因素成为试验研究的主要对象时，就必须进行长期静力荷载试验。长期荷载试验的持续时间为几个月到几年不等，在试验过程中，观测结构的变形和刚度变化，从而掌握时间因素对结构构件性能的影响。在实验室条件下进行的长期荷载试验，通常对试验环境有较严格的控制，如恒温、恒湿、隔振等，突出荷载作用这个因素，消除其他因素的影响。除在实验室进行长期荷载试验外，在实际工程中，对结构的内力和变形进行长期观测，也属长期荷载试验。这时，结构所承受的荷载为结构的自重和使用荷载。近年来，工程师和研究人员较为关心的"结构健康监控"，就是基于长期荷载试验所获取的观测数据，对结构的运行状态和可能出现的损伤进行监控。

1.2.3 结构动载试验

实际工程结构大多受到动力荷载作用，如铁路或公路桥梁、工业厂房中的吊车梁。风对大跨结构和高耸结构的作用，地震对结构的作用也是一种强烈的动力作用。结构动载试验利用各类动载试验设备使结构受到动力作用，并观测结构的动力响应，进而了解、掌握结构的动力性能。

1. 疲劳试验

当结构处于动态环境，其材料承受波动的应力作用时，结构内某一点或某一部分发生局部的、永久性的组织变化（损伤）的一种递增过程称之为疲劳。经过足够多次应力或应变循环后，材料损伤累积导致裂纹生成并扩展，最后发生结构疲劳破坏。结构或构件的疲劳试验就是利用疲劳试验机，使构件受到重复作用的荷载，通过试验确定重复作用荷载的大小和次数对结构承载力的影响。对于混凝土结构，常规的疲劳试验按每分钟 400～500 次、总次数为 200 万次进行。疲劳试验多在单个构件上进行，有为鉴定构件性能而进行的疲劳试验，也有以科学研究为目的的疲劳试验。

2. 动力特性试验

结构动力特性是指结构物在振动过程中所表现的固有性质，包括固有频率（自振频率）、振型和阻尼系数。结构的抗震设计、抗风设计与结构动力特性参数密切相关。在结构分析中，采用振型分解法求得结构的自振频率和振型，称为模态分析。用实验的方法获得这些模态参数的方法称为实验模态分析方法。测定结构动力特性参数时，要使结构处在动力环境下（振动状态）。通常，采用人工激励法或环境随机激励法使结构产生振动，同时量测并记录结构的速度响应或加速度响应，再通过信号分析得到结构的动力特性参数。动力特性试验的对象以整体结构为主，可以在现场测试原型结构的动力特性，也可以在实验室对模型结构进行动力特性试验。

3. 地震模拟振动台试验

地震时强烈的地面运动使结构受到惯性力作用，结构因此倒塌破坏。地震模拟振动台是一种专用的结构动载试验设备，它能真实地模拟地震时的地面运动。试验时，在振动台上安装结构模型，然后控制振动台按预先选择的地震波运动，量测记录结构的动位移、动应变等数据，观察结构的破坏过程和破坏形态，研究结构的抗震性能。地震模拟振动台试验的时间很短，通常在几秒到十几秒内完成一次试验，对振动台控制系统和动态数据采集系统都有很高的要求。地震模拟振动台是结构抗震试验的关键设备之一，大型复杂结构在地震作用下表现出非线性非弹性性质，目前的分析方法还不能完全解决结构非线性地震响应的计算，振动台试验常常成为必要的"结构试验分析方法"。

4. 风洞试验

工程结构风洞实验装置是一种能够产生和控制气流以模拟建筑或桥梁等结构物周围的空气流动，并可量测气流对结构的作用，以及观察有关物理现象的一种管状空气动力学试验设备。在多层房屋和工业厂房结构设计中，房屋的风载体型系数就是风洞试验的结果。结构风洞试验模型可分为钝体模型和气弹模型两种。其中，钝体模型主要用于研究风荷载作用下，结构表面各个位置的风压；气弹模型则主要用于研究风致振动以及相关的空气动力学现象。超大跨径桥梁、大跨径屋盖结构和超高层建筑等新型结构体系常用风洞试验确定与风荷载有关的设计参数。

除上述几种典型的结构动载试验外，在工程实践和科学研究中，根据结构所处的动力学环境，还有强迫振动试验、周期抗震试验、冲击碰撞试验等结构动载试验方法。

1.2.4 结构非破损检测

结构非破损检测是以不损伤结构和不影响结构功能为前提，在建筑结构现场，根据结构材料的物理性能和结构体系的受力性能对结构材料和结构受力状态进行检测的方法。

现场检测混凝土强度的方法有回弹法、超声-回弹综合法、拔出法，还有使结构受到轻微破损的钻芯法等。检测混凝土内部缺陷的方法有超声法、脉冲回波法、X射线法和雷达法等。还可以用非破损的方法检测混凝土中钢筋的直径和保护层厚度。

检测砂浆和块体强度可用回弹法、贯入法等方法。检测砌体抗压强度的方法有冲击法、推出法、液压扁顶法等。

检测钢结构焊缝缺陷的方法有超声法、磁粉探伤法、X射线法等。

对原型结构进行荷载试验，检验结构的内力分布、变形性能和刚度特征，试验荷载不会导致结构出现损伤，这类荷载试验属于非破损检测方法。

采用动力特性试验方法进行结构损伤诊断和健康监控，也是非破损检测中的一种重要方法。

1.3 结构试验技术的发展

现代科学技术的不断发展，为结构试验技术水平的提高创造了物质条件。同样，高水平的结构试验技术又促进结构工程学科不断发展和创新。现代结构试验技术和相关的理论及方法在以下几个方面发展迅速。

1. 先进的大型和超大型试验装备

在现代制造技术的支持下，大型结构试验设备不断投入使用，使加载设备模拟结构实际受力条件的能力越来越强。例如，电液伺服压力试验机的最大加载能力达到 50 000 kN，可以完成实际结构尺寸的高强度混凝土柱或钢柱的破坏性试验。计划建设的地震模拟振动台阵列，由多个独立振动台组成，当振动台排成一列时，可用来模拟桥梁结构遭遇地震作用；若排列成一个方阵，可用来模拟建筑结构遭遇地震作用。复杂多向加载系统可以使结构同时受到轴向压力、两个方向的水平推力和不同方向的扭矩，而且这类系统可以在动力条件下对试验结构反复加载。以再现极端灾害条件为目的，大型风洞、大型离心机、大型火灾模拟结构试验系统等试验装备相继投入运行，使研究人员和工程师能够通过结构试验更准确地掌握结构的性能，改善结构的防灾抗灾能力，发展结构设计理论。

2. 基于网络的远程协同结构试验技术

互联网的飞速发展，为我们展现了一个崭新的世界。当外科手术专家通过互联网进行远程外科手术时，基于网络的远程结构试验体系也正在形成。20 世纪末，美国国家科学基金会投入巨资建设"远程地震模拟网络"，希望通过远程网络将各个结构实验室联系起来，利用网络传输试验数据和试验控制信息，网络上各站点（结构实验室）在统一协调下进行联机结构试验，共享设备资源和信息资源，实现所谓的"无墙实验室"。我国也在积极开展这一领域的研究工作，并开始进行网络联机结构抗震试验。基于网络的远程协同结构试验集合结构工程、地震工程、计算机科学、信息技术和网络技术于一体，充分体现了现代科学技术渗透、交叉、融合的特点。

3. 现代测试技术

现代测试技术的发展以新型高性能传感器和数据采集技术为主要方向。传感器是信号检测的工具，理想的传感器具有精度高、灵敏度高、抗干扰能力强、测量范围大、体积小、性能可靠等特点。新材料，特别是新型半导体材料的研究与开发，促进了很多对于力、应变、位移、速度、加速度、温度等物理量敏感的器件的发展。利用微电子技术，使传感器具有一定的信号处理能力，形成所谓的"智能传感器"。新型光纤传感器可以在上千米范围内以毫米级的精度确定混凝土结构裂缝的位置。大量程高精度位移传感器可以在 1 000 mm 测量范围内，达到±0.01 mm 的精度，即 0.001% 的精度。基于无线通信的智能传感器网络已开始应用于大型工程结构健康监控。另一方面，测试仪器的性能也得到极大的改进，特别是与计算机技术相结合，数据采集技术发展迅速。高速数据采集器的采样速度达到 500 M/s，可以清楚地记录结构经受爆炸或高速冲击时响应信号前沿的瞬态特征。利用计算机存储技术，长时间大容量数据采集已不存在困难。

4. 计算机与结构试验

在经济建设高速发展的今天,科学技术的发展日新月异,计算机技术与各种家电、设备息息相关,计算机也同样成为结构试验必不可少的一部分。安装在传感器中的微处理器、数字信号处理器(DSP)、数据存储和输出、数字信号分析和处理、试验数据的转换和表达等,都与计算机密切相关。离开了计算机,现代结构试验技术不复存在。特别值得一提的是大型试验设备的计算机控制技术和结构性能的计算机仿真技术。多功能高精度的大型试验设备(以电液伺服系统为代表)的控制系统于20世纪末告别了传统的模拟控制技术,普遍采用计算机控制技术,使试验设备能够完成复杂、快速的试验任务。以大型有限元分析软件为标志的结构分析技术也极大地促进了结构试验的发展,在结构试验前,通过计算分析预测结构性能,制订试验方案。完成结构试验后,通过计算机仿真,结合试验数据,对结构性能做出完整的描述,在结构抗震、抗风、抗火等研究方向和工程领域,计算机仿真技术和结构试验的结合越来越紧密。

1.4　结构试验课程的特点

"建筑结构试验"是土木工程类专业的一门专业课,这门课程与其他课程有很密切的关系。首先,它以建筑结构的专业知识为基础。设计一个结构试验,在试验中准确地量测数据、观察试验现象,必须有完整的结构概念,能够对结构性能做出正确的计算。因此,材料力学、结构力学、弹性力学、混凝土结构、砌体结构、钢结构等结构类课程形成本课程的基础,掌握本课程的理论和方法,也将对结构性能和结构理论有更深刻的理解。其次,结构试验依靠试验加载设备和仪器仪表来进行,了解这些设备和仪器的基本原理和使用方法是本课程一个很重要的环节。掌握机械、液压、电工学、电子学、化学、物理学等方面的知识,对理解结构试验方法是很有好处的。最后,电子计算机是现代结构试验技术的核心,结构试验中,运用计算机进行试验控制、数据采集、信号分析和误差处理,结构试验技术还涉及自动控制、信号分析、数理统计等课程。

在对结构进行鉴定性试验和研究性试验时,试验方法必须遵守一定的规则。我国先后颁布了《混凝土结构试验方法标准》(GB/T 50152—2012)、《建筑抗震试验方法规程》(JGJ 101—1996)等专门技术标准。对不同类型的结构,也用技术标准的形式规定了检测方法。这些与结构试验有关的技术标准或在技术标准中与结构试验有关的规定,有确保试验数据准确、结构安全可靠、统一评价尺度的功能,其作用与结构设计规范相同,在进行结构试验时必须遵守。

结构试验强调动手能力的训练和培养,它是一门实践性很强的课程。学习这门课程,必须完成相关的结构和构件实验,熟悉仪器仪表操作。除掌握常规测试技术外,很多知识是在具体试验中掌握的,要在试验操作中注意体会。

总之,"建筑结构试验"是一门综合性很强的课程,结构试验常常以直观的方式给出结构性能,但必须综合运用各方面的知识,全面掌握结构试验技术,才能准确理解结构受力的本质,提高结构理论水平。

第2章 结构试验设计

2.1 概 述

结构试验设计是整个试验中极为重要并且带有局限性的一项工作。它的主要内容是对所要进行的结构试验工作进行全面的设计与规划，从而使设计的计划与试验大纲能对整个试验起到统管全局和具体指导作用。

在进行结构试验的总体设计时，首先应该反复研究试验的目的，充分了解本项试验研究或生产鉴定的任务要求，因为工程结构试验所具有的规模与所采用的试验方法都是根据试验研究的目的、任务、要求而确定的。试件的设计制作、加载和量测方法的确定等各个环节之间联系密切，不可单独考虑，必须对各种因素进行综合考虑，才能使设计意图在试验执行与实施中得以体现，最终达到预期的目的。

在明确试验目的后需着手调查研究并收集有关资料，确定试验的性质与规模、试件的尺寸与形状，然后根据一定理论做出试件的具体设计。试件设计必须考虑本试验的特点与需要，在设计构件上提出相应的措施。在设计试件的同时，还需要注意以下问题：① 分析试件在加载试验过程中各个阶段预期的内力和变形，特别是对具有代表性的并能反映整个试件在加载试验过程中各个阶段预期的内力和变形，以及对具有代表性的并能反映整个试件工作状况的部位所测定的内力、变形数值，以便在试验过程中随时校核，并加以控制；② 要选定试验场所，拟定加载与量测方案；③ 设计专用的试验设备、配件和仪表等，制订技术安全措施等。除技术上的安排外，还必须组织必要的人力、物力，针对试验的规模，组织参加试验的人员，并提出试验经费预算以及消耗性器材数量与试验设备清单。

在上述规则的基础上，提出试验研究大纲及试验进度计划。试验规则是指导试验工作具体进行的技术文件，对每个试验、每次加载、每个测点与每个仪表都应该有十分明确的目的性与针对性。切忌盲目追求试验次数多、仪表测点多，以及不切实际地追求量测的高精度。否则有时反而会弄巧成拙，达不到预期的试验目的。有时为了解决某一具体的加载方案或量测方案，可先做一些试探性试验，以达到更好地规划整个试验研究的目的。

针对具体结构的工程现场鉴定性试验，在进行试验设计前必须对结构物进行实地考察，对该结构的现状和现场条件建立感性认知。在考虑试验对象的同时，还必须通过调查研究，收集有关文件和资料，如设计图样、计算书及作为设计依据的原始材料、施工文件、施工日志、材料性能试验报告和施工质量检查验收记录等。关于受灾损伤的结构，还必须了解灾害的起因、过程与结构的现状。对于实际调查的结果要及时整理（书面记录、草图、照片等），作为拟定试验方案、进行试验设计的依据。

由于近代仪器设备和测试技术的不断发展，大量新型的加载设备和测量仪器被使用到土木工程结构试验中，这对试验工作者又提出了新的技术要求。对这方面的知识了解不够或微小疏忽，均会导致对整个试验不利的后果。所以在进行试验总体设计时，要求对所使用的仪器设备性能进行综合分析，对试验人员应事先组织学习，掌握这方面的知识，以利于试验工作的顺利进行。

2.2 结构试验的一般程序

建筑结构试验是研究和发展结构理论的重要手段。建筑结构试验一般分为试验规划与设计、试验技术准备、试验实施过程、试验数据分析与总结四个阶段。

1. 试验规划与设计

试验规划与设计是整个结构设计试验中极为重要且带有全局性的一项工作，其主要内容是对所要进行的结构试验工作进行全面的设计与规划，从而使设计的计划与试验大纲能对整个试验有统管全局和具体指导的作用。这阶段的工作内容包括：试验任务分析、试件分析、试验装置与加载方案设计、观测方案设计、试验中止条件和安全措施。

2. 试验技术准备

结构试验项目能否达到预期目的，很大程度上取决于试验技术准备。这阶段的工作内容主要包括：试件制作、预埋传感元件、安装试验装置及试件、安装测量元件、调试标定仪器设备、相关材料性能测试等。

3. 试验实施过程

试验实施过程主要是操作仪器设备，对试件的反应进行观测。这阶段的工作内容包括：记录试件初始状态、采集并记录试验数据、观察并记录试件特征反应（如裂缝、破坏形态、声音、热特征、环境特征和其他信息）。

4. 试验数据分析与总结

试验结束后，及时整理试验数据，撰写试验报告。这阶段的工作内容包括：整理试验结果、判断异常数据、绘制试验曲线图表、分析试验误差、分析并总结试验现象。

在结构试验中的四个阶段，每个阶段都是紧密相连的，任何一个阶段出现问题都将影响整个试验测试的结果。

2.3 结构试验设计的基本原则

如果将工程结构视为一个系统，所谓"试验"，是指给定系统的输入，并让系统在规定的环境条件下运行，考察系统的输出，确定系统的模型和参数的全过程。这一定义，可以归纳结构试验设计的基本原则如下：

1. 真实模拟结构所处的环境和结构所受到的荷载

建筑结构在其使用寿命的过程中，会受到各种作用，并以荷载作用为主。要根据不同的结构试验的目的设计试验环境和试验荷载，例如，地震模拟振动台试验再现地震时的地面强烈运动，而风洞试验则再现了结构所处的风环境。为了考虑混凝土结构遭遇火灾时的性能，试验要在特殊的高温装置中进行。在鉴定性结构试验中，可按照有关技术标准或试验目的确定试验荷载的基本特征。而在研究性结构试验中，试验荷载完全由研究目的所决定。

除实际原型结构的现场试验外，在实验室内进行结构或构件试验时，试验装置的设计要注意边界条件的模拟。如图 2-1 所示的梁，通常称之为简支梁，根据弹性力学中的圣维南原理，我们知道，只要梁的两端没有转动约束，按初等梁理论，这就是与我们计算简图相符的简支梁。但是，图 2-1 的梁不是铰接在梁端的中性轴，而是铰接在梁底部。这种边界条件对梁的单调静力荷载试验的影响很小。但在梁的动力特性试验中，如果梁的跨高比不是很大，这种边界条件在很大程度上改变了梁的动力特性。

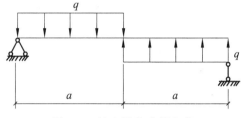

图 2-1　简支梁的支撑条件

2. 消除次要因素影响

影响结构受力性能的因素有很多，一次试验很难同时确定各因素的影响程度。此外，各影响因素中，有的是主要因素，有的是次要因素。通常，试验目的中明确包含了需要研究或需要验证的主要因素。试验设计时，应进行仔细分析，消除次要因素的影响。

按照混凝土结构设计理论，钢筋混凝土梁可能发生两种类型的破坏：一种是弯曲破坏，另一种是剪切破坏。梁的剪切试验和弯曲试验均以对称加载的简支梁为试验对象。当以梁的受弯性能为主要试验目的时，观测的重点为梁的纯弯区段，在梁的剪弯区段配置足够的箍筋以防剪切破坏影响试验结果。反过来，当以梁的剪切性能为主要试验目的时，则加大纵向受拉钢筋的配筋率，避免梁在发生剪切破坏之前出现以受拉钢筋屈服为标志的弯曲破坏。应当指出，纵向受拉钢筋配筋率对梁的剪切破坏有一定的影响，但在试验研究中，以混凝土强度和箍筋配筋率为主要因素，而将纵向钢筋配筋率视为次要因素。因此，大多数钢筋混凝土梁受剪性能的试验中，都采用高配筋率的梁试件。

在大型结构试验中，更要注意把握结构试验的重点。按系统工程学的观点，有所谓"大系统测不准"定理。意思是说，系统越大越复杂，影响因素越多，这些影响因素的累积可能会使测试数据的"信噪比"降低，影响试验结果的准确程度。不论是设计加载方案还是设计测试方案，都应力求简单。复杂的加载子系统和庞大的测试仪器子系统，都会增加整个系统出现故障的概率。只要能实现试验目的，最简单的方案往往就是最好的方案。

3. 将结构反应视为随机变量

从结构设计的可靠度理论我们知道，结构抗力和作用效应都是随机变量。但在进行结构试验时，我们希望所有影响因素都在我们的控制之下。对于建筑工程产品的鉴定性试验，有这种想法是正常的，因为大多数产品都是符合技术标准的合格产品。对于结构工程科学的研究性试验，我们常常也期望试验结果能证实我们的猜想和假设。但如果在试验完成以前就已经知道试验结果，那试验也就没有什么意义了。因此，在设计和规划结构试验时，必须将结构的反应视为随机变量。特别要强调指出的是，结构试验不同于材料试验，在常规的材料强度试验中，用平均值和标准差表示试验结果的统计特征，这就是众所周知的处理方法。而在试验之前，结构试验的结果不但具有随机性，而且具有模糊性。这就是说，结构的力学模型是不确定的。以梁的受力性能为例，根据材料力学，我们可以预测钢梁弹性阶段的性能，但是，对于一种采用新材料制作的梁，例如胶合木材制成的梁，其承载能力模型显然与试验结果有极大的关系。常规的试验研究方法是根据试验结果建立结构的力学模型，再通过试验数据分析确定模型的参数。

将结构反应视为随机变量，这一观点使得我们在结构试验设计时，必须运用统计学的方法设计试件的数量，排列影响因素。例如，基于数理统计的正交试验法。而在考虑加载设备、测试仪器时，必须留有充分的余地。有时，在进行新型结构体系或新材料结构的试验时，由于信息不充分，很难对试件制作、加载方案、观测方案等环节全面考虑，应先进行预备性试验，也就是为制订试验方案而进行的试验。通过预备性试验初步了解结构的性能，再制订详尽的试验方案。

4. 合理选择试验参数

在结构试验中，试验方案涉及很多参数，这些参数决定了试验结构的性能。一般而言，试验参数可以分为两类：一类与试验加载系统有关，另一类与试验结构的具体性能有关。例如，约束钢筋混凝土柱的抗震性能试验，试验加载系统的能力决定柱的基本尺寸，试验参数中取柱的抗震尺寸为 300 mm×300 mm，最大轴压比为 0.7，C40 级混凝土，试验中施加的轴压荷载约为 1 700 kN，这要求试验系统具有 2 000 kN 以上的轴向荷载能力。

试验结构的参数应在实际工程结构的可能取值范围内。钢筋混凝土结构常见的试验参数包括混凝土强度等级、配筋率、配筋方式、截面形式、荷载形式及位置参数等，砌体结构常见的试验参数有块体和砂浆强度等级，钢结构试验常以构件长细比、截面形式、节点构造方式等为主要变量。有时，出于试验目的的需要，将某些参数取到极限值，以考察结构性能的变化。例如，钢筋混凝土受弯构件的界限破坏给出其承载力计算公式的适用范围，在试验中，梁试件的配筋率必须达到发生超筋破坏的范围，才能通过试验确定超筋破坏和适筋破坏的分界点。

在设计、制作试件时，对试验参数应进行必要的控制。如上所述，我们可以将试验得到的测试数据视为随机变量，用数理统计的方法寻找其统计规律。但试验参数分布应具有代表性。例如，钢筋混凝土构件的试验，取混凝土强度等级为一个试验参数，若按 C20、C25、C30 三个水平考虑进行试件设计，可能发生的情况是，由于混凝土强度变异以及时间等因素，试验时试件的混凝土强度等级偏离设计值，三个水平无法区分，导致混凝土强度这一因素在试验结果中体现不充分。

5. 统一测试方法和评价标准

在鉴定性结构试验中，试验对象和试验方法大多已事先规定。例如，预应力混凝土空心板的试验，应符合《混凝土结构工程施工质量验收规范》（GB 50204—2015）的规定。采用回弹法、超声法等方法在原型结构现场进行混凝土非破损检测、钢结构的焊缝检验、预应力锚具的试验等，都必须符合有关技术标准的规定。

在研究性结构试验中，情况有所不同。结构试验是结构工程科学创新的源泉，很多新的发展来源于新的试验方法，我们不可能用技术标准的形式来规定科学创新的方法。但我们又需要对试验方法有所规定，这主要是为信息交换建立共同的评价标准。

例如，关于混凝土受拉开裂的定义。在 800 倍显微镜下，可以看到不受力的混凝土也存在裂缝，这种裂缝显然不构成我们对混凝土受力状态的评价；在 100 倍放大镜下，可以看到宽度小于 0.003 mm 的裂缝。但在常规的混凝土结构试验中，我们使用放大倍数 20 ~ 40 倍的裂缝观测镜，对裂缝的分辨率大约为 0.01 mm。如果裂缝宽度小于观测的分辨率，我们认为混凝土没有开裂。这就是研究人员在结构试验中认可的开裂定义，它不由技术标准来规定，而是历史沿革和一种约定。在设计观测方案时，可以根据这个定义来考虑裂缝观测方案。所有的科学研究都必须利用已有的成果，结构试验获取的新的信息必须经过交流、比较、评价，才能形成新的成果。因此，结构试验要遵循学科领域中认可的标准或约定。

6. 降低试验成本和提高试验效率

在结构试验中，试验成本由试件加工制作、预埋传感器、试验装置加工、试验用消耗材料、设备仪器折旧、试验人工费用和有关管理费等组成。在试验方案设计时，应根据试验目的选择有关试验参数和试验用仪器仪表，以达到降低试验成本的目的。一般而言，在试验装置和测试消耗材料方面，尽可能重复利用以降低试验成本，如配有标准接头的应变计或传感器的导线、由标准件组装的试验装置等。

测试的精度要求对试验成本和试验效率也有一定的影响，盲目追求高精度只会增加试验成本，降低试验效率。例如，钢筋混凝土梁的动载试验中，要求连续测量并记录挠度和荷载，挠度的测试精度为 0.03 ~ 0.1 mm 即可满足一般要求。但如果要求挠度测试精度达到 0.01 mm，则传感器、放大器和记录仪都必须采用高精度性能仪器仪表。这样，仪器设备费用增加，仪器的调试时间也会增加，对试验环境的要求也更加严格。

2.4 结构测试技术的原理

结构测试技术的关键之一是传感器技术。广义地说，传感器是一种转换器件，它能把物理量或化学量转换为可以观测、记录并加以利用的信号，在结构试验中，被转换的量一般为物理量，如力、位移、速度、加速度等。国际电工委员会对传感器的定义为：传感器是测量系统的一种前置部件，它将输入变量转换为可供测量的信号。

结构试验就是在规定的试验环境下，通过各种传感器将结构在不同受力阶段的反应转换为可以观测、记录的定量信息。

为确定试验结构的反应量值而进行的过程称为测量，测量最基本的方式是比较，即将被测的未知物理量和预定的标准进行比较而确定物理量的量值。由测量所得到的被测物理量的量值表示为数值和计量单位的乘积。

测量可分为直接测量和间接测量。直接测量是指无须经过函数关系的计算，直接通过测量仪器得到被测量值。例如，用钢尺测量构件的截面尺寸，通过与钢尺标示的长度直接比较就可得到构件的截面尺寸。这种测量方法是直接将被测物理量和标准量进行比较。而采用百分表测量构件的变形则属于直接测量方式中的间接比较，因为百分表这个机械装置将待测物理量转换为百分表指针旋转运动，如图 2-2 所示，百分表杆直线运动和指针的旋转运动存在着固定的函数关系，这样，构件的变形与百分表指针的旋转就形成所谓的间接比较。在结构试验中采用得最多的测量方式是间接比较，大多数传感器也是基于间接比较方法设计的。

间接测量是在直接测量的基础上，根据已知的函数关系，通过计算得到被测物理量的量值。例如，采用非金属超声检测仪测量混凝土的声速，由仪器直接测量的是超声波在给定距离上的传播时间（即声时），必须知道距离才能计算出声速。因此，声速值是间接测量的结果。大型建筑结构的现场荷载试验，常采用水作为试验荷载，我们并不需要测量水的重量，只需要测量水的容积，就可以计算出水的重量，这种测量荷载的方式也属于间接测量。

图 2-2　杠杆百分表

使用各种传感器对物理量进行测量时，一个十分重要的环节就是传感器和测量系统的标定和校准。如上所述直接测量中的间接比较方法，将被测物理量进行转换后再与标准物理量进行比较，得到被测物理量的量值。其中，作为比较标准的传感器和测量仪器必须经过标定或校准。采用已知的标准物理量校正仪器或测量系统的过程称为标定，具体来说，标定就是将原始基准器件，或把被标定仪器或测量系统精度高的各类传感器作用于测量系统，通过对测量系统的输入-输出关系分析，得到传感器或测量系统的精度的实验操作。

2.5　建筑材料的力学性能与结构试验的关系

1. 材料的力学性能与结构关系概述

建筑结构或构件的受力大小和变形情况，除了受荷载等外界因素影响外，关键还在于组成这个结构或构件的材料内部抵抗外力的作用。充分了解建筑材料的力学性能，对于在结构试验前或试验过程中正确预测结构的承载能力和实际工作状况，以及在试验后整理试验测试数据、处理试验结果等工作中都具有非常重要的意义。

在建筑结构试验中按照结构或构件的材料性质不同，必须测定相应的一些基本的数据，比如混凝土的抗压强度、钢材的屈服强度和抗拉极限强度、砖石砌体的抗压强度等。在科学研究性的试验中为了了解材料的荷载-变形关系及其应力关系，需要测定材料的弹性模量。有时候根据试验研究的要求，还需要测定混凝土材料的抗拉强度以及各种材料的应力-应变曲线等有关数据。

在测量材料的各种力学性能时，应该按照国家标准或行业标准规定的标准试验方法进行，试件的形状、尺寸、加工工艺以及试验加载、测量方法等都要符合规定的统一标准。由这种标准试件试验获得的相应强度，称为"强度标准值"，作为比较各种材料性能的相对指标。同时也把测定所得其他数据（如弹性模量）作为用于结构试验资料整理分析或该项试验理论分析的有关参数。

在结构抗震的科学研究试验中，根据地震作用的特点，在结构上施加周期性反复荷载，结构将进入非线性阶段工作，因此相应的材料试验也需在周期性反复荷载作用下进行，这时钢筋将会出现"包辛格效应"。对于混凝土材料就需要进行应力-应变曲线全过程的测定，特别要测定曲线的下降段部分，还需要研究混凝土的徐变-时间和握裹力-位移等关系，以便为结构非线性分析提供依据。

2. 材料力学性能的试验方法

在建筑结构试验中确定材料力学性能的方法一般分为直接试验法和间接试验法两种。

1）直接试验法

直接试验法是最普遍和最基本的测定方法。它是把材料按规定做成标准试件，然后在试验机上用规定的试验方法进行加载试验来测定。这就要求制作试件的材料应该尽可能与结构试件的工作情况相同。对钢筋混凝土结构来说，应该使它们的材料、级配、龄期、养护条件和加载速度等保持一致。同时要注意，如果采用的试件尺寸和试验方法有别于标准试件，则应将试验结果按规定换算成标准试件的结果，即对材料的试验结果进行尺寸修正。这种方法对于科学研究性试验是完全满足要求的，就是在制作结构构件的同时，留出足够数量的标准试件，以配合试验研究工作的需要，测定材料力学性能的参数。

2）间接试验法

间接试验法也称为"非破损试验法"或"半破损试验法"。对于已建成或在建的建筑结构的鉴定性试验，由于结构的材料力学性能能随着时间发生改变，为判断结构目前实际具有的承载能力，在没有同等条件试块的情况下，必须通过对建筑结构各部位现有材料的力学性能检测来确定。非破损试验是采用某种专用设备或仪器，直接在建筑结构上测量与材料强度有关的另一个物理量，比如硬度、回弹值、声波传播速度等，通过理论关系或经验公式间接推算出材料的力学性能。半破损试验是在建筑结构或构件上进行局部微破损或直接取样，推算出材料强度的方法。由间接测定法所得的材料力学性能可直接用于建筑结构承载力的鉴定。

材料性能试验的间接测定方法自20世纪50年代开始就被广泛应用。近年来，由于电子技术、固体物理学等高新技术的不断发展和应用，已经研制了一批精度较高和性能良好的仪器设备，使非破损试验发展成为一项专门的新型试验技术。

3. 材料力学性能的试验对强度指标的影响

建筑材料的力学性能指标是由钢材、钢筋和混凝土等各种材料分别制成式样进行结构试验的平均值。但由于材质的不均匀性等原因，测定的试验结果可能会产生较大的波动。尤其选用的试验方法不恰当时，试验数据的波动值将会更大。

人们在生产实践和科学实验中发现实验方法对建筑材料强度指标有一定的影响，尤其是试件的形状、尺寸和试验加载速度（应变速率）对试验结果的影响尤为显著。对于同一种材料仅仅由于试验方法和实验条件的不同，就会得出不同强度指标。对于混凝土这类非均匀材料，它的强度还与材料本身的组成（骨料的级配、水灰比等）、制作工艺（搅拌、振捣、成形、养护等）以及周围环境、材料龄期等多种因素有关，在进行材料的力学性能试验时，需要特别注意。

1）试件尺寸与形状的影响

国际上，测定混凝土材料强度的试件形状一般采用立方体和圆柱体两种。按照国家标准《混凝土物理力学性能试验方法标准》（GB/T 50081—2019）规定，采用 150 mm × 150 mm × 150 mm 的立方体试件测定的抗压强度为标准值；$h/a = 2$ 的 150 mm × 150 mm × 300 mm 的菱柱体试件（h 为试件高度，a 为试件的边长）为测定混凝土轴心抗压强度和弹性模量的标准试件。国外采用圆柱体试件时，试件尺寸为 $h/d = 2$ 的 ϕ100 mm × 200 mm 或 ϕ500 mm × 300 mm 的圆柱体（h 为圆柱体高度，d 为圆柱体直径）。

随着材料试件尺寸的缩小，在试验中出现了混凝土强度会系统地稍微有提高的现象。一般情况下，截面较小而高度较低的试件得出的抗压强度偏高，其原因可归结为试验方法和材料本身两个方面的因素。试验方法问题可解释为试验机压板对试件承压面的摩擦力起的箍紧作用，由于受压面积与周长的比值不同而影响程度不一，对小试件的作用比对大试件要大。材料自身的原因是内部存在缺陷（裂缝），表面和内部硬化程度的差异在大小不同的试件中影响不同，随着试件尺寸的增大而增加。

采用立方体或菱柱体的优点是制作方便，试件受压面是试件的模板面，平整度易于保证。但浇筑时试件的棱角处多由砂浆来填充，因而混凝土拌合物的颗粒分布不及圆柱体试件均匀。由于圆柱体试件无棱角，边界条件的均一性好，所以圆柱体截面应力分布均匀。此外，圆柱体试件外形与钻芯法从结构上钻取的试样一致。但圆柱体试件是立式成型的，试件的端面即试验加载的受压面比较粗糙，因此造成试件抗压强度的离散性较大。

2）试验加载速度的影响

在测定建筑材料的力学性能时，加载速度（应变速率）越大，引起建筑材料的应变速率越高，试件的强度和弹性模量也就相应提高。

钢筋的强度随着加载速度的提高而加大，但加载速度基本上不改变弹性模量和图形的形状。在打桩、爆炸等一类冲击荷载作用下，钢筋可以直接受到高速增加的荷载；但在地震力作用下，钢筋的应变速率取决于构件的状态。对钢筋混凝土框架而言，钢筋应变速率大致在 0.01 ~ 0.02/s。尽管混凝土是非金属材料，但也和钢筋一样，随着加载速度的增加，其强度和弹性模量也有所提高。应变速率很高时，由于混凝土内部细微裂缝来不及发展，初始弹性模量随着应变速率的加快而提高。一般认为试件开始加载并在不超过破坏强度值的50%内，可以任意速度进行，而不会影响最后的强度指标。

2.6　试件设计

结构试验中试件的形状和大小与结构试验的目的有关，它可以是真实结构，也可以是其中的某一部分。当不能采用足尺的原型结构进行试验时，也可用缩尺的模型。据调查，全国各大型结构实验室所做的结构试验的试件，绝大部分为缩尺的部件，少量为整体模型试件。

采用模型试验可以大大节省材料，减少试验的工作量和缩短试验时间，用缩尺模型做结构试验时，应考虑试验模型与试验结构之间力学性能的相关关系。但是要想通过模型试验的结果来正确推断实际结构的工作，模型设计要做到完全相似往往有困难，此时应根据试验目的设法使主要的试验内容能满足相似条件。当然能用原型结构进行试验是较为理想的，但由于原型结构试验规模大，试验设备的容量和费用也大，所以大多数情况下还是采用缩尺的模型试验。基本构件的基本性能试验大都是用缩尺的构件，但它不一定存在缩尺比例的模拟问题，经常是由这类试件试验结果所得的数据，直接作为分析的依据。

试件设计应包括试件的模型律、形状选择、试件尺寸与数量以及构造措施等，同时还必须满足结构与受力的边界条件、试件的破坏特征、试验加载条件的要求，以最少的试件数量获得最多的试验数据，反映研究的规律以满足研究的目的需要。

1. 试件的模型律

模型的试验结果与原型之间存在一定的关系，这种关系就叫模型律。模型律可以用相似常数 C 来表示，实际工作中 C 也称为缩尺比。例如原型的线性尺寸为 L，与其对应位置的模型线性尺寸为 L_m，其缩尺比 $C_L = L/L_m$，即模型的线性尺寸为原型的 $1/C_L$。面积的缩尺比是两个方向线性尺寸的乘积，因而缩尺比为 $C_L^2 = A/A_m$，即模型面积为原型面积的 $1/C_L^2$。而惯性矩 I 和截面抵抗矩 W 的缩尺比分别为 $C_L^4 = I/I_m$，$C_L^3 = W/W_m$。

2. 试件形状

试件设计的基本要求是构造一个与设计目的相一致的应力状态。对于超静定结构的单一构件，如梁、柱、桁架等，一般构件的实际形态都能满足要求，问题比较简单。但对于从整体结构中取出部分构件单独进行试验时，特别是比较复杂的超静定体系，必须要注意其边界条件的模拟，使其能如实反映该部分构件的实际工作状态。

3. 试件尺寸

结构试验按试件尺寸大小来说，总体上分为原型和模型两类。

1）原型试验

屋架试验一般是采用原型试件或足尺模型，预制构件的鉴定都是选用原型构件，如屋面板、吊车梁等。虽然足尺模型具有反映实际构造的优点，但有些足尺构件能解决的问题，小比例尺试件也能解决。

2）模型试验

基本构件性能研究的试件大部分是采用缩尺模型，即缩小比例的小构件。压弯构件取截面边长 16～35 cm，短柱取截面边长 15～50 cm，双向受力构件取截面边长 10～30 cm 为宜。

框架试件截面尺寸为原型的 1/4～1/2，其节点为原型比例的 1/3～1。

局部性试件尺寸可取原型的 1/4～1，整体性结构试验的试件可取原型的 1/10～1/2。

砖石及砌块的墙体试件一般取原型的 1/4～1/2。我国兰州、杭州、上海等地先后做过 4 栋足尺砖石和砌块多层房屋的试验。

对于薄壳和网架等空间结构，多采用比例为 1/20 ~ 1/5 的模型试验。

在做基本构件性能研究时，压弯构件的截面为 16 cm×16 cm ~ 35 cm×35 cm，短柱（偏压剪）为 15 cm×15 cm ~ 50 cm×50 cm，双向受力构件为 10 cm×10 cm ~ 30 cm×30 cm，剪力墙单层墙体的外形尺寸为 80 cm×100 cm ~ 178 cm×274 cm，多层的剪力墙为原型的 1/10 ~ 1/3。我国昆明、南宁等地区曾先后进行过装配式混凝土和空心混凝土大板结构的足尺房屋试验。砖石及砌块的砌体试件尺寸一般取为原型的 1/4 ~ 1/2。国内先后做过四幢足尺砖石和砌块多层房屋以及若干单层足尺房屋的试验。

一般来说，静力试验试件大小要考虑尺寸效应。尺寸效应反映结构试件和材料强度随试件尺寸的改变而变化的性质。试件尺寸越小，表现出相对强度提高越大和强度离散性越大的特征，在满足构造模拟要求的条件下太大的试件尺寸也没有必要。实践证明：足尺结构虽然具有反映实际构造的优点，但试验所耗费的经费和人工如用来做小比例尺试件，可以大大增加试验数量和品种，而且实验室的条件比野外现场要好，测试数据的可信度也高。因此，局部性的试件尺寸可取为原型的 1/4 ~ 1，整体性的结构试验试件可取为原型的 1/10 ~ 1/2。

对于动力试验，试件尺寸经常受试验激振加载条件等因素的限制，一般可在现场的原型结构上进行试验，如量测结构的动力特性。对于在试验室内进行的动力试验，可以对足尺构件进行疲劳试验，至于在地震模拟振动台上试验时，由于受振动台台面尺寸载重和激振力大小等参数限制，一般只能做缩尺的模型试验。目前国内在地震模拟振动台试验中能够完成比例在 1/50 ~ 1/4 的各类房屋结构和构筑物的结构模型试验。

4. 试件数量

为了达到试验目标，需要设计多少个试件是关系到实验经费、人力物力及实验进程的问题。一般来说，试件的数量主要取决于测试参数的多少，测试参数多则试件数量大。

试件数量的设计方法一般有四种，即优选法、因子法、正交法和均匀法。

（1）优选法是针对不同的试验内容，利用数学原理合理地安排试验点，去伪存真、优胜劣汰地迅速找到最佳试验点的试验方法。

（2）因子设计（Factorial Design）是指一种两个因素（可推广到多个因素）搭配的试验设计，该设计主要用于分析两个因素及其交互作用对试验结果的影响。

（3）正交试验设计（Orthogonal Experimental Design）是研究多因素多水平的又一种设计方法，它是根据正交性从全面试验中挑选出部分有代表性的点进行试验，这些有代表性的点具备了"均匀分散，齐整可比"的特点，正交试验设计是分析多因子设计的主要方法。它是通过一套特殊的表格（正交表）设计试件，从而分析影响试件质量指标的主要因素和次要因素，为选取最佳参数提供依据。由于正交设计把试验结果和试件数量联系在一起分析，所以能够合理安排试验。

正交表如表 2-1、表 2-2 所示。L_9（3^4）表示有 4 个因子，每个因子有 3 个水平，组成的试件数目为 9 个；L_{12}（$3^1 \times 2^4$）表示有 1+4=5 个因子，第 1 个因子有 3 个水平，第 2 ~ 5 个因子各有 2 个水平，组成的试件数目为 12 个。

表 2-1　L_9（3^4）

试件	因子 1	因子 2	因子 3	因子 4
1	1	1	1	1
2	1	2	2	2
3	1	3	3	3
4	2	1	2	3
5	2	2	3	1
6	2	3	1	2
7	3	1	3	2
8	3	2	1	3
9	3	3	2	1

表 2-2　L_{12}（$3^1 \times 2^4$）

试件	因子 1	因子 2	因子 3	因子 4	因子 5
1	2	1	1	1	2
2	2	2	1	2	1
3	2	1	2	2	2
4	2	2	2	1	1
5	1	1	1	2	2
6	1	2	1	2	1
7	1	1	2	1	1
8	1	2	2	1	2
9	3	1	1	1	1
10	3	2	1	1	2
11	3	1	2	2	1
12	3	2	2	2	2

　　利用正交表组织试验，虽然对所得结果做综合评价可以取得很好的效果，但因正交设计不能提供某一因子的单值变化，因而要建立单个因子与试验目标间的函数关系有一定的困难。此外，试件的数量还取决于建筑结构性能的变异程度、试验研究的特点、试验技术水平以及试验测试结果所要求的精确度等因素。

　　（4）均匀设计（Uniform Design）又称均匀设计试验法（Uniform Design Experimentation），或空间填充设计，它是一种试验设计方法（Experimental Design Method）。它是只考虑试验点在试验范围内均匀散布的一种试验设计方法。

5. 试件构造措施

　　在试件设计中，除了需要确定试件形状、尺寸和数量，还必须考虑安装、加载、测量的需要，在构件上采取必要的措施。比如，混凝土试件的支撑点应预埋钢垫板以及在试件承受集中荷载的位置上设钢板；在屋架试验受集中荷载作用的位置上应预埋钢板，以防止试件局部承压而破坏。试件加载面倾斜时，应做出凸缘，以保证加载设备的稳定设置。在做钢筋混凝土框架试验时，为了满足框架端部侧面施加反复荷载的需要，应设置预埋构件以便与加载用的液压加载器或测力传感器连接；为保证框架柱脚部分与试验台的固接，一般应设置加大截面的基础梁。在砖石或砌块试件中，为了使施加在试件的竖向荷载能均匀传递，一般在砌体试件的上下均应预先浇捣混凝土的垫块。对于墙体试件，在墙体上下均应捣制钢筋混凝土垫梁，其中下面的垫梁可以模拟基础梁，使之与试验台座固定，上面的垫梁模拟过梁传递竖向荷载。

在试验中为了保证结构或构件在预定的部位破坏，以获得必要的测试数据，必须对结构或构件的其他部位事先进行局部加固。为了保证试验量测的可靠性和仪表安装的方便，在试件内必须预设埋件或预留孔洞，如安装杠杆应变仪时，需要配合夹具形状及标距大小预埋螺栓或预留孔洞；用接触式应变仪测量构件表面应变时应埋设相应的测点标脚。

第3章 试验荷载与加载设备

进行土木工程结构试验时应在试验结构上再现要求的荷载，即试验荷载。试验荷载绝大多数是模拟荷载，而产生这些模拟荷载的方法很多，一般都通过加载设备和试验装置实现。加载的设备有哪些？加载设备的性能特点如何？如何正确地选择试验装置？这些都是决定结构试验成败的关键。

3.1 概　述

作用于工程结构上的荷载种类繁多。就直接作用而言，有结构的自重；建筑物楼（屋）面的活荷载、雪荷载、灰载、施工荷载；作用于工业厂房上的吊车荷载、机械设备的振动荷载；作用于桥梁上的车辆振动荷载；作用于海洋平台上的海浪冲击荷载等；在特殊情况下，还有地震、爆炸等荷载。除了直接作用，一般情况下还有温度变化、地基不均匀沉降、结构内部物理或化学作用等间接作用。

以上荷载按其作用的范围分，有分布荷载和集中荷载；按作用的时间长短分，有短期荷载和长期荷载；按荷载对结构的动力效应分，有静力荷载和动力荷载等。

结构试验除极少数是在实际荷载下实测外，绝大多数是在模拟荷载条件下进行的。结构试验的荷载模拟即是通过一定的设备与仪器，以最接近真实的模拟荷载再现各种荷载结构的作用。荷载模拟技术是结构试验最基本的技术之一。

在具体的工程结构试验中，决定加载技术时，应根据试件的结构特点、试验目的、实验室设备和现场具备的条件以及经费开支等综合考虑，正确合理的荷载设计是整个试验工作的重要环节之一。

结构试验中荷载的模拟方法、加载设备有很多种，如静力试验有利用重物直接加载法、通过重物和杠杆作用的间接加载的重力加载法；利用液压加载器（千斤顶）、液压加载系统（液压试验机、大型结构试验机）的液压加载法；利用吊链、卷扬机、绞车、花篮螺栓、螺旋千斤顶和弹簧的机械加载法，以及利用气体压力的气压加载法。在动力试验中一般利用惯性力或电磁系统激振，比较先进的设备是由自动控制、液压和计算机系统相结合组成的电液伺服加载系统和由此作为震源的地震模拟振动台加载等设备，此外还有人工爆炸和利用环境随机激振（脉动法）等方法。

在选择加载方法和加载设备时，应满足下列基本要求：

（1）选用的试验荷载的图式应与结构设计计算的荷载图式所产生的内力值相一致或极为接近，即使截面或部位产生的内力与设计计算等效。

（2）荷载传递方式和作用点明确，产生的荷载数值要稳定，满足试验的准确度，特别是静力荷载要不随时间、外界环境和结构的变形而变化。

（3）荷载分级的分度值要满足试验量测的精度要求。

（4）加载装置本身要安全可靠，不仅要满足强度要求，还必须按变形条件来控制加载装置的设计，即必须满足刚度要求，有足够的强度储备，防止对试件产生卸载作用而减轻了结构实际承担的荷载。

（5）加载设备要操作方便，便于加载和卸载，并能控制加载速度，又能适应同步加载或先后加载的不同要求。

（6）加载设备不应参与结构工作，避免改变结构的受力状态或使结构产生次应力。

（7）试验加载方法力求采用先进技术，减少人为误差和劳动强度，提高试验效率和质量。

3.2　重力加载法

重力荷载是利用重物本身的重量施加在结构上作为模拟荷载。常用的重物有铁块、混凝土块、砖、水、沙石，以及废构件钢锭等。重物可以直接加在试验结构上，也可以通过杠杆系统间接加在试件上。重物加载的优点是荷载值稳定，不会因结构的变形而减少，而且不影响结构的自由变形，特别适用于长期荷载和均布荷载试验。

3.2.1　重物直接加载法

重物可以有规则地放置于结构上，作为均布荷载，如图 3-1 所示为常用的岩土工程静力荷载试验，也可以通过荷载盘、箱子、纤维袋等加集中荷载，此时，吊杆与荷载盘的自重应计入第一级荷载。借助钢索和滑轮导向，可对结构施加水平荷载。

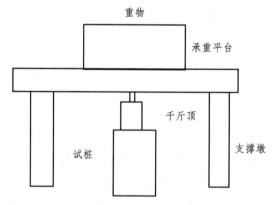

图 3-1　重物加载的静力荷载试验

重物加载应注意以下几个问题：① 当采用铸铁砝码、砖块、袋装水泥等作为均布荷载时应分垛堆放，垛间保持 5～15 cm 的间隙，垛宽应小于计算跨度的 1/6。② 当采用砂、石等松散颗粒材料作为均布荷载时，切勿连续松散堆放，宜采用袋装堆放，以防止砂石材料摩擦角引起拱作用而产生卸载影响，以及砂石重量随环境湿度不同而引起的含水率变化而造成荷载不稳定。③散粒状重物应装成袋或装入放在试件上面不带底的箱子中，箱子沿试件跨度方向不得少于两个，箱子间距不小于 25 cm，避免荷载起拱而影响结构工作。④吸水性大的重物必须干燥，保持恒重，使用中应有防雨措施。

利用水作为均布荷载的试验，如图 3-2 所示，是一种简易方便而且又十分经济的加载方法。加载时可直接用自来水管放水，水的比重为 1，从标尺上的水深就可知道荷载值的大小，卸载也方便，可采用虹吸管原理放水卸载，特别适用于网架结构和平板结构加载试验。缺点是全部承载面被水掩盖，不利于布置仪表和观测。当结构产生较大变形时，要注意水荷载的不均匀性所产生的影响。

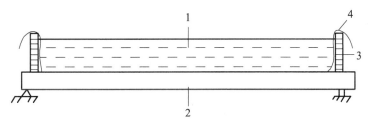

1—水；2—试件；3—侧向支撑；4—防水胶布或塑料布。

图 3-2　用水作为均布荷载的试验装置

对于桥梁结构静载试验，常以载重汽车装载混凝土块或砂石料等组成重力荷载系统。

3.2.2　重物杠杆加载法

利用重物加载往往会受到荷载量级的限制，此时可利用杠杆原理将荷重放大作用在结构上。杠杆制作方便，荷载值稳定不变。当结构有变形时，荷载可以保持恒定，对于做持久荷载试验尤为适合。杠杆加载的装置根据实验室或现场试验条件的不同，有图 3-3 所示几种方案。根据试验需要，当荷载不大时，可以用单梁式或组合式杠杆；荷载较大时，则可采用桁架式杠杆。

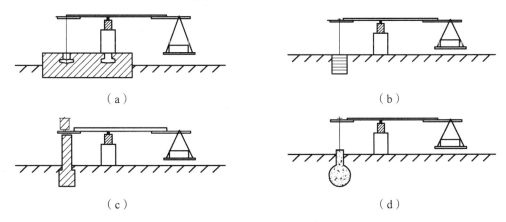

（a）　　　　　　　　　　　　　（b）

（c）　　　　　　　　　　　　　（d）

图 3-3　杠杆加载装置

利用杠杆加载比单纯重物加载省工省时，但杠杆应有足够的刚度，杠杆比一般不宜大于 5。三个支点应在同一直线上，避免杠杆放大比例失真，保证荷载稳定、准确。现场试验，杠杆反力支点可用重物、桩基础、墙洞等支承。

为了方便加载和分组，并尽可能减小加载时的冲击力，重物的块（件）重一般不宜大于

25 kg，并不超过加载面积上荷载标准值的 1/10，保证分组精度及均匀分布。随机抽取 20 块检查，若每块误差不超过平均重的±5%时，荷载值可按平均重计算。

重力加载方法的优点是设备简单、取材方便、荷载恒定；缺点是荷载量不能很大，操作笨重。当进行破坏试验时，因不能自动卸载，应特别注意安全，一般应在试件底部或荷载盘底下，加可调节的托架或垫块，并随时与试件或盘底保持 50 mm 左右的间隙，以备破坏时托住试件，防止其突然倒塌造成事故。

3.3 机械力加载法

机械力加载是利用各种机械施加作用力的一种方法。机械加载常用的机具有吊链、卷扬机、绞车、花篮螺栓、螺旋千斤顶及弹簧等。吊链、卷扬机、绞车、花篮螺栓等配合钢丝或绳索对结构施加拉力，还可以与滑轮组联合使用改变力的作用方向和大小。拉力的大小通常由拉力测力计测定，根据测力计的量程有两种安装方式：当测力计量程大于最大加载值时，采用串联方式直接测量绳索拉力；当测力计量程小于最大加载值时，此时作用结构上的实际拉力应为

$$P = \Phi \cdot n \cdot K \cdot p \qquad\qquad (3\text{-}1)$$

式中　　P ——拉力测力计读数（N）；

　　　　Φ ——滑轮摩擦系数（对涂有良好润滑剂的可取 0.96 ~ 0.98）；

　　　　n ——滑轮组的滑轮数；

　　　　K ——滑轮组的机械效率；

　　　　p ——直接作用力（N）。

螺旋千斤顶是利用齿轮及螺杆式蜗杆机构传动的原理，当摇动千斤顶手柄时，蜗杆就带动螺旋杆顶升，对结构施加顶推压力，加载值的大小可用测力计测定，如图 3-4 所示。

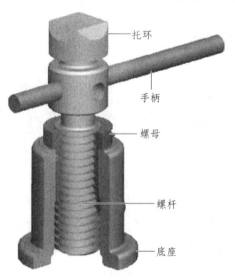

图 3-4　螺旋千斤顶

弹簧加载法常用于结构的持久荷载试验。比如在采用弹簧施加荷载进行梁持久试验中，加力可直接旋紧螺母，当荷载较大时，先用千斤顶压缩弹簧后再旋紧螺母。弹簧变形与压力值的关系预先测定，试验时测量弹簧变形便可知道作用力。结构变形会自动卸载，卸载超出允许范围时应及时补充。

现场试验时，使用倒链进行加载，简捷方便，能够改变荷载方向，空间布置相对比较灵活。

机械力加载的优点是设备简单，容易实现。当通过索具加载时，很容易改变荷载作用方向。故在建筑物、柔性构筑物（如塔架等）的实测或大尺寸模型试验中，常用此法施加水平集中荷载。其缺点是荷载值不大，当结构在荷载作用点产生变形时，会引起荷载值的改变。

3.4 气压加载法

利用气体压力对结构加载称为气压加载。气压加载有两种，利用压缩空气加载和利用抽真空产生负压对结构加载。气压加载的特点是产生的是均布荷载，对于平板、壳体、球体试验尤为适合。

1. 气压正压加载

空气压缩机对气包充气，给试件施加均匀荷载。为了提高气包的耐压能力，四周可加边框，这样最大压力可达 180 kN。压力用不低于 1.5 级的压力表测量。此法较适用于板、壳试验，但当试件为脆性破坏时，气包可能发生爆炸，要加强防范。有效办法之一是监视位移计示值不停地急剧增加时，立即打开泄气阀卸载；有效办法之二是试件上方架设承托架，承力架与承托架间用垫块调节，随时使垫块与承力架横梁保持微小间隙，以备试件破坏时搁住，不致因气包卸载而引起爆炸。

压缩空气加载的优点是加载、卸载方便，压力稳定；缺点是结构的受载截面被压住无法布设仪表观测。

2. 真空负压加载

用真空泵抽出试件与台座围成的封闭空间的空气，形成大气压力差对试件施加均匀荷载，如图 3-5 所示。最大压力可达 80~100 kN。压力值用真空表（计）量测。保持恒载由封闭空间与外界相连通的短管与调节阀控制。试件与围壁间缝隙可用薄钢板、橡胶带粘贴密封。试件表面必要时可刷薄层石蜡，这样既可堵住试体微孔，防止漏气，又能突出裂缝出现后的光线反差，用照相机可明显地拍下照片。此法安全可靠，试件表面又无加载设备，便于观测，特别适用于不能从板顶面加载的板或斜面、曲面的板壳等加垂直均匀荷载。这种方法在模型试验中应用较多。

气压加载试验的关键在于管线和气室的密封情况良好，基础要有足够的强度，板壳四周的支承要满足位移边界条件。试验时如果温度发生变化，会造成荷载不稳定，则需要增加恒压控制回路，使气体压力保持在允许的控制范围内。

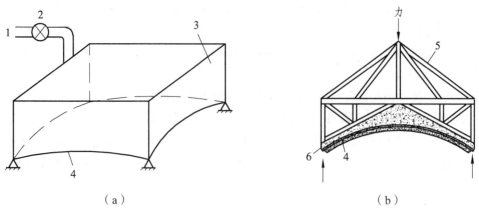

（a）   （b）

1—压缩空气；2—阀门；3—容器；4—试件；5—支撑装置；6—气囊。

图 3-5　气压加载试验装置

3.5　液压加载法

液压加载一般为油压加载，这是目前结构试验中普遍应用且比较理想的一种加载方式。它的最大优点是利用油压使液压加载器（千斤顶）产生较大的荷载，试验操作安全方便，无须大量的搬运工作，特别是对于要求荷载点数多、吨位大的大型结构试验更为合适。尤其是电液伺服液压加载系统在试验加载设备中得到广泛应用，为结构动力试验模拟地震荷载、海浪波等不同特性的动力荷载创造了有利条件，应用到结构的拟静力、拟动力和结构动力加载中，促进了动力加载技术的快速发展。

1．液压加载器

液压加载器俗称千斤顶，是液压加载设备中的一个主要部件。其主要工作原理是用高压油泵将具有一定压力的液压油压入液压加载器的工作油缸，使之推动活塞对结构施加荷载。荷载值可以用油压表示值和加载器活塞受压底面积求得，用这种方法得到的荷载值较粗，也可以用液压加载器与荷载承力架之间所置的测力计直接测读。现在常用的方法是用传感器将信号输送给电子秤或应变仪或由记录器直接记录。

根据不同的结构和功能，液压加载器分为液压千斤顶、单向作用液压加载器、双向作用液压加载器和电液伺服作动器。

1）手动液压千斤顶

手动液压千斤顶主要包括手动油泵和液压加载器两部分，其构造原理如图 3-6 所示。当手柄 1 上提带动小活塞 3 向上运动时，油液从吸油管 5 经单向阀 4 被抽到管道 6 中；当手柄 1 下压带动小活塞 3 向下运动时，管道 6 中的油经单向阀 7 被压出到管道 10 内。手柄不断地上下运动，油被不断地压入工作油缸，从而使工作活塞不断上升。如果工作活塞运动受阻，则油压作用力将反作用于底座。试验时千斤顶底座放在加载点上，从而使结构受载。卸载时只需打开截止阀 11，使油从管道 10 流回储油箱 12 即可。

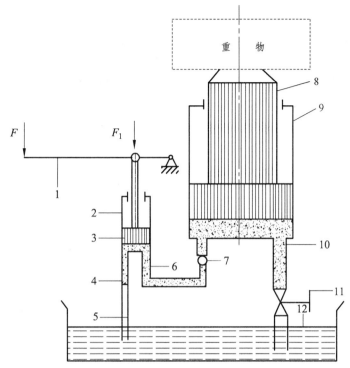

1—杠杆手柄；2—小油缸；3—小活塞；4, 7—单向阀；5—吸油管；6, 10—管道；
8—大活塞；9—大油缸；11—截止阀；12—油箱。

图 3-6　手动液压千斤顶构造原理

2）单向作用液压加载器

单向作用液压加载器是为了满足结构试验中同步液压加载的需要而专门设计的加载设备。它的特点是储油缸、油泵、阀门等是独立的，不附在加载器上，所以其构造比较简单，只由活塞和工作油缸两者组成。其活塞行程较大，顶端装有球铰，在 15° 范围内转动，整个加载器可按结构试验需要做倒置、平置、竖置安装，并适宜将多个加载器组成同步加载系统使用，能满足多点加载的要求。

3）双向作用液压加载器

双向作用液压加载器是为适应结构低周反复荷载的需要而设计的。它采用了一种能双向作用的液压加载器，它的特点是在油缸的两端各有一个进油孔，设置油管接头，可通过油泵与换向阀交替进行供油，使活塞对结构产生拉或压的双向作用，从而对试验结构施加反复荷载。

4）电液伺服作动器

电液伺服作动器是专门用于电液伺服系统的加载器，能把来自液压源的液压能转换为机械能，也可根据需要通过产品自带的位移传感器或行程开关进行伺服控制。用于执行主控制器的命令，控制负载的速度、方向、位移、力，同时反馈给主控制器，它具有信号输出力大、运行位置准确、体积小等特点。电液伺服作动器是液压伺服控制中的重要组成部分，主要由液压伺服阀、液压作动筒、位移传感器、压力传感器、载荷传感器、减震器等元件组成。

电液伺服作动器可分为单作用和双作用两种，双作用作动器又分为单出杆式和双出杆式两种。单出杆式的前后两个油腔的活塞工作面积不同，油压相同时作动产生的推、拉力并不相同；双出杆式的前后两个油腔的活塞工作面积相同，因此，施加的最大推力和拉力相同。电液伺服加载器的制作工艺与双作用千斤顶不同，电液伺服加载器的活塞与油缸之间的摩擦力小、工作频率高、频响范围宽，可施加动力荷载。为了满足控制要求，油缸上装有位移传感器、荷载传感器及电液伺服阀等，电液伺服作动器是电液伺服振动台的起振器，多个电液伺服加载器可构成多通道加载系统，可完成静力试验、拟动力试验、疲劳试验及动力试验等结构试验。图 3-7 所示为电液伺服作动器工作示意图。

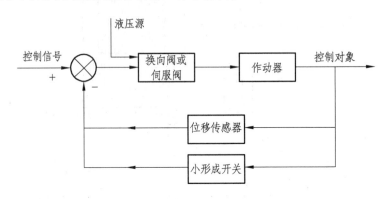

图 3-7　电液伺服作动器工作示意图

2. 静力试验液压加载装置

静力试验液压加载用千斤顶可分为手动液压千斤顶和电动液压千斤顶。手动液压千斤顶工作时，油的工作压力由人力产生，工作系统由手动油泵、液压千斤顶、油路及压力表等组成。工作系统可以制作成一体式或分体式。一体式将液压千斤顶、手动油泵和油路连接在一起，制作成一个整体设备；分体式千斤顶的手动油泵和油路是分开的，工作时通过油管将千斤顶和手动油泵的供油孔连接起来，工作完成后可以拆卸。手动液压千斤顶工作时，先关闭回油阀，摇动手动油泵的手柄，驱使储油箱中的液压油通过单向阀进入工作油缸，推动活塞外伸对结构施加作用力。卸载时，打开回油阀，在外力作用下使工作油缸中的油流回储油箱，活塞回缩卸载。

手动液压加载装置轻便，适合人工搬运，便于现场或高空作业，适用于单点加载或通过分配梁进行多点加载。但手动液压加载装置需要人力驱动油源，加载能力不宜太大，一般不超过 1 000 kN。

电动液压加载装置的构成与手动分体式加载装置类似，手动油泵被电动油泵取代，由电动机提供能源，组成电动液压加载装置。千斤顶可采用单作用式或双作用式。使用时，启动电动机使油泵工作，缓慢调节调压阀增加压力，直至压力表达到指定压力。电动液压加载装置操作简便，加载能力强，普通液压加载千斤顶加载能力可达 10 000 kN 以上，系统最大工作压强可达 60 ~ 80 MPa。一台油泵通过油路分配装置可与多个千斤顶连接，实现多点同步加载。

3. 大型结构试验机加载设备和技术

大型结构试验机本身就是一个比较完善的液压加载系统，是结构实验室内进行大型结构试验的专门设备，比较典型的试验机有结构长柱试验机和结构疲劳试验机等。

1）结构长柱试验机

结构长柱试验机主要用于进行柱、墙板、砌体、节点与梁的受压与受弯试验。这种设备的构造和原理与一般材料试验机相同，由液压操纵台、大吨位的液压加载器和试验机等三部分组成，如图 3-8 所示。由于进行大型构件试验的需要，它的液压加载器的吨位要比材料试验机的吨位大，一般至少为 2 000 kN，机架高度在 3 m 左右或更高。目前国内普遍使用的长柱试验机的最大吨位是 5 000 kN，最大高度可为 4 m；国外有高达 7 m，最大荷载达 10 000 kN 甚至更大的结构试验机。

图 3-8　电液伺服长柱试验机

日本最大的大型结构构件万能试验机的最大压缩荷载为 30 000 kN，同时可以对构件进行抗拉试验，最大抗拉荷载为 10 000 kN，试验机高度达 22.5 m，四根工作立柱间净空为 3 m×3 m，可进行高度为 15 m 左右构件的受压试验、最大跨度为 30 m 构件的弯曲试验，最大弯曲荷载为 12 000 kN。这类大型结构试验机还可以通过专用的中间接口与计算机相连，由程序控制自动操作。此外还配以专门的数据采集和数据处理设备，试验机的操纵和数据处理能同时进行，其智能化程度较高。

2）结构疲劳试验机

工程结构如承受吊车荷载作用的吊车梁、直接承受悬挂吊车作用的屋架和铁路桥梁等，其荷载作用具有重复性质，这些结构在重复荷载的作用下达到破坏时的应力比其静力强度要低得多，这种现象称为疲劳。通过试验研究结构在重复荷载作用下的性能及其变化规律具有重要的工程意义。

结构疲劳试验一般均在专门的疲劳试验机上进行。结构疲劳试验机可做正弦波形荷载的疲劳试验，也可做静载试验和长期荷载试验等。疲劳试验机根据试验频率可分为低频疲劳试验机、中频疲劳试验机、高频疲劳试验机、超高频疲劳试验机。频率低于 30 Hz 的称为低频疲劳试验机，30～100 Hz 的称为中频疲劳试验机，100～300 Hz 的称为高频疲劳试验机，300 Hz 以上的称为超高频疲劳试验机。机械与液压式一般为低频，电机驱动一般为中频和低频，电磁谐振式为高频，气动式和声学式为超高频。

结构疲劳试验机主要由脉动发生系统（高压油泵）、控制系统和千斤顶工作系统三部分组成。脉动工作原理是从高压油泵打出的高压油经脉动器再与工作千斤顶和装于控制系统中的油压表连通，使脉动器、千斤顶、油压表都充满压力油。当飞轮带动曲柄运动时，就使脉动器活塞上下移动而产生脉动油压。脉动频率通过电磁无级调速电机控制飞轮转速并进行调整。国产 PME-50A 疲劳试验机，试验频率为 100～500 次/min。疲劳次数由计数器自动记录，计数至预定次数或试件破坏时即自动停机。

疲劳试验机的特点是可以实现高负荷、高频率、低消耗，从而缩短试验时间，降低试验费用。应注意的是，在进行疲劳试验时，由于加载器运动部件的惯性力和试件质量的影响，会产生一个附加作用力作用在构件上。该值在测力仪表中未测出，故实际荷载值需按机器说明加以修正。图 3-9 所示为高频疲劳试验机。

图 3-9　高频疲劳试验机

4. 电液伺服液压系统

电液伺服系统是指以伺服元件（伺服阀或伺服泵）为控制核心的液压控制系统，是一种闭环控制加载系统，早在 20 世纪 50 年代就开始首先应用于材料试验，它的出现是材料试验技术领域的一个重大进展。由于它可以较为精确地模拟试件所受的实际外力、产生真实的试验状态，所以在近代试验加载技术中又被人们引入到结构试验的领域中，用以模拟并产生各种振动荷载，特别是地震、海浪等荷载对结构物的影响，对结构构件的实物或模型进行加载试验，以研究结构的强度及变形特性。它是目前结构试验研究中一种比较理想的试验设备，特别是用于进行抗震结构的静力或动力试验尤为适宜，所以越来越受到人们的重视，同时被广泛应用。

电液伺服液压加载系统大多采用闭环控制，主要由电液伺服液压加载器、控制系统和液压源三大部分组成。它可将荷载、应变、位移等物理量直接作为控制参数，实行自动控制。

电液伺服系统是一种反馈控制系统，主要由电信号处理装置和液压动力机构组成，其工作原理如图 3-10 所示。典型电液伺服系统组成元件如下：① 给定元件。它可以是机械装置，如凸轮、连杆等，提供位移信号；也可是电气元件，如电位计等，提供电压信号。② 反馈检测元件。用来检测执行元件的实际输出量，并转换成反馈信号。它可以是机械装置，如齿轮副、连杆等；也可是电气元件，如电位计、测速发电机等。③ 比较元件。用来比较指令信号和反馈信号，并得出误差信号。实际中一般没有专门的比较元件，而是由某一结构元件兼职完成。④ 放大、转换元件。将比较元件所得的误差信号放大，并转换成电信号或液压信号（压力、流量）。它可以是电放大器、电液伺服阀等。⑤ 执行元件。将液压能转变为机械能，产生直线运动或旋转运动，并直接控制被控对象，一般指液压缸或液压马达。⑥ 被控制对象。指系统的负载，如工作台等。以上六部分是液压伺服系统的基本组成。此外，可增设校正元件来改善系统性能；增设比例元件来使输入信号按比例变化。

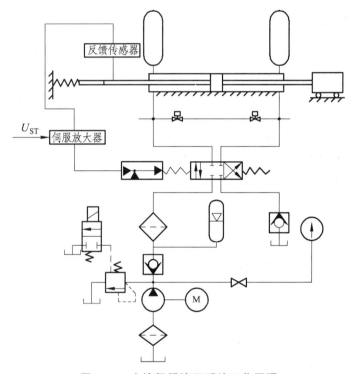

图 3-10　电液伺服液压系统工作原理

电液伺服系统是反馈控制系统，它是按照偏差原理来进行工作的，因此在实际工作中，由于负载及系统各组成部分都有一定的惯性，油液有可压缩性等，当输入信号发生变化时，输出量并不能立刻跟着发生相应的变化，而是需要一个过程。在这个过程中，系统的输出量以及系统各组成部分的状态随时间的变化而变化。这就是通常所说的过渡过程或动态过程。如果系统的动态过程结束后，又达到新的平衡状态，则把这个平衡状态称为稳态或静态。一般来说，系统在振荡过程中，由于存在能量损失，振荡将会越来越小，很快就会达到稳态。但是，如果活塞—负载的惯性很大，油液因混入了空气而压缩较大，液压缸和导管的刚性不足，或系统的结构及其元件的参数选择不当，则振荡迟迟不得消失，甚至还会加剧，导致系统不能工作。出现这种情况时，系统被认为是不稳定的。因此，对液压伺服系统的基本要求首先是系统的稳定性。不稳定的系统根本无法工作。除此以外，还要从稳、快、准三个指标来衡量系统性能的好坏：稳和快反映了系统过渡过程的性能，既快又稳；在控制过程中输出量偏离希望值小，偏离的时间短，表明系统的动态精度高。

电液伺服系统采用的是闭环控制加载方式，通过力、应变、位移等物理参数对试验过程进行控制，通常称为力控、位控或参控试验。工作时试验人员通过计算机编制试验程序或直接发出动作指令，指令信号传输给模拟控制器。模拟控制器经过信号转换等一系列过程后向电液伺服阀发出相应的模拟电信号，电液伺服阀则根据模拟电信号指挥作动器按试验设计的动作运动，如向试件施加需要的力、位移或应变等。至此，与普通液压系统加载过程相似，由于作动器所施加的力或位移等没有被测量反馈回控制器，所以称为开环控制过程。电液伺服系统还将通过安装在作动器或试件上力、位移或应变等传感器将作动器实际工作信号反馈给测量反馈调节器，并在运算器内与指令信号对比运算后产生调差信号，再向电液伺服阀发出调差命令，伺服阀根据调差命令继续操作作动器，该过程循环进行。整个操作过程包括命令信号产生、加载信号执行以及误差信号反馈等步骤，形成了一个闭合回路，因而称为闭环控制过程。模拟控制器含有微处理器，具有记忆、运算能力，每一闭环控制过程都由模拟控制器在瞬间自动执行，整个试验过程中不需人为干预，试验人员只需通过计算机向模拟控制器发出试验加载指令并观测试验反馈值，也可预先编制好试验程序，而整个试验过程完全由计算机和试验系统自动完成。

电液伺服阀是将电信号转化为液压信号的高精密元件。模拟控制器将位移、力等控制信号首先转换成电信号传输给电液伺服阀，电液伺服阀根据电信号控制作动器产生运动完成对试件推、拉等加载过程。模拟控制器由测量反馈器、运算器、D/A 转换器等构成，是向电液伺服阀发出命令信号的电子部件。工作时完成波形产生、运算、信号转换（A/D、D/A 转换）、输出、反馈调节等一系列复杂过程，指挥电液伺服作动器，完成期望的试验加载过程。电液伺服阀是极其精密的元件，价格昂贵。它对液压油的型号和清洁度要求很高，不可随便乱用，对环境温度也有所限制，对系统的操作和维护要求有较高的技术。

5. 地震模拟振动台

地震模拟振动台能很好地模拟地震过程或进行人工地震波的试验，是实验室内研究结构地震反应和破坏机理的最直接的方法。这种设备可用于研究工业与民用建筑、桥梁、水工结构、海洋结构、原子能反应堆等结构的抗震性能及动力特性等，是目前结构抗震研究中的重要试验手段之一。

地震模拟振动台是一种跨学科的复杂高科技产品，其设计和建造涉及土建、机械、液压、电子技术、自动控制和计算机技术等多个学科，主要由台面和基础、高压油源、管路系统、电液伺服作动器、模拟控制系统、计算机控制系统和数据采集处理系统七大部分组成。地震模拟振动台是再现各种地震波对结构进行动力试验的一种先进试验设备，其特点是具有自动控制和数据采集及处理系统，采用了计算机和闭环伺服液压控制技术，并配合先进的振动测量仪器，是结构动力试验比较理想的试验设备。地震模拟振动台的组成和工作原理如下：

1）振动台台体结构

振动台台面是有一定尺寸的平板结构，其尺寸的规模确定了结构模型的最大尺寸。台体自重和台身结构与承载的试件重量及使用频率范围有关。一般振动台都采用钢结构，控制方便、经济而又能满足频率范围要求，模型重量和台身之比不宜大于 2。

振动台必须安装在质量很大的基础上，基础的重量一般为可动部分重量或激振力的 10 ~ 20 倍，这样可以改善系统的高频特性，并可以减少对周围建筑和其他设备的影响。

2）液压驱动和动力系统

液压驱动系统是给振动台以巨大的推力。按照振动台是单向（水平或垂直）、双向（水平-水平或水平-垂直）或三向（二向水平-垂直）运动，并在满足产生运动各项参数的要求下，各向加载器的推力取决于可动质量的大小和最大加速度的要求。目前世界上已经建成的大中型地震模拟振动台，基本上都是采用电液伺服系统来驱动。它在低频时能产生大推力，故被广泛应用。

液压加载器上的电液伺服阀根据输入信号（周期波或地震波）控制进入加载器液压油的流量大小和方向，从而由加载器推动台面在垂直或水平方向上产生正弦运动或随机运动。液压动力部分有两个巨大的液压功率源，能供给所需要的高压油流量，以满足巨大推力和台身运动速度的要求。比较先进的振动台中都配有大型储能器组，根据储能器容量的大小使高压油瞬时流量为平均流量的 1 ~ 8 倍，产生短暂且具有极大能量的突发力，以便模拟地震力。

3）控制系统

目前应用的模拟振动台中有两种控制方法：一种是模拟控制；另一种是数字计算机控制。

模拟控制方法有位移反馈控制和加速度信号输入控制两种。在单纯的位移反馈控制中，由于系统的阻尼小，很容易产生不稳定现象，为此在系统中加入加速度反馈，增大系统阻尼从而保证系统稳定。与此同时，还可以加入速度反馈，以提高系统的反应性能，由此可以减少加速度波形的畸变。为了能使直接得到的强地震加速度记录推动振动台，在输入端可以通过二次积分，同时输入位移、速度和加速度三种信号进行控制。

为了提高振动台精度，采用计算机进行数字迭代补充技术，实现台面地震波的再现。试验时，由振动台台面输出的波形是期望再现的某个地震记录或是模拟设计的人工地震波。由于包括台面、试件在内的系统的非线性影响，在计算机给台面的输入信号激励下所得到的反应与输出的期望值之间必然存在误差。这时，可由计算机根据台面输出信号与系统本身的传递函数（频率响应）求得下一次驱动台面所需的补偿量和修正后的输入信号。这样经过多次迭代，直至台面输出反应信号与原始输入信号之间的误差小于预先给定的量值，即得到满意的期望地震波形。

4）测试和分析系统

测试系统除了对台身运动进行控制而测量位移、加速度等外，对作为试件的模型也要进行多点测量，一般量测的内容为位移、加速度、应变及频率等，总通道数可达百余点。位移测量多数采用差动变压器式和电位计式位移计，可测量模型相对于台面的位移或相对于基础的位移；加速度测量多采用应变式加速度计、压电式加速度计、差容式或伺服式加速度计等。对模型的破坏过程可采用摄像机进行记录，便于在显示器上进行破坏过程的分析。数据的采集可以在直视式示波器或 USB（通用串行总线）储存器上将反应的时间历程记录下来，或经过模数转换传送到计算机进行分析处理或储存。

振动台台面运动参数最基本的是位移、速度和加速度以及使用频率。一般是按模型比例及试验要求来确定台身满负荷时的最大加速度、速度和位移等数值。最大加速度和速度均需按照模型相似原理来选取。

3.6 惯性力加载法

在结构动力试验中，利用物体质量在运动时产生的惯性力对结构施加动荷载。按产生惯性力的方法通常分为冲击力、离心力和直线位移惯性力加载三类。

1. 冲击力加载

冲击力加载的特点是荷载作用时间极为短暂，在它的作用下使被加载结构产生自由振动，适用于进行结构动力特性的试验。冲击力加载方法有初位移加载法、初速度加载法及反冲激振法三种。

1）初位移加载法

初位移法也称为张拉突卸法。在结构上拉一钢丝缆绳，使结构变形而产生一个人为的初始强迫位移，然后突然释放，使结构在静力平衡位置附近做自由振动。在加载过程中当拉力达到足够大时，事先连接在钢丝绳上的钢拉杆被拉断而形成突然卸载，通过调整拉杆的截面即可由不同的拉力而获得不同的初位移。

2）初速度加载法

初速度加载法也称突加荷载法。它利用摆锤或落重的方法使结构在瞬时内受到水平或垂直的冲击，产生一个初速度，同时使结构获得所需的冲击荷载。这时作用力的总持续时间应该比结构的有效振动的自振周期短很多，所以引起的振动是初速度的函数，而不是大小的函数。

3）反冲激振法

反冲激振法也称火箭激振，它适用于现场对结构实物进行试验，也可以用于室内试验。

反冲激振法的基本工作原理是点火装置使火药燃烧，火药产生的高温高压气体便从喷管口以极高的速度喷出。如果气流每秒喷出的质量为 W，则按动量守恒定律可得到反冲力 P 为

$$P = W \cdot v/g \tag{3-2}$$

式中　v ——气流从喷口喷出的速度；

　　　g ——重力加速度。

2. 离心力加载

离心力加载是根据旋转质量产生的离心力对结构施加简谐振动荷载。其特点是运动具有周期性，作用力的大小和频率按一定规律变化，使结构产生强迫振动。

利用离心加载的机械式激振器的原理是使一对偏心块按相反方向运转，通过离心力产生一定方向的激振力。由离心块产生的离心力 P 为

$$P = m\omega^2 r \tag{3-3}$$

式中　m ——偏心块质量；

　　　ω ——偏心块旋转角速度；

　　　r ——偏心块旋转半径。

在任何瞬时产生的离心力均可分解成垂直于水平的两个分力：

$$P_V = P\sin\alpha = m\omega^2 r\sin\alpha$$

$$P_H = P\cos\alpha = m\omega^2 r\cos\alpha \qquad\qquad (3\text{-}4)$$

试验时将激振器底座固定在被测结构物上，由底座把激振力传递给结构，致使结构受到简谐变化激振力的作用。一般要求底座有足够的刚度，以保证激振力的传递效率。

激振器产生的激振力等于各旋转质量离心力的合力。改变质量或调整带动偏心质量运转电机的转速，即改变角速度 ω，可调整激振力的大小。通过改变偏心块旋转半径 r 也可以改变离心力大小。

激振器由机械和电控两部分组成。机械部分主要是由两个或多个偏心质量组成，对于小型的激振器，其偏心块安装在圆形旋转轮上，调整偏心轮的位置，可形成垂直或水平的振动。近年来研制成功的大型同步激振器在机械构造上采用双偏心水平旋转式方案，偏心块安装于扁平的扇形筐内，这样可使质量更为集中，提高激振力，降低动力功率。

一般的机械式激振器工作频率范围较窄，大致在 50 Hz 以下。由于激振力与转速的平方成正比，所以当工作频率很低时，激振力就很小。

3. 直线位移惯性力加载

直线位移惯性力加载系统，它的主要动力就是电液伺服加载系统，通过电液伺服阀控制固定在结构上的双作用液压加载器，带动质量块做水平直线往复运动。运动着的质量块产生的惯性力激起结构振动，通过改变指令信号的频率，即可调整平台频率，改变负荷重块的质量，即可改变激振力的大小。

这种加载方法的特点适用于现场结构动力加载，在低频条件下其各项性能指标较好，可产生较大的激振力，但频率较低，只适用于 1 Hz 以下的激振。

3.7 荷载支撑设备和试验台座

1. 支座与支墩

结构试验中的支座与支墩是试验装置中模拟结构受力和边界条件的重要组成部分，是支撑结构、正确传递作用力和模拟实际荷载图式的设备。对于不同的结构形式、不同的试验要求，就要有不同的支座与之相适应，这是试验装置设计中应考虑的重要问题。

1）支座

按作用方式不同，支座有固定支座、可动铰支座、固定铰支座、定向铰支座。铰支座一般用钢材制作，常见形式如 3-11 所示。

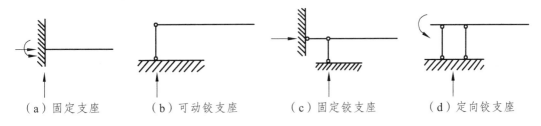

（a）固定支座　　　（b）可动铰支座　　　（c）固定铰支座　　　（d）定向铰支座

图 3-11　支座常见形式

对于不同的结构形式，要求有不同的支座形式，具体如下：

（1）简支梁和连续梁支座。

这类试件通常一端为固定铰支座，其他为滚动支座。安装时各支座轴线应彼此平行并垂直于试件的纵轴线。各支座间的距离取试件的计算跨度。

（2）四角支撑板和四边支撑板的支座。

在配置四角支撑板支座时应安放一个固定滚珠；对于四边支撑板，滚珠间距不宜过大，宜取板在支撑处厚度的 3~5 倍。

（3）受扭试件两端的支座。

对于梁式受扭构件试验，为保证试件在受扭平面内自由转动，试件两端架设在两个能自由转动的支座上，支座转动中心应与试件中心相重合。两支座的转动平面应相互平行，并与试件的扭曲轴相垂直。

（4）受压试件两端的支座。

在进行柱和压杆试验时，试件应分别设置球形支座或双层正交刀口支座，球链中心与加载点重合，双层刀口的支点应落在加载点上。

目前试验柱的对中方法有两种，即几何对中法和物理对中法。从理论上讲，物理对中法比较好，但实际上不可能做到整个试验过程中永远处于物理对中状态。因此，较实用的办法是控制截面（一般等截面柱为柱高度的中点）的形心线作为对中线，或计算出试验时的偏心距，按偏心线对中。

进行柱或压杆偏心受压试验时，对于刀口支座，可以用调节螺栓调整刀口与试件几何中线的距离，以满足不同偏心距的要求。

2）支墩

支墩本身的强度必须进行验算，保证试验时不致发生过度变形。支墩在现场多用砖块临时砌成，支墩上部应有足够大的平整支撑面，最好在顶部铺钢板，支撑面积按地基承载力进行复核。在实验室内一般用钢或混凝土制成的专用支墩。

为了使用灵敏度高的位移量测仪表量测试验结构的挠度，提高试验精度，要求支墩和地基有足够的刚度和强度，在试验荷载下的总压缩变形不宜超过试验构件挠度的 1/10。

当试验需要使用两个以上的支墩时，如连梁、四角支撑板和四边支撑板等，为了防止支墩不均匀沉降及避免试验结构产生附加应力而破坏，要求各支墩应具有相同的刚度。

单向简支试件的两个支墩的高差应符合结构构件的设计要求，偏差不宜大于试件跨度的 1/50。因为过大的高差会在结构中产生附加应力，改变结构的工作机制。

双向板支墩在两个跨度方向的高差和偏差也应满足上述要求。

连续梁各中间支墩应采用可调式支墩，必要时还应安装测力计，按支座反力的大小调节支墩高度，因为支墩的高度对连续梁的内力有很大影响。

2. 反力架

在进行结构试验加载时，液压加载器（千斤顶）的活塞只有在其行程受到约束时才会对试件产生推力。利用杠杆加载时，也必须要有一个支撑点承受支点的上拔力。因此，进行试验加载时除了前述各种加载设备外，还必须要有一套加荷架，才能满足试验的加荷要求。

反力架即为加荷架，是整个加载系统的荷载机构。反力架的形式较多，按反力作用的方向分有竖向反力装置和水平反力装置；按是否移动分有固定式反力架和移动式反力架。

1）竖向反力装置

竖向反力装置主要由荷载架、千斤顶链接杆件组成。

在实验室内荷载架一般由横梁、立柱组成的反力架和试验台座等构成，也可以利用适宜于试验中小型构件的抗弯大梁或空间桁架式台座。在现场试验时则通过反力架用平衡重块、锚固桩头或专门为试验浇筑的钢筋混凝土地梁平衡试件的荷载。

荷载架主要由立柱和横梁组成。它可以用型钢制成，特点是制作简单，取材方便，可按钢结构的柱和横梁设计，横梁与柱的连接采用精制螺栓或圆销。对荷载架的承载力、刚度要求较高，能满足大型结构试验的要求。荷载架的高度和承载力可按试验需要设计，可成为实验室内固定的大型试验台座上的竖向荷载架，如图 3-12 所示。

图 3-12　竖向反力架装置

2）水平反力装置

水平反力装置主要由反力墙（或反力架）及千斤顶水平连接件等组成。反力墙一般为固定式，而反力架则有固定式和移动式两种，如图 3-13 所示。

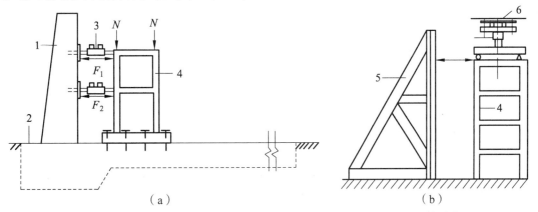

（a）　　　　　　　　　　　　　　（b）

1—反力墙；2—试验台座；3—推拉加载器；4—试件；5—反力架；6—千斤顶滚轴连接。

图 3-13　竖向反力架装置

对于固定式反力墙，国内外大多采用混凝土结构（混凝土或预应力混凝土），并且和试验台刚性连接以减少自身的变形。在混凝土反力墙上，按一定距离设有孔洞，以便用螺栓锚住加载器的底板。反力墙与千斤顶的连接方式大致分为三种，即纵向滑轨式锚栓连接、螺孔式螺栓连接和横向滑轨式锚栓连接。

移动式反力架一般采用钢结构，通过螺栓与试验台座的槽轨锚固，利用反力架和千斤顶滚轴装置组成水平反复加载试验装置。这种反力架加载方便，使用灵活，可做成单片式或多片式，均为板梁式构件，可重复使用也可分别采用。移动式反力架可以满足双向施加水平力的要求，但其反力支架承载力较小。

3）特殊反力装置

有些构件和结构试验，还常用一些专门的支撑机构，如对隧道模型、箱型结构或桁架节点的试验采用加载框等。

3. 结构试验台座

在实验室内，结构试验台座是永久性的固定设备，用来平衡施加在试验结构构件上的荷载产生的反力。试验台座的台面一般与实验室地面的标高一致，这样可以充分利用实验室的使用面积，使室内水平运输或搬运试验构件比较方便，但也容易影响试验活动；也可以高出实验室的地面，成为独立体系，则实验区划分比较明确，这样不容易受到周边活动及水平运输活动的影响。

试验台座的长度和宽度根据试验构件的尺寸要求从十几米到几十米，台座的承载能力一般为 200～1 000 kN/m^2。台座的刚度极大，一般情况下，受力后的变形极小，可以沿着台座的纵向或横向并在台面上同时进行几个结构试验项目，且不用考虑相互影响因素。

试验台座除可以平衡对结构加载时产生的外力外，还可以用来固定横向支架，以保证构件的侧向稳定，且通过水平反力架对试件施加水平荷载。

试验台座在设计时考虑了在纵向和横向均应按各种试验组合可能产生的最不利受力情况下进行验算和配筋，以确保具有足够的强度和整体刚度。用于动力试验的台座还必须有足够的质量和耐疲劳性能，以防引起共振和疲劳破坏，特别要注意局部预埋件和焊缝的疲劳破坏。如果实验室内设有静力和动力台座并同时进行试验，则动力台座必须采取隔振措施，以减少动力试验时对静力试验的干扰。

按结构构造的不同，试验台座一般可分为槽式试验台座、地脚螺栓式试验台座、箱式试验台座、抗侧力试验台座等。

1）槽式试验台座

槽式试验台座是目前国内常用的一种较典型的静力试验台座，其构造特点是纵向全长布置几条槽轨。这些槽轨一般是用型钢制成的纵向框架式结构，通常埋置在台座的混凝土内。

槽轨的作用在于锚固加载支架，用来平衡结构构件上的荷载所产生的反力。如果加载架立柱是圆钢制成的，直接可用两个螺帽固定于槽内；如果加载架立柱是用型钢制成的，则在其底部设计成钢结构柱脚的构造，用地脚螺丝固定在槽内。在试验加载时，立柱受向上的拉力，因此要求槽轨的构造应该与台座的混凝土部分有较好的联系，避免变形甚至被拔出。这种台座的特点是加载点位置可沿台座的纵向任意变动，不受限制，满足试验结构不同加载位置的需要。

2）地脚螺栓式试验台座

这种试验台座的特点是台面上每隔一定间距设置一个地脚螺栓，螺栓底部锚固在台座内，其顶部伸出台座表面特制的圆形孔穴（略低于台座表面标高），使用时用套筒螺母与加载架的立柱连接，一般用圆形盖板将孔穴盖住，保护螺栓端部且防止脏物落入孔穴中。

地脚螺栓式试验台座的缺点是螺栓受损后维修困难，此外由于螺栓和孔穴位置已经固定了，试件安装的位置受到一定的限制，没有槽式台座灵活机动。这类台座通常设计成预应力钢筋混凝土结构，降低造价成本。图 3-14 为地脚螺栓式试验台座的示意图。这类试验台座不仅可以用于静力试验，同时也可以安装结构疲劳试验机进行结构构件的动力疲劳试验。

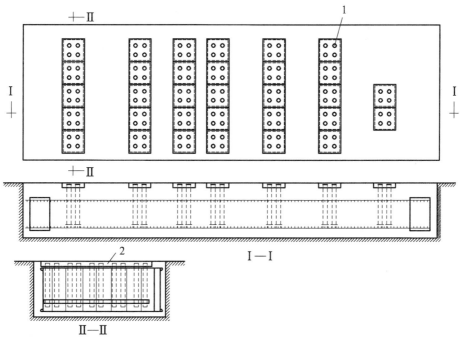

1—地脚螺栓；2—台座地槽。

图 3-14　地脚螺栓式试验台座

3）箱式试验台座

这种试验台座的规模比较大，如图 3-15 所示，由于台座本身构成箱形结构，所以它比其他形式的台座具有更大的刚度。在箱形结构的顶板上沿纵横两个方向按一定间距留有竖向贯穿的孔洞，便于沿孔洞连线的任意位置加载，即先将槽轨固定在相邻的两个孔洞之间，然后将立柱或拉杆按试验要求加载的位置固定在槽轨中，也可以将立柱或拉杆直接安装于孔内，因此也称作孔式试验台座。试验量测与加载工作可以在台座上操作，也可以在箱形结构内部进行，因此台座结构本身也是实验室的地下室，可供进行长期荷载试验或特殊试验使用。大型的箱形试验台座也可以作为实验室建筑的基础。

4）槽锚式试验台座

这种试验台座结合了槽式台座和地锚式台座的特点，又有抗震试验的需要，利用锚栓既可以锚固试件，又可以承受水平剪力。

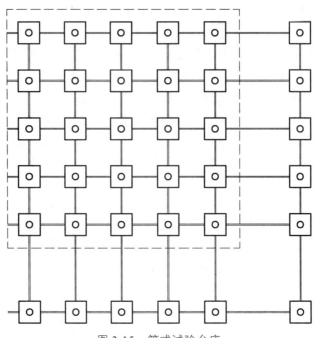

图 3-15　箱式试验台座

5）抗弯大梁式台座

抗弯大梁式台座本身就是一根刚度极大的钢梁或钢筋混凝土大梁，当缺少大型试验台座时，采用抗弯大梁式台座或空间桁架式台座可以满足中小型构件试验或混凝土制品检验的要求。当液压加载器和分配梁加载时，产生的反作用力通过门型荷载架传递至大梁，试验结构的支座反力也可以由支座大梁承受，使之保持平衡。抗弯大梁式台座由于受到大梁本身抗弯强度与刚度的限制，一般只能试验跨度在 7 m 以下、宽度在 1.2 m 以下的板和梁。

6）抗侧力试验台座

在结构试验研究中，为了适应结构抗震试验研究的要求，需要进行结构抗震的静力和动力试验，一般采用电液伺服加载系统对结构或模型施加模拟地震荷载的低周反复水平荷载，这就要求有水平反力设施平衡所施加的作用力。因此，常在台座的端部设有刚度极大的抗侧力结构，这种结构称为水平反力墙，用来承受和抵抗在结构试验中水平荷载所产生的反作用力。由于刚度要求较高，水平反力墙的结构一般设有钢筋混凝土或预应力钢筋混凝土的实体墙，有时候为了增大结构刚度而采用箱形结构。在墙体的纵横方向按一定距离间隔布置锚孔，便于实验时在不同位置上固定水平加载的液压加载器。抗侧力墙体结构与水平台座连成整体，以提高墙体抵抗弯矩和底部剪力的能力，水平反力墙可以做成单向或双向 L 形两种。抗侧力装置也可以采用钢制反力架，利用地脚螺栓将其与水平台座锚固。这种装置的优点是灵活机动，反力钢架可随意拆卸，也可根据需要移动位置或改变高度（将两个钢推力架竖向叠接）；缺点是用钢量较大，而且承载能力受到限制。此外，钢反力架与台座的连接锚固比较复杂，也无法在任意位置安装水平加载器。

大型结构实验室也有在试验台座的左右两侧设置两座反力墙，这时整个抗侧力台座的垂直剖面不是 L 形而是 U 形，其特点是可以在试件的两侧对称施加荷载；也有在试验台座的端部和侧面建造水平向剖面成直角的抗侧力墙体，这样可以在 x 和 y 两个方向同时对试件加载，

模拟 x、y 两个方向的地震荷载。

有的实验室为了提高反力墙的承载能力，将试验台座建在低于地面一定深度的基坑内，利用坑壁作为抗侧力墙体，这样在坑壁四周的任意面上的任意部位均可对结构施加水平推力。

4. 现场试验的荷载装置

有些结构试验中，由于受到施工运输条件的限制，对于一些跨度较大的屋架等构件，经常要求在施工现场解决试验问题，因此就必须要考虑适于现场试验的加载装置。现场试验装置的主要矛盾是液压加载器加载所产生的反力如何平衡的问题，也就是要设计一个能够代替静力试验台座的荷载平衡装置。

在现场广泛采用的是平衡重式的加载装置，其工作原理与前述的固定试验装置设备中利用抗弯大梁或试验台座一样，即利用平衡重来承受与平衡由液压加载器加载所产生的反力，此时在加载架安装时必须要求有预设的地脚螺栓与之连接，为此在试验现场必须开挖地槽，在预制的地脚螺栓下埋设横梁和板，也可以采用钢轨或型钢，然后在上面堆载块石、钢锭或铸铁等重物，其重量必须经过设计计算。地脚螺栓露出地面以便于与加载架连接，连接方式可用螺丝帽或正反扣的花篮螺栓，甚至用简单的直接焊接。平衡重式加载装置的缺点是要耗费较大的劳动量。目前也有采用打桩或爆扩桩的方法作为地锚，也有的利用原有桩头作为地锚，在两个或几个基础间沿柱的轴线浇捣一钢筋混凝土大梁，作为抗弯平衡装置，在试验结束后这些大梁则可代替原设计的地梁使用。

成对构件试验的方法，即用另一根构件作为台座或平衡装置使用，通过简单的箍架作用来维持内力的平衡。此时较多地采用卧位试验的方法。当需要进行破坏试验时，用来作为平衡的构件最好要比试验对象的强度和刚度都要大一些，但往往有困难，所以，经常使用两个同样的构件并列来作为平衡的构件使用。成对的构件卧位试验中所用的箍架，实际上就是一个封闭的加载架。一般常用型钢作为横梁，用圆钢作为拉杆较为方便，当荷载较大时，拉杆以型钢制作为宜。

第4章　结构试验数据采集技术

4.1　概　述

在结构试验研究中，被测参数与结构的应力和变形性能密切相关。结构静态参数可分为局部纤维应变和整体变形两大类；结构动态参数主要是结构的动力特性和结构振动随时间而变化的动态反应。由于静态和动态参数的特征不同，采用的测量仪表和量测方法也有所不同。

在结构静力试验中，多数量测仪表都是由机和电组成的复合式仪表，以及附有数字显示系统的数字式仪表。它们具有直观、准确和使用方便等优点。例如受弯构件的挠度、受压构件的侧向变位和整体结构的层间位移等，都可以用数字式位移测量。局部纤维应变可直接用应变仪测量。

在结构动力试验中，仅对参数的某一瞬时值进行测量是不能代表结构振动的实质的，必须量测结构振动的全过程。这种参量的量测仪表大多属于动态模拟量测仪表。它的优点是储存的信息量比较大，测点数不受限制，记忆速度快和具有再现的能力。对模拟量做定量分析时必须进行严格的标定。模拟量记录的主要缺点是不直观。

结构试验对量测数据的精确度要求，通常是根据试验的目的和要求来确定的，并按照精度要求选择量测方法和量测仪表。因此，试验前对量测仪表的技术性能、使用方法和适用范围等做全面的了解是很重要的。

4.1.1　测试仪器的分类及技术指标

测试仪器的分类方法很多，常用的分类方法有以下几种。

（1）按仪器的工作原理分为：机械式测试仪器、电测仪器、光学仪器、声学仪器、复合式仪器、伺服式仪器等。

（2）按仪器的用途分为：测力计、应变计、位移计、倾角仪、测振仪、测斜仪等。

（3）按结果的显示与记录方式分为：直读式、自动记录式、模拟式、数字式。

（4）按仪器与结构的相对关系分为：附着式、接触式、手持式、遥测式等。

4.1.2　测试仪器的性能指标

反映量测仪表性能优劣的是仪表的技术指标。量测仪的主要技术指标一般包括以下几个方面。

1）量程 S

量程是指测量上限值和下限值的代数差，即仪表刻度盘上的上限值减去下限值，即

$S=x_{\max}-x_{\min}$，通常下限值 $x_{\min}=0$，这样 $S=x_{\max}$。如百分表的量程一般有 50 mm 和 100 mm，千分表的量程有 3 mm 和 5 mm。在整个测量范围内仪表提供的可靠程度并不相同，通常在上下限值附近测量误差较大，故不宜在该区段内使用。

2）刻度值 A

设置有指示装置的仪表，一般都配有分度表，刻度值是指分度表上每一最小刻度所代表的被测量的数值。百分表的最小刻度为 0.01 mm，千分表的最小刻度为 0.001 mm。刻度值的倒数即为该仪表的放大率 V，即 $V=1/A$。

3）灵敏度 K

灵敏度 K 是指某实际物理量的单位输出增量与输入增量的比值，即 $K=\Delta y/\Delta x$。当仪表的输出特性曲线为一条直线时，则其各点的斜率相等，K 为常数。如果输出特性曲线为一条曲线，说明仪表的灵敏度将随被测物理量的大小而变化。

4）分辨率

当输入量从某个任意非零值开始缓慢地变化时，将会发现只要输入变化值不超过某一数值，仪表的示值是不会发生变化的。因此，这个使仪表示值发生变化的最小输入变化值就叫仪表的分辨率。

5）滞后

某一输入量从起始量程增至最大量程，再由最大量程减至最小量程，在这正反两个行程输出值之间的偏差称为滞后，滞后常用全量程中的最大滞后值与满量程输出值之比来表示。这种现象是由于机械仪表中有内摩擦或仪表元件吸收能量引起的。

6）精确度

精确度简称为精度，它是精密度和准确度的综合反映。精度高的仪表，意味着随机误差和系统误差都很小。精度最终是用测量误差的相对值来表示的。误差越小，精度就越高。在工程应用中，为了简单表示仪表测量结果的可靠程度，可用仪表精度等级 A 来表示：

$$A = \frac{\Delta_{\mathrm{g,max}}}{x_{\max} - x_{\min}} \times 100\% \tag{4-1}$$

7）可靠性

仪表的可靠性可定义为：在规定的条件下（满足规定的技术指标，包括环境、使用、维护等），满足给定的误差极限范围内连续工作的可能性，或者说构成仪表的元件或部件的功能随着时间的增长仍能保持稳定的程度。现代的测试仪表元件数目都很多，每个元件都应该有很高的可靠性才能保证仪表具有可靠性。

4.1.3 结构试验与检测对仪器的要求

结构试验与检测对仪器的要求主要包括以下几个方面：

（1）仪器的量程、准确度、灵敏度要根据实验项目的要求合理选用，对于野外检测仪还应要求其工作性能稳定性好、抗干扰能力强。

（2）仪器结构简单、使用方便、安装快捷，无论是外包装还是仪器本身结构，都应具有良好的防护装置，便于运输安装，不易损坏。

（3）仪器轻巧、自重轻、体积小，便于野外试验与检测时携带。

（4）仪器的适应性强，功能强大。比如应变仪，既可以单点测量，也可以多点测量；既可以测量应变，也可以测量位移。

（5）使用安全。包括仪器本身的安全，不易损坏，对操作人员不会危及人身安全。

量测仪器的某些性能之间经常是互相矛盾的，如精密的仪器，其量程较小；灵敏度高的，其适应性较差。因此，在选用仪器时，应避繁就简，根据实验项目的要求来选用合适的仪器，灵活运用。目前应用于结构试验中的仪器，以电测类仪器较多，机械式仪器仪表已远远不能满足多点量测和数据自动采集的要求。从长远发展的角度看，数字化和集成化量测仪器的应用日益广泛，将会给量测和数据处理带来更大的便利。

4.1.4　仪器的计量标定

为了保证试验检测数据的准确性，在检测过程中试验的仪器设备必须对其进行计算标定。标定是统一量值确保计量器准确的重要措施，也是实行国家监督的一种手段。通过计量标定，对仪器的性能进行评定，确定其是否合格，从而保证检测仪表的量值在规定的误差范围内与国家计量基准的量值保持一致，达到统一量值的目的。仪器的标定可以分为强制标定和非强制标定两类。强制标定的仪器仪表实行定点、定期标定，非强制标定的仪器仪表可由使用单位依法自行标定。计量标定具有以下特点：

（1）标定的目的是确保量值的准确可信，主要是评定量测仪器的计量性能，确定仪器的误差大小、准确程度、使用寿命、安全性能，确定仪器是否合格、是否可以继续正常使用、是否达到国家的计量标准。

（2）标定具有法制性，标定证书在社会上具有法律效力，标定的本身是国家对量测的一种监督，标定的结果具有法律地位和效力。

在试验与检测中，以下常用仪器仪表应定期进行标定：

① 机械类仪器的标定：如百分表、千分表、测力计、回弹仪等。

② 电子类仪器的标定：如超声波仪、应变仪、应变计、振弦数据采集仪、荷载传感器等。

③ 光学类仪器的标定：如精密水准仪、激光测距仪、激光挠度仪、读数显微镜等。

4.2　应变测量

应变是指构件在荷载作用下物体内任一点因各种作用引起的相对变形。在结构试验中相当一部分仪器的测量结果都是用指示部分的长度变化来表示。例如测得单位长度内的伸长量就可以导出应变（$\frac{\Delta L}{L}$）。又如结构试验中需要测定荷载作用或作用力的大小，而人的感觉器官又不能直接去观测力的大小，这时就可以借助仪器将力变换为仪器中某一部件相对于另一部件的位移而导出力的大小（如 $F = C \cdot \frac{\Delta L}{L}$，$C$ 为仪器部件的刚度）。这种方法在测力计及各种传感器中得到了广泛应用。

测量构件表面（或材料表面）的纤维应变是结构试验测试的一项重要内容。结构的位移、应力、力、转角等都可以由应变通过已知函数关系式导出。应变测量一般可分为应变机械法和应变电测法两类。

4.2.1 应变的机械测量法

1. 手持应变仪

手持应变仪是一台自成套的应变仪，主要由两片弹簧钢片连接两个刚性骨架组成，两个骨架可做无摩擦的相对位移。骨架两端附带有锥形插轴，进行测量时将锥形插轴插入结构表面预定的空穴里。结构表面的预定空穴应按照仪器插轴之间的距离进行设置，这个距离就是仪器的标距。试件的伸长或缩短量由装在骨架上的千分表来测读。千分表的每一刻度代表的应变为 $\dfrac{1}{1\,000L}$。

不同型号的手持应变仪的标距有很大差别，国外的手持应变仪标距有 50 mm、250 mm 等，国产的手持应变仪有 200 mm 和 250 mm 两种。由于标距不同，其上面千分表每一刻度代表的应变值也不相同。一般大标距适于量测非均质材料的应变。

用手持应变仪进行测量时，将应变仪两端的锥形插轴插入试件表面的标脚内（标脚上做有锥形空穴），标脚至构件表面的距离为 a，因而在弯曲平面内进行测量时，千分表的示值将大于（对受拉边）或小于（对受压边）构件表面纤维的实际伸长或缩短量。这时应对实测值进行修正。假定受弯构件截面的应变符合平截面假定，则修正后的应变 ε 为：

$$\varepsilon = \frac{h}{2\left(a+\dfrac{h}{2}\right)} \cdot \frac{\Delta L'}{L} \tag{4-2}$$

式中　h——试验构件截面高度；

　　　a——试件表面至空穴底的距离；

　　　$\Delta L'$——在高度 a 处的位移示值；

　　　L——仪器标距。

手持应变仪的主要优点是仪器不需要固定在测点上，因而一台仪器可以进行多个测点的测量；其缺点是每测读一次要重新变更一次位置，这样很容易造成较大的误差。因此，为了减小测量误差，在整个测试过程中，最好每个操作者固定一台仪器，并保持读数方法和测试条件前后一致，这样读数误差可以降至最低。尽管手持应变仪的测量误差偏大，但当用来测量混凝土构件的长期应变（徐变）、墙板的剪切变形，以及在大标距范围内进行其他类似的应变测量时，手持应变仪还是比较便捷灵活的。

2. 单杠杆应变仪

单杠杆应变仪是由刚性杆（一端带固定刀口）、杠杆（一端带菱形活动刀口）和千分表组成。这种仪器的标距有 20 mm、100 mm 等，放大倍数与杠杆臂长度有关，其优点是构造简单、重复使用性好、价格低廉且能满足一般精度要求。

4.2.2　应变电测法

在测量过程中，常将某些物理量（如长度）发生的变化，先转变为电参量的变化，然后用量电器进行量测，这种方法被称为电测法或非电量的电测技术。

在结构试验中，因结构受外荷载或受温度及结构约束等原因产生应变。应变为机械量（非电量），用量电器量测非电量，首先必须把非电量（应变）转换成电量的变化，然后才能用量电器量测。量测由应变引起的电量变化称为应变电测法，其过程如图4-1所示。

图 4-1　应变电测法转换图

应变电测法与其他方法相比有如下优点：

① 灵敏度及准确度高，测量范围大。电阻应变仪可以精确地量测 1×10^{-6} 应变，应变测量范围最大可达 $\pm 11\ 100 \times 10^{-6}$。

② 由于变换元件（电阻应变片）的体积小、质量轻，可安装在形状复杂而空间较小的区段内，且不影响目标构件的静态和动态特征。

③ 对环境的适应性强。可在高温（$800 \sim 1\ 000\ ℃$）、高压（1×10^{4} 大气压以上）及水中进行测量。

④ 适用性好。它可以测量多种物理参数，例如静态应变、动态应变，还可以通过各种传感器来量测位移、速度、加速度、振幅以及压力等力学性能参数。

利用应变电测法可以进行远距离测量，有助于实现测量的自动化，因此在试验应力分析、断裂力学及宇宙工程中都有广泛用途。其主要缺点是连续长时间测量会出现漂移，原因在于黏结剂的不稳定性和对周围环境的敏感性；另外应变片必须牢固地粘贴在试件表面，才能保证正确地传递试件的变形，这种粘贴工作技术性强，粘贴工艺复杂，工作量大，电阻应变片不能重复使用。

目前使用最多的变换元件是电阻式应变片，与其配套的测量仪表是电阻应变仪。

1. 电阻应变片的原理及构造

1）电阻应变片的原理

电阻应变片的工作原理是基于电阻丝具有应变效应，即电阻丝的电阻值随其变形而发生改变。由物理电工学可知

$$R = \rho \frac{L}{A} \qquad\qquad (4\text{-}3)$$

式中　R ——电阻丝的电阻值（Ω）；

L ——电阻丝的长度（m）；

ρ ——电阻率（$\Omega \cdot mm^{2}/m$）；

A ——电阻丝的截面积（mm^{2}）。

当电阻丝受机械变形而伸长或缩短时，相应的电阻变化为

$$dR = \frac{\partial R}{\partial \rho}d\rho + \frac{\partial R}{\partial L}dL + \frac{\partial R}{\partial A}dA$$

$$= \frac{L}{A}d\rho + \frac{\rho}{A}dL - \frac{\rho L}{A^2}dA \qquad (4\text{-}4)$$

$$\frac{dR}{R} = \frac{d\rho}{\rho} + \frac{dL}{L} - \frac{dA}{A} \qquad (4\text{-}5)$$

电阻丝的截面积 $A = \frac{\pi D^2}{4}$（D 为电阻丝的直径）。因电阻丝纵向伸长时横向缩短，故有

$$\frac{dD}{D} = -\nu\frac{dL}{L} = -\nu\varepsilon \qquad (4\text{-}6a)$$

式中　ν——电阻丝材料的泊松比。

$$\frac{dA}{A} = \frac{\dfrac{2\pi D dD}{4}}{\dfrac{\pi D^2}{4}} = 2\frac{dD}{D} \qquad (4\text{-}6b)$$

将式（4-6）代入式（4-5），得

$$\frac{dR}{R} = \frac{d\rho}{\rho} + \varepsilon + 2\nu\varepsilon$$

即

$$\frac{\dfrac{dR}{R}}{\varepsilon} = \frac{\dfrac{d\rho}{\rho}}{\varepsilon} + (1+2\nu) \qquad (4\text{-}7)$$

令

$$k_0 = \frac{\dfrac{d\rho}{\rho}}{\varepsilon} + (1+2\nu)$$

则有　　　　$\dfrac{dR}{R} = K_0\varepsilon$ 或 $\dfrac{dR}{R} = K\varepsilon$ 　　　　　　　　　（4-8）

式中　K_0——单丝灵敏系数。

K_0 受两个因素的影响：第一项为（$1+2\nu$），它是由电阻丝几何尺寸的改变引起，选定金属丝材料后，泊松比 ν 为常数；第二项 $\dfrac{\dfrac{d\rho}{\rho}}{\varepsilon}$，它是由电阻丝发生单位应变引起的电阻率改变，是应变的函数，但对大多数电阻丝而言，也是一个常量，故认为 K_0 是常数。因此式（4-8）所表达电阻丝的电阻变化率与应变呈线性关系。对丝栅状应变片或箔式应变片，考虑到已不是单根丝，故改用灵敏系数 K 代替 K_0。

2）电阻应变片的原理

不同用途的电阻应变片，其构造虽然不完全相同，但核心元件都差不多，一般都有敏感栅、基底、覆盖层和引出线，其构造如图 4-2 所示。

（1）敏感栅是应变片将应变变换成电阻变化量的敏感部分。它是由金属或半导体材料制成的单丝或栅状体。敏感栅的形状与尺寸直接影响到应变片的性能。敏感栅的尺寸用栅长 L

和栅宽 B 来表示。对带有圆弧端的敏感栅，该长度为两端圆弧内侧之间的距离；对带直线形横栅的敏感栅，栅长则为两端横栅内侧之间的距离。与纵轴垂直方向上的敏感栅外侧之间的距离称为栅宽 B。栅长和栅宽代表应变片的标称尺寸，即规格。

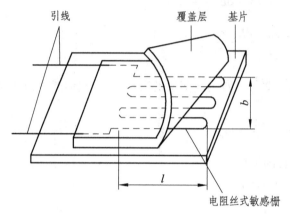

图 4-2　电阻应变片构造示意图

（2）基底和盖层：主要起定位和保护电阻的作用，并使电阻丝和被测试件之间绝缘。基底的尺寸通常代表应变片的外形尺寸。

（3）黏结剂：黏结剂是一种具有一定电绝缘性能的黏结材料。用它将敏感栅固定在基底上，或将应变片的基底粘贴在试件的表面上。

（4）引出线：引出线通过测量导线接入应变测量桥。引出线一般都采用镀银、镀锡或镀合金的软铜线制成，在制作应变片时与电阻丝焊接在一起。

3）电阻应变片的分类

电阻应变片可按材料、工作温度及用途来进行分类。

（1）按敏感栅所用材料分类：可分为金属电阻应变片和半导体应变片两类。前者根据生产工艺不同，又可以分为金属丝式应变片、金属箔式应变片和金属薄膜应变片。

金属丝式应变片是用直径 0.015 ~ 0.05 mm 的金属丝做敏感栅的应变片，常称为丝式应变片。目前用得最多的是丝绕式（U 形）和短接式（H 形）两种。

金属箔式应变片的敏感栅是用 0.002 ~ 0.005 mm 的金属箔制成的，制作工艺不同于丝式应变片，它是通过光刻技术和腐蚀等工艺技术制成。由于箔式应变片敏感栅的横向部分可以做成比较宽的栅条，因而它的横向效应比丝式的较小。箔栅的厚度很薄，能较好地反映构件表面的变形，也易于在弯曲表面上粘贴。箔式应变片的蠕变小，使用寿命较长，在相同截面下其栅条和栅丝的散热性能好，允许通过的工作电流大，测量灵敏度也比较高。

金属薄膜应变片是用真空蒸镀及沉积等工艺，将金属材料在绝缘基底上制成一定形状的薄膜而形成敏感栅。这种应变片耐高温性能好，工作温度可达 800 ~ 1 000 ℃。

半导体应变片的敏感元件都是由半导体材料制成的，敏感元件硅条是从硅锭上沿所需的晶轴方向切割出来的，经过腐蚀减小其截面尺寸后，在硅条的两端用真空镀膜设备再蒸发上一层黄金，然后再将丝栅内引线焊在黄金膜上，经过二次腐蚀达到规定截面尺寸后将其粘贴在酚醛树脂基底上。该片的优点是灵敏度高，频率响应好，可以做成小型和超小型应变片；缺点是温度系数大，稳定性不如金属丝式应变片。

（2）按敏感栅结构的形状分类：敏感栅的结构形状有单轴和多轴之分。单轴应变片一般是指一片只有一个敏感栅，多用于测量单轴应变；多轴应变片是指一片由多个敏感栅组成，因而也称为应变花。

按应变片的工作温度分类：常温片的工作温度从-30～+60 ℃；中温应变片从+60～+350 ℃，高温片为+350 ℃以上，低于-30 ℃的应变片称为低温应变片。

4）电阻应变片的技术性能

电阻应变片的主要技术性能有以下指标：

（1）标距：是指敏感栅在纵轴方向上的有效长度 L。

（2）规格：一般以使用面积 $L \times B$ 来表示。

（3）电阻值：与电阻应变片配套使用的电阻应变仪中的测量线路，其电阻均按 120 Ω 作为标准进行设计，因而应变测量片的阻值大部分为 120 Ω 左右，否则应加以调整或对测量结果予以修正。

（4）灵敏系数：电阻应变片的灵敏系数在产品出厂前经过抽样试验确定。使用时，必须把应变仪上的灵敏系数调节器调整至应变片的灵敏系数值，否则对其结果做修正。

（5）温度适用范围：主要取决于胶合剂的性质，可溶性胶合剂的工作温度为-20～+60 ℃；经化学作用而固化的胶合剂，其工作温度为-60～+200 ℃。

由于应变片的应变代表的是标距范围内的平均应变，因此，当均质材料或应变场的应变变化较大时，应采用小标距应变片。对非均质材料（如混凝土、铸铁等）应选用大标距应变片。在混凝土上使用应变片时，标距应大于混凝土粗骨料最大粒径的 3 倍。

5）电阻应变片的粘贴技术

试件的应变是通过黏结剂将应变传递给电阻应变片的丝栅，因而粘贴质量将直接影响应变的测量结果。常用的有机黏结剂如表 4-1 所示。

表 4-1　常用有机黏结剂

黏结剂种类	主要成分	牌号	适合黏结的应变片基底	最低限度的固化条件	固化压力 /（N/mm²）	工作温度范围 /℃
硝化纤维素黏结剂	硝化纤维素（或乙基纤维素），溶液	—	纸	室温、10 h；或 60 ℃、2 h	0.05～0.1	-50～+80
氰基丙烯酸酯黏结剂	氰基丙烯酸酯	KH501 KH502	纸、胶膜、玻璃纤维布	室温 1 h	粘贴时指压 0.05～0.1	-50～+80
聚酯黏结剂	不饱和聚酯树脂、过氧化环己酮等	—	胶酚、玻璃、纤维布	室温 24 h	0.03～0.05	-50～+150
聚酰亚胺黏结剂	聚酰亚胺	30-14	胶膜、玻璃纤维布	280 ℃、2 h	0.1～0.3	-150～+250
酚醛类黏结剂	酚醛-聚乙烯醇缩丁醛	JSF-2	酚醛胶膜、玻璃纤维布	150 ℃、1 h	0.1～0.2	-60～+150
	酚醛-聚乙烯醇甲乙醛	1720	酚醛胶膜、玻璃纤维布	190 ℃、1 h	—	-60～+100

黏结剂种类	主要成分	牌号	适合黏结的应变片基底	最低限度的固化条件	固化压力 /（N/mm²）	工作温度范围 /℃
酚醛类黏结剂	酚醛-有机硅	J-12	胶膜、玻璃纤维布	200 ℃、3 h	—	-60～+350
	酚醛-环氧	J06-2	胶膜、玻璃纤维布	150 ℃、3 h	0.2	-60～+250
环氧类黏结剂	环氧树脂、聚硫、醛酮胺	914	胶膜、玻璃纤维布	室温、2.5 h	粘贴时指压	-60～+80
	环氧树脂、固化剂等	509	胶膜、玻璃纤维布	200 ℃、2 h	粘贴时指压	-60～+80
有机硅黏结剂	有机硅树脂、云母粉、溶剂	4107	玻璃纤维布、金属薄片	300 ℃、3 h	0.1～0.2	+400
	有机硅树脂、无机填料、溶剂	B19	玻璃纤维布、金属薄片	300 ℃、2 h	0.1～0.2	+450

应变片的粘贴技术包括选片、选用黏结剂、粘贴和防水防潮处理等，其具体要求如下：

（1）分选应变片：选择应变片的规格和形式时，应注意试件的材料性质和试件的应力状态。在均质材料上粘贴应变片，一般选用普通型的小标距应变片；在非均质材料上粘贴应变片，选用大标距应变片；处于平面应变状态下的应选用应变花。分选应变片时，应逐片进行外观检查，应变片丝栅应平直，片内无气泡、霉斑、锈点等现象，不合格的片应剔除，然后用电桥逐片测定电阻值并以电阻值分成若干组。同一组的应变片的电阻值偏差不得超过应变仪可调平的允许范围。

（2）选用黏结剂：黏结剂分为水剂和胶剂两类。选择黏结剂的类型时，应根据应变片的基底材料和试件材料的不同进行选用。一般要求黏结剂应变片均采用氰基丙烯酸类水剂黏结剂，如 KH501、KH502 快速胶；在混凝土等非均质材料上贴片常用环氧树脂胶。

（3）测点表面清理：为了使应变片能牢固地贴在试件表面，应对测点表面进行加工。一般流程为：先用工具或化学试剂清除贴片处的漆层、油污、锈层等污垢，然后用锉刀锉平，再用零号砂布在试件表面打磨成 45°的斜纹，吹去浮尘并用丙酮、四氧化碳等溶剂清洗。

（4）应变片的粘贴与干燥：选择合适的胶剂，在试件上画出测点的定向标记。用水剂贴片时，先在试件表面的定向标记处和应变片基底上，分别涂一层均匀胶层，待胶层发黏时迅速将应变片按正确的位置就位，并取一块聚乙烯薄膜盖在应变片上，用手指稍加压力后即可等待其干燥。在混凝土或砌体等表面贴片时，一般应先用环氧树脂胶作找平层，待胶层完全固化后再用砂纸打磨、擦洗后方可贴片。

当室温高于 15 ℃ 和相对湿度低于 60%时可采用自然干燥，干燥时间一般为 24～48 h。室温低于 15 ℃ 和相对湿度高于 60%时应采用人工干燥，但人工干燥前必须先经过 8 h 自然干燥，人工干燥的温度不得高于 60 ℃。

（5）焊接导线：先在距离应变片 3～5 mm 处粘贴接线架，然后将引出线焊接于接线架上，最后把接线架的一端与接线架焊接，另一端与应变仪测量桥连接。

（6）应变片的粘贴质量检查：用兆欧表量测应变片的绝缘电阻；观察应变片的零点漂移，漂移值小于 5 με（3 min 之内）认为合格；将应变片接入应变仪，检查其工作的稳定性。若漂移值过大，工作的稳定性差，则应铲除重贴。

（7）防潮和防水处理：防潮措施必须在检查应变片贴片质量合格后立即进行。防潮的方法一般是用松香石蜡或凡士林涂抹于应变片表面，使应变片与空气隔离达到防潮目的。防水处理一般都采用环氧树脂胶。

2. 电阻应变片的测量电路

由电阻应变片的工作原理可知，当电阻应变片的灵敏系数 $K=2.0$，被测量的机械应变为 $10^{-6} \sim 10^{-3}$ 时，电阻变化率为 $\dfrac{\Delta R}{R}=K\varepsilon=2\times 10^{-6} \sim 2\times 10^{-3}$。这是非常微弱的电信号，用量电器检测是很困难的，所以必须借助放大器将该微弱的信号进行放大，才能推动量电器工作。而电阻应变仪就是电阻应变片的专用放大器及量电器。

1）电桥基本原理

电阻应变仪一般采用的测量电路是惠斯通桥路，如图 4-3 所示。在四个臂上分别接入电阻 R_1、R_2、R_3 和 R_4，在 A、C 端接入电源，B、D 端为输出端。

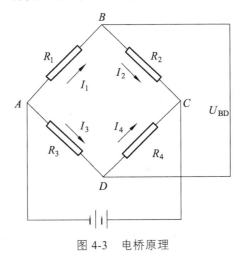

图 4-3　电桥原理

电路处于平衡状态时，对角线 B 点的电压等于 D 点的电压，即对角线的输出等于零。因此，A 点到 D 点电压降必等于 A 点到 B 点的电压降；同理，另半个桥上两支路电压降也必然相等，故有

$$I_3R_3=I_1R_1, \quad I_4R_4=I_2R_2 \tag{4-9}$$

因为桥路达到平衡时，对角线输出为零，即 $U_{BD}=0$，因此，必然有

$$I_1=I_2, \quad I_3=I_4 \tag{4-10}$$

将公式（4-10）代入公式（4-9），消去电流 I 项得电桥平衡时的条件为

$$R_2R_3=R_1R_4 \tag{4-11}$$

当电阻 R_1 变化 ΔR_1，其他电阻均保持不变时，对角线的输出电压为

$$U_{BD}=U_{AB}-U_{AD}=I_1（R_1+\Delta R_1）-I_3R_3 \tag{4-12}$$

将公式（4-10）代入（4-12），并略去分母中的 ΔR 得

$$U_{BD}=\frac{R_1R_4-R_2R_3+\Delta R_1R_4}{(R_1+R_2)(R_3+R_4)}U \tag{4-13}$$

当取 $R_1=R_2=R_3=R_4=R$（称等臂电桥）时，并将 $\dfrac{\Delta R}{R}=K\varepsilon$ 代入公式（4-13），得

$$U_{BD}=\frac{\Delta R_1R}{(2R)(2R)}U=\frac{U}{4}\cdot\frac{\Delta R_1}{R}=\frac{U}{4}K\varepsilon_1 \tag{4-14}$$

当电阻 R_1 和 R_2 分别改变 ΔR_1 和 ΔR_2，并取 $R_1=R_2=R_3=R_4$，其对角线输出为

$$U_{BD}=\left(\frac{R_1+\Delta R_1}{R_1+\Delta R_1+R_2+\Delta R_2}+\frac{R_3}{R_3+R_4}\right)U$$
$$=\frac{U}{4}\frac{\Delta R_1-\Delta R_2}{R}=\frac{U}{4}(\varepsilon_1-\varepsilon_2) \tag{4-15}$$

同理，改变任一臂上的电阻值均可得到类似的公式。若四个臂上的电阻同时都改变一个微量，则对角线的输出电压为

$$U_{BD}=\frac{U}{4}\left(\frac{\Delta R_1-\Delta R_2-\Delta R_3+\Delta R_4}{R}\right)$$
$$=\frac{U}{4}K(\varepsilon_1-\varepsilon_2-\varepsilon_3+\varepsilon_4) \tag{4-16}$$

可见，桥路的不平衡输出，与两相对臂上的应变之和呈线性，且与两相邻臂上应变之差呈线性。这种利用桥路的不平衡输出进行测量的电桥称为不平衡电桥，这种测量方法称为偏位测定法。偏位测定法适用于动态应变测量。

2）平衡电桥原理

从公式（4-16）可以看出，不平衡的输出中含有电源电压 U 项。当采取城市电网供应的电压，而测试工作又需要延续很长时间时，电源电压的波动将不可避免，其后果势必影响到量测结果的准确性。另外，不平衡电桥采用的是偏位法测量，它要求输出对角线上的检测计既要有很高的灵敏度，又要有很大的测量范围。为了满足这些测试要求，现代的电阻应变仪都改用平衡电桥，即采用零位法进行测量。平衡电桥如图 4-4 所示。

R_1 为贴在受力构件上的工作应变片，R_2 贴在非受力构件上作温度补偿片，R_3 和 R_4 由滑线电阻 R_{ac} 代替，触点 D 平分 R_{ac}，且使 $R_3=R_4=R''$，$R_1=R_2=R'$。构件受力前，工作电阻没有增量，桥路处于平衡状态，检流计指向零，则有 $R_1R_4=R_2R_3$；构件受力变形后，应变片的电阻由 R_1 变为 $R_1+\Delta R_1$，这时桥路失去平衡，检流计指针偏转至某一新的位置，这时如果将触点 D 向右滑动一个距离，可以发现指针有回零的趋势，继续向右移动至 D'点，这时指针回到零位，也就是桥路又重新恢复了平衡。桥路重新恢复平衡时的条件为

$$（R_1+\Delta R_1）（R_4-\Delta r）=R_2（R_3+\Delta r） \tag{4-17}$$

$$R_1R''+\Delta R_1R''-R_1\Delta r-\Delta R_1\Delta r=R_1R''+R_1\Delta r$$

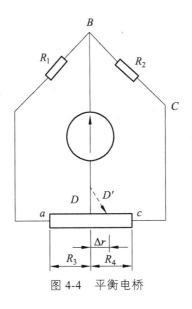

图 4-4 平衡电桥

$$\frac{\Delta R_1}{R_1}=\frac{2\cdot\Delta r}{R''}$$

所以

$$\varepsilon=\frac{2\cdot\Delta r}{KR''}\qquad\qquad（4\text{-}18）$$

可见，只要在滑线电阻上标出应变刻度，即可读取 Δr 的调节幅度。用这种方法进行测量时，检流计仅用来判别电桥平衡与否，这样可以避免偏位法测定的缺点。由于检流计始终把指针调整至零位置才开始读数，所以称为零位测定法。零位测定法适用于静态电阻应变测量。图 4-4 中的电桥，只有半个桥臂参与测量工作，另一半是提供读数用的。为了使四个臂都能参与测量工作，同时也为了进一步提高电桥的输出灵敏度，把应变仪的平衡电桥改变成两个桥路，这就是双桥路。

双电桥路除了有一个连接电阻应变片的测量电桥外，还有一个能输出与测量电桥变化相反的读数电桥，读数电桥的桥臂由可以调节的精密电阻组成。当试件发生变形，测量电桥失去平衡，检流计指针发生偏转时，调节读数电桥的电阻，使其产生一个与测量电桥大小相等、方向相反的量，使指针重新指向零。由于测量电桥的 U 与 ε 成正比，因此，读数电桥的电阻调整值也必定与 ε 成正比。

3）温度补充技术

用电阻应变片测量应变时，除了能感受试件应变外，由于环境温度变化的影响，同样也能通过应变片的感受而引起电阻应变仪指示部分的示值变动，这种变动被称为温度效应。

温度变化使应变片的电阻值发生变化的原因有两个：一是由于电阻丝温度改变 $\Delta t\,°C$ 时，电阻值也随之发生改变；二是试件材料与应变片电阻丝的线膨胀系数不同，但两者又粘贴在一起，这样温度改变 $\Delta t\,°C$ 时，应变片产生了温度应变，引起一个附加电阻变化。因此，总的应变效应为两者之和，可以用电阻增量 ΔR_t 表示。根据桥路输出公式得

$$U_{BD}=\frac{U}{4}\cdot\frac{\Delta R_t}{R}=\frac{U}{4}K\varepsilon_t\qquad\qquad（4\text{-}19）$$

式中　ε_t——视应变。

当应变片的电阻丝为镍铬合金丝时，温度变动 1 ℃，将产生相当于钢材（$E=2.1\times10^5$）应力为 14.7 N/mm² 的示值变动，这个量有一定的数值不能忽视，必须消除，而消除温度效应的方法就被称为温度补偿。

温度补偿的方法是在电桥的 BC 臂上接一个与测量片 R_1 同样阻值的应变片 R_2，这个 R_2 即为温度补偿应变片。测量片 R_1 贴在受力构件上，既受应变作用又受温度作用，故 ΔR_1 由两部分组成，即 $\Delta R_1 = \Delta R_\varepsilon + \Delta R_t$；补偿片 R_2 贴在一个与试件材料相同置于试件附近，具有同样的温度变化，但不受外力的补偿试件上，它只有 ΔR_t 的变化。故由公式（4-14）可得

$$
\begin{aligned}
U_{BD} &= \frac{U}{4} \cdot \frac{\Delta R_1 + \Delta R_{1,t} - \Delta R_{2,t}}{R} \\
&= \frac{U}{4} \cdot \frac{\Delta R_1}{R} = \frac{U}{4} K \varepsilon_1
\end{aligned}
\tag{4-20}
$$

由此可见，测量结果仅为试件受力后产生的应变值，温度产生的电阻增量（或视应变）自动得到消除。

当找不到一个适当位置来安装温度补偿片，或者工作片与补偿片的温度变动不相等时，应采用温度自补偿片。温度自补偿片是一种单元片，它由两个单元组成，如图 4-5 所示。其中 R_G 和 R_T 互为工作片和补偿片，R_{LG} 和 R_{LT} 为各自的导线电阻，R_B 为可变电阻，加以调节后可给出预定的最小视应变。

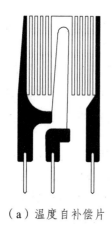

（a）温度自补偿片 　　　　　　　（b）温度自补偿电路

图 4-5　温度自补偿电路

4）多点测量线路

进行实际测量时，一个测点显然是不可取的，因而要求应变仪具有多个测量桥，这样就可以进行多测点的测量工作。实现多点测量一般有两种线路：工作肢转换法是每次只切换工作片，温度补偿片为公用片；中线转换法是每次同时切换工作片和补偿片，通过转换开关自动切换测点而形成测量桥。

当供桥电压改为交流电压时，变成了交流电桥。在交流电桥中，两邻近导体以及导体与机壳之间存在有分布电容，测量导线之间也会产生分布电容。分布电容的存在，严重影响电桥的平衡，致使电桥灵敏度大大降低，因此必须在测量前预先将电容调平，即使桥路对角线上的容抗乘积相等，此时由分布电容引起的对角线输出为零。

3. 实用电路及其应用

在公式（4-16）中建立的应变与输出电压之间的关系，提供的标准实用电路有三种：全桥电路、半桥电路、$\frac{1}{4}$ 桥电路。

1）全桥电路

全桥电路就是在测量桥的四个臂上全部接入工作应变片，如图4-6（a）所示。

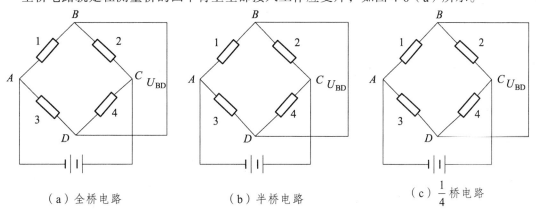

（a）全桥电路　　　　　　（b）半桥电路　　　　　　（c）$\frac{1}{4}$ 桥电路

图 4-6　标准实用电路

其中相邻臂上的工作片兼作温度补偿用。桥路输出为

$$U_{BD} = \frac{U}{4} K(\varepsilon_1 - \varepsilon_2 - \varepsilon_3 + \varepsilon_4)$$

例如图4-7所示的圆柱体荷重传感器，在筒壁的纵向和横向分别贴有电阻应变片，根据横向应变片的泊桑效应和对角线输出的特性，经公式推导可知，图4-7所示的两种贴片和连接方式的输出均为

$$U_{BD} = \frac{U}{4} K \cdot 2(1+\nu)\varepsilon$$

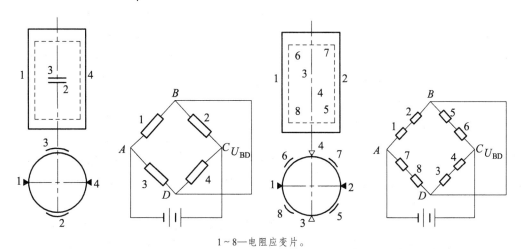

1～8—电阻应变片。

图 4-7　荷重传感器全桥接线

由此可见，桥路输出公式的符号变化将输出信号放大了 $2(1+\nu)$ 倍，提高了量测灵敏度，温度补偿自动完成，并消除了读数中因轴向力引起的影响。

2）半桥电路

半桥电路由两个工作片和两个固定电阻组成，工作片接在 AB 和 BC 臂上，另半个桥上的固定电阻设在应变仪内部，如图 4-6（b）所示。悬臂梁固定端的弯曲应变可以用 R_1 和 R_2 来测定，利用输出公式可得

$$U_{BD} = \frac{U}{4} \cdot K[\varepsilon_1 - (-\varepsilon_1)] = \frac{U}{4} K\varepsilon \cdot 2$$

即电桥输出灵敏度提高了两倍，温度补偿也由这两个工作片自动完成。

3）$\frac{1}{4}$ 桥电路

$\frac{1}{4}$ 桥电路常用于测量应力场里的单个应变，如图 4-6（c）所示，例如简支梁下边缘的最大拉应变，这时温度补偿必须用一个应变片 R_2 来完成。这种接线方式对输出信号没有放大作用。

桥路输出灵敏度取决于应变片在受力构件上的贴片位置和方向，以及它在桥路中的接线方式，还可根据各种具体情况进行桥路设计，从而得到桥路输出的不同放大系数。放大系数以 A 表示，称之为桥臂系数。因此，在外荷作用下的实际应变，应该是实测 ε^0 与桥臂系数之比，即 $\varepsilon = \dfrac{\varepsilon^0}{A}$。

4.3 位移测量

4.3.1 线位移测量

线位移就是在荷载作用下沿作用方向的距离，反映了结构的整体工作情况。结构在局部区域内的屈服变形、混凝土局部范围内的开裂以及钢筋与混凝土之间的局部黏结滑移等变形性能，都可以在荷载位移曲线上得到反映，因而位移测定对分析结构性能是至关重要的。总的来说，结构的位移一般有挠度、侧移和支座位移或滑动等参数。量测位移的仪表有机械式、电子式及光电式等多种。在结构试验中，常采用接触式位移计和差动变压器式位移传感器等。

1. 接触式位移计

接触式位移计为机械式仪表。它主要由测杆、齿轮、指针和弹簧等机械零件组成。测杆的功能是感受试件变形；齿轮将感受到的变形加以放大或变换方向；测杆弹簧是使测杆紧跟试件的变形，并使指针自动返回原位。扇形齿轮和螺旋弹簧的作用是使齿轮互相之间只有单面接触，以消除齿轮齿隙所造成的无效行程。

接触式位移计根据刻度盘上最小刻度值所代表的量，分为百分表（刻度值为 0.01 mm）、千分表（刻度值为 0.001 mm）和挠度计（刻度值为 0.01 mm 或 0.05 mm）。

接触式位移计的度量性能指标有刻度值、量程和允许误差。一般百分表的量程为 5、10、

30 mm，允许误差为 0.01 mm。千分表的量程为 1 mm，允许误差为 0.001 mm。挠度计量程为 50、100 mm，允许误差为 0.05 mm。

使用时，将位移计安装在磁性表架上，用表架横杆上的颈箍夹住位移计的颈轴，并将测杆顶住测点，使测杆与测面保持垂直。表架的表座应放在一个不动点上，并打开表座上的磁性开关以固定表座。

机电复合式电子百分表，其构造原理和应变梁式位移传感器相同。

2. 应变梁式位移传感器

应变梁式位移传感器的主要部件是一块弹性好、强度高的铍青铜制成的悬臂弹性簧片，簧片固定在仪器外壳。在簧片固定端粘贴四片应变片，组成全桥或半桥路线，簧片的另一端固定有拉簧，拉簧与指针固结，如图 4-8 所示。当测杆随位移而移动时，通过传力弹簧使簧片产生挠曲，即簧片固定端产生应变，通过电阻应变仪即可测得应变与试件位移间的关系。

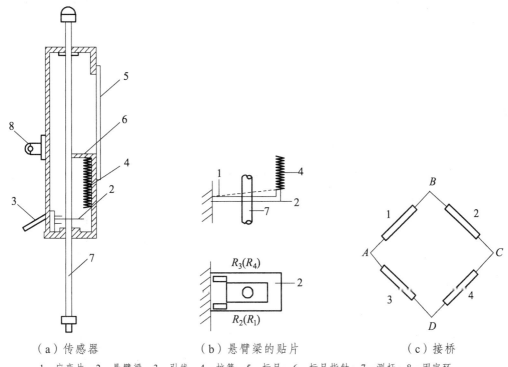

（a）传感器　　　　　（b）悬臂梁的贴片　　　　　（c）接桥

1—应变片；2—悬臂梁；3—引线；4—拉簧；5—标尺；6—标尺指针；7—测杆；8—固定环。

图 4-8　应变梁式位移传感器

这种位移传感器的量程为 30 ~ 150 mm，读数分辨率达 0.01 mm。由材料力学相关知识可知，位移传感器的位移 δ 为

$$\delta = \varepsilon C \tag{4-21}$$

式中　ε——铍青铜梁上的应变，由应变仪测定；

C——与拉簧材料性能有关的刚度系数。

梁上的四片应变片，按图示贴片位置和接线方式，取 $\varepsilon_1 = \varepsilon_4 = \varepsilon$；$\varepsilon_2 = \varepsilon_3 = -\varepsilon$，则桥路对角线输出为

$$U_{BD} = \frac{U}{4} K(\varepsilon_1 - \varepsilon_2 - \varepsilon_3 + \varepsilon_4)$$

$$= \frac{U}{4} K[\varepsilon_1 - (-\varepsilon) - (-\varepsilon) + \varepsilon]$$

$$= \frac{U}{4} K\varepsilon \cdot 4 \tag{4-22}$$

由此可见，采用全桥接线且贴片符合图中位置时，桥路输出灵敏度达到最高，把应变放大到了四倍。

3. 滑线电阻式位移传感器

滑线电阻式位移传感器由测杆、滑线电阻和触头等组成。滑线电阻固定在表盘内，触点将电阻分成 R_1 和 R_2。工作时将电阻 R_1 和 R_2 分别接入电桥桥臂，预调平衡后输出等于零。当测杆向下移动一个位移 δ 时，R_1 便增大 ΔR_1，R_2 将减小 ΔR_2。由相邻两臂电阻增量相减的输出特性得知：

$$U_{BD} = \frac{U}{4} \cdot \frac{\Delta R_1 - (-\Delta R_1)}{R} = \frac{U}{4} \cdot \frac{\Delta R}{R} \cdot 2 = \frac{U}{4} K\varepsilon \cdot 2 \tag{4-23}$$

采用这样的半桥接线，其输出量与电阻增量（或与应变）成正比，即与位移成正比。其量程可达 10 ~ 1 000 mm 以上。

4. 差动变压器式位移传感器

差动变压器式位移传感器是由一个初级线圈和两个次级线圈分内外两层同绕在一个圆形筒上，圆筒内放一根能自由上下移动的铁芯。对初级线圈加入激磁电压时，通过互感作用使次级线圈感应而产生电势。当铁芯居中时，感应电势 $e_{s_1} - e_{s_2} = 0$，无输出信号。铁芯向上移动一个位移 $+\delta$，这时，$e_{s_1} \neq e_{s_2}$，输出为 $\Delta E = e_{s_1} - e_{s_2}$。铁芯向上移动的位移越大，$\Delta E$ 也越大。反之，当铁芯向下移动时，e_{s_1} 减小而 e_{s_2} 增大，则 $e_{s_1} - e_{s_2} = -\Delta E$。因此，其输出量与位移成正比。由于输出量为模拟量，当需要知道它与位移的关系时，应通过率定确定。

5. 线位移测定的其他方法

用水平仪进行位移测量，不仅可作为多点测定，而且对大位移测定既方便又安全，特别是当结构在破坏阶段时仍能继续进行测量。现代的水平仪附设有能做 0.1 mm 精度测定的光学副尺，为精度要求不高的工作测量提供了方便。

测量仪器的种类应根据实验项目要求和仪器的性能来选择，使其在短时间内立即得到可靠的、高精度的测量值。位移测定重点仪器选择还应注意到使选用仪器的位移与被测位移大小相适应。比如，某个试件的最小变形为 0.01 ~ 0.03 mm，最大变形为 1 ~ 3 mm，这两种变形在选择量测仪器时应区别对待。即前者需要用 0.001 mm 的量具，而后者有 0.1 mm 的精度就满足要求了。所以预先应比较准确地估算变形值，然后才能根据要求选用合适的仪器。有时为了满足后期的大变形测量的需要，允许在弹性阶段和塑性阶段分区段采用不同精度的量测仪进行测量。

4.3.2　角位移测量

1. 转角测定

受力结构的节点、截面或支座截面都有可能发生转动。对转动角度进行测量的仪器很多，也可以根据量测原理自行设计。

1）杠杆式测角器

杠杆式测角器的工作原理是利用一个刚性杆和两个位移计就可以测出框架节点、结构截面或支座处的转角。将刚性杆固定在试件上的被测点上，结构变形带动刚性杆转动，用位移计测得两点的位移，即可算出转角 α：

$$\alpha = \arctan \frac{\delta_2 - \delta_1}{L} \tag{4-24}$$

当 L=1 000 mm、位移计刻度值 A=0.01 mm 时，则可测得转角值为 1×10^{-5} rad，具有足够高的精度。

2）水准式倾角仪

水准式倾角仪的构造是将一水准管安置在弹簧片上，一端铰接于基座上，另一端被微调螺丝定住。当仪器用夹具安装在测点上之后，用微调螺丝使水准管的气泡居中，结构变形后气泡漂移，再扭动微调螺丝使气泡重新居中，度盘上前后两次的读数差即代表该测点的转角，即

$$\alpha = \arctan \frac{h}{L} \tag{4-25}$$

式中　L——铰基座与微调螺丝顶点之间的距离；

　　　h——微调螺丝顶点前进或后退的位移。

仪器的最小读数有的可达 $1'' \sim 2''$，量程为 $3°$。其优点是尺寸小、精度高；缺点是受温度影响较大，不宜在阳光下暴晒，以避免水准管损坏甚至爆裂。

3）电子倾角仪

电子倾角仪其实是一种传感器。它是通过电阻变化来测定结构某部位的转动角度。仪器是一个盛有高稳定性的导电液体的玻璃器皿，在导电液体中插入三根电极 A、B、C 并加以固定，电极等距离设置且垂直于器皿底面。当传感器处于水平位置时，导电液体的液面保持水平，三根电极浸入液体里的长度相等，故 A、B 极之间的电阻值等于 B、C 极之间的电阻值，即 $R_1 = R_2$。使用时将倾角仪固定在结构测点上，因而插入导电液内的电极深度必然发生改变，使 R_1 减小 ΔR，R_2 增大 ΔR。若将 AB、BC 视作惠斯通电桥的两个臂，则建立电阻改变量 ΔR 与转动角度 α 间的关系，就可以用电桥原理测量和转换倾角 α，即 $\Delta R = K\alpha$。

2. 曲率测定

曲率的测定方法可以利用位移计先测出构件表面某一点及其与邻近两点的挠度差，然后根据变形曲线的形式，近似计算得出测区内构件的曲率。由边界条件推导后可得

$$\frac{1}{\rho} = \frac{2f}{b(b-a)} \tag{4-26}$$

该公式适用于测定近似球面的薄板模型曲率，在一个位移计的轴颈上安装一个 Π 形零件，

使其对称于位移计测杆，距离为 4 ~ 8 mm。使用时将仪表先放在平板上读取位移计读数，然后放到薄板表面再次读取读数，前后两次之差为 f。假定薄板变形后曲线近似球面，当 $f \ll a$ 时，则有

$$\frac{1}{\rho} = \frac{8f}{a^2} \qquad (4\text{-}27)$$

3. 扭角测定

扭角测定是利用位移计进行测量的，用它可以近似测定空间壳体受到扭转后单位长度上的相对扭角。若位移计测得单位增量为 f，则 $\tan \Delta\varphi = \dfrac{f}{b} = \Delta\varphi$，单位长度上的单位扭角为

$$\theta = \frac{\mathrm{d}\varphi}{\mathrm{d}x} = \frac{f}{ba} \qquad (4\text{-}28)$$

4. 剪切变形

梁柱节点或框架节点的剪切变形，可以用百分表或手持应变仪测定其对角线上的伸长量或缩短量，并按经验公式求得剪切变形 γ。剪切变形可按公式推导计算：

$$\gamma = \frac{\delta_1 + \delta_2}{2L} \qquad (4\text{-}29)$$

4.4　应变场的应变及裂缝测定

电阻应变片的测量结果代表的是应变片栅长内的平均应变，并不是栅长中点处的应变。此处在高应变梯度范围内，用不同栅长应变片量测的平均应变数值也绝不会相同。通常长栅长应变片的平均值较小，短栅长应变片的平均值比前者大，但仍小于栅长内某点处的最大应变。如果选用微型应变片，则栅宽相对增大，从而横向效应增大，也不能准确反映被测点的应变值。目前在高应变梯度区内测量点应变方法是遵循一定的贴片规律，借助牛顿插值公式来确定应变值。例如在高应变梯度区的 x_0，x_1，$\cdots$，x_n 处贴应变片，测得平均应变值为 $f(x_0)$，$f(x_1)$，$\cdots$，$f(x_n)$，用牛顿插值公式近似地表示任意 x 处的应变值 $y(x)$ 的公式为：

$$y(x) = f(x_0) + f(x_0, x_1)(x - x_0) + f(x_0, x_1, x_2)(x - x_0)(x - x_1) + \cdots +$$
$$f(x_0, x_1, \cdots, x_n)(x - x_0)(x - x_1)\cdots(x - x_{n-1}) \qquad (4\text{-}30)$$

式中　　　　$f(x_0, \ x_1) = \dfrac{f(x_0)}{x_0 - x_1} + \dfrac{f(x_1)}{x_1 - x_0}$；

$$f(x_0, \ x_1, \ x_2) = \frac{f(x_0)}{(x_0 - x_1)(x_0 - x_2)} + \frac{f(x_1)}{(x_1 - x_0)(x_1 - x_2)} + \frac{f(x_2)}{(x_2 - x_0)(x_2 - x_1)}；$$

$\cdots\cdots$

式（4-30）中，$f(x_0)$，$f(x_1)$，$f(x_2)$，$\cdots$，$f(x_n)$ 分别为不同栅长应变片测出的应变值 ε_0，ε_1，ε_2，$\cdots$，ε_n。应用牛顿插值公式便可求得除 x_0，x_1，x_2，$\cdots$，x_n 点外任意 x 处的应变值 y。

1. 应变场内任意点的应变

图 4-9 是一个带圆孔的拉伸试件，要求测定其孔边附近 A 点处切向应变。这时可采用以 A 点为中心，沿受力方向重叠贴中栅长片，最上面贴短栅长片。在荷载作用下依次测出三片应变片的应变 ε_0（短栅长）、ε_1（中栅长）、ε_2（长栅长），利用牛顿插值公式，取公式中的前三项（三片），当 $x=0$ 时，可求得 A 点应变值为

$$\varepsilon_A = \varepsilon_0 + \left(\frac{\varepsilon_1 - \varepsilon_0}{x_0 - x_1}\right)x_0 + \left[\frac{\varepsilon_0}{(x_0 - x_1)(x_0 - x_2)} + \frac{\varepsilon_1}{(x_1 - x_0)(x_1 - x_2)}\frac{\varepsilon_2}{(x_2 - x_0)(x_2 - x_1)}\right]x_0 x_1 \qquad (4\text{-}31)$$

式中　x_0，x_1，x_2——短、中、长应变片的标距。

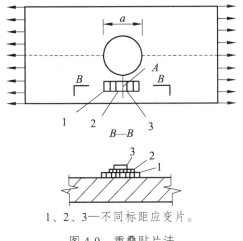

1、2、3—不同标距应变片。

图 4-9　重叠贴片法

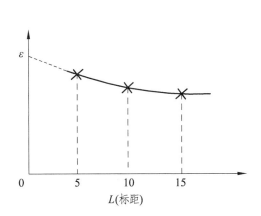

图 4-10　外推法的曲线

重叠贴片法实质上是应用了牛顿插值公式的外推原理，如图 4-10 所示。不同标距应变片的误差值可参见表 4-2。

表 4-2　不同标距时应变片的误差值

标距 L	长栅	中栅	短栅	重叠三件
误差/%	22.5	18.5	13.0	3.0

2. 应变场的应变分布

被测量高应变梯度区域的应变分布规律，可以粘贴整数组应变片，如图 4-11 中的 A、B、C 三组，每组重叠贴二个不同标距的应变片，可求得沿 x 轴 y 方向上的应变分布规律。

设 A、B、C 三点与坐标原点的距离分别为 x_0，x_1，x_2，先根据前面重叠贴片牛顿插值公式计算 A、B、C 三点的应变，然后根据公式（4-30）找出曲线方程，则任意点 x 的应变计算公式为

$$\varepsilon_x = \varepsilon_A - \left(\frac{\varepsilon_B - \varepsilon_A}{x_0 - x_1}\right)(x - x_0) + \left[\frac{\varepsilon_A}{(x_0 - x_1)(x_0 - x_2)} + \frac{\varepsilon_B}{(x_1 - x_0)(x_1 - x_2)} + \frac{\varepsilon_C}{(x_2 - x_0)(x_2 - x_1)}\right](x - x_0)(x - x_1)$$

令 $x_2 - x_1 = x_1 - x_0 = e$，则上式简化为

$$\varepsilon_x = \varepsilon_A + \left(\frac{\varepsilon_B - \varepsilon_A}{e}\right)(x - x_0) + \left(\frac{\varepsilon_A - 2\varepsilon_B + \varepsilon_C}{2e^2}\right)(x - x_0)(x - x_1) \qquad (4\text{-}32)$$

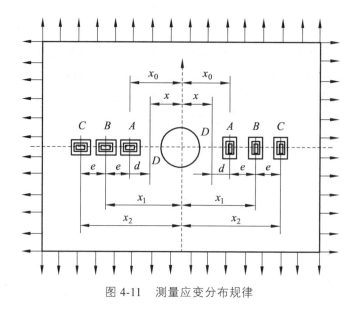

图 4-11　测量应变分布规律

同理，得 D 点应变为

$$\varepsilon_{D} = \varepsilon_{A} - \left(\frac{\varepsilon_{B} - \varepsilon_{A}}{e}\right)d + \left(\frac{\varepsilon_{A} - 2\varepsilon_{B} + \varepsilon_{C}}{2e^2}\right)d(d+e) \tag{4-33}$$

其中，$d = x_0 - x$。

3. 裂缝检测

采用普通型应变片粘贴在构件（钢筋混凝土）受拉区，可以测定开裂时的荷载值。由于混凝土开裂后裂缝不断发展，应变快速增长而使应变片因超过应变量程而失效，这时可用肉眼观察到裂缝的走向和宽度。但对某些材料（比如钢材）和试件的裂纹扩展情况及扩展速率，可采用裂纹扩展片进行测量。

1）裂纹扩展片

裂纹扩展片是由栅体和基底组成，栅体由平行的栅条组成，各栅条的一端互不相连，可用某一栅条的端部及公用端与仪器相连，以测定裂纹是否已达到该栅条处。

2）白色涂层

在试验前用纯石灰水溶液均匀地刷在试件结构表面并等待干燥。当试件受外力荷载后，白色涂层将在高应变下开裂并剥落。这时，在钢结构表面可以看到屈服线条，在混凝土表面裂缝也会明显地显示出来。研究墙体结构表面开裂的最有效且经济实惠的方法也是涂刷白灰层，并在白灰层干燥后画出 50 mm × 50 mm 的方格网，形成基本参考坐标系，便于分析和描绘墙体在高应变场中的裂缝发展和走向。用白灰涂层，具有效果好、造价低和使用要求不高等优点。

3）脆漆涂层

脆漆涂层是一种喷漆在一定拉应变下即开裂，涂层的开裂方向正交于主应变方向，从而可以确定试件的主应力方向。脆漆涂层具有很多优点，可用于任何类型结构的表面，而不受结构的材料、形状及加荷方法的限制。但脆漆涂层的开裂强度与拉应变密切相关，只有当试件开裂应变低于涂层最小自然开裂应变时脆漆涂层才能用于检测混凝土的裂缝。1975 年美国

BLH 公司研制了一种用导电漆膜来发现裂缝的方法。它是一种具有小阻值的弹性导电漆，涂在经过清洁处理过的混凝土表面，涂成长度 100 ~ 200 mm、宽 50 ~ 100 mm 的条带，待干燥后接入电路。当混凝土裂缝宽度达到 0.001 ~ 0.005 mm 时，由于混凝土受拉，因而拉长的导电漆膜就会出现火花直至烧断。导电漆膜电路被切断后还可以继续用肉眼进行观察。

4）声发射技术

声发射技术就是将声发射传感器埋入试件内部或放置于混凝土表面，利用试件材料开裂时发出的声音来检测裂缝的出现。这种方法在断裂力学试验和机械工程中得到广泛应用。在断裂力学试验中还经常采用裂纹扩展片来检测试件的裂纹开展状况。

5）光弹贴片

光弹贴片就是在试件表面牢固地粘贴一层光弹薄片，当试件受力后，光弹片同试件共同变形，并在光弹片中产生相应的应力。若以偏振光照射，由于试件表面事先已经加工磨光，具有良好的反光性（加银粉增强其反光能力），因而当光穿过透明的光弹薄片后，经过试件表面反射，又第二次通过薄片而射出，若将此射出的光经过分析镜，最后可在屏幕上得到应力条纹。由广义胡克定律得知，主应力与主应变的关系为

$$E\varepsilon_1 = \sigma_1 - \nu(\sigma_2 + \sigma_3)$$

$$E\varepsilon_2 = \sigma_2 - \nu(\sigma_1 + \sigma_3)$$

$$\sigma_1 - \sigma_2 = \frac{E}{1+\nu}(\varepsilon_1 - \varepsilon_2) \tag{4-34}$$

式中　E、ν——试件弹性模量和泊松比。

因试件表面有一主应力等于零（如设 $\sigma_3 = 0$），因此试件表面主应力差（$\sigma_1 - \sigma_2$）与主应变差（$\varepsilon_1 - \varepsilon_2$）成正比。

6）其他方法

检测混凝土裂缝的最简易方法是用肉眼或放大镜、刻度放大镜和读数显微镜等检测仪器。后两种还可以检测裂缝宽度。它主要是由物镜、目镜、刻度分划板组成的光学系统和由读数鼓轮、微调螺丝组成的机械系统共同构成。试件表面的裂缝，经物镜在刻度分划板上成像，然后经过目镜进入肉眼。为了提高量测精度，可用增加微调读数鼓轮等机械系统的方法；还可在光学系统中相应地增加一个可动的下分划板，由微调螺丝和分划板弹簧共同来调整刻度长线的位置。由于微调螺丝的螺距和上分划板的分划值均为 1 mm，所以读数鼓轮转动一圈，下分划板的长线相对上分划板也移动一刻度值。读数鼓轮分成 100 刻度，每一刻度值等于 0.01 mm，量程为 3 ~ 8 mm 不等。

读数显微镜的优点是精度高；缺点是每读一次都要调整焦距，测读速度比较慢。较简单的方法是用印有不同裂缝宽度的裂缝宽度检验卡，用检验卡上的线条与裂缝对比来估计裂缝的宽度。

4.5　力与温度的测量

力按基本分类可以分为外力与内力。外力是指各种外加的荷载和反力，一般用传感器直接测得。内力都是通过截面上的应力求得，例如轴向力 $N = \sigma A$，弯矩 $M = \sigma W$ 等。构件截面上的

拉、压应力，弯曲应力，剪应力以及扭转应力等，都是应变的导出量，因而测定内力实际上是对构件的应变进行测定。

1. 荷载和反力测定

荷重传感器可以量测荷载、反力以及其他各种外力。根据荷载性质不同，荷重传感器的形式有三种，即拉伸型、压缩型和通用型荷重传感器。各种荷重传感器的外形基本相同，它是一个厚壁筒，壁筒的横截面取决于材料允许的最高应力。为避免在储存、运输和试验期间损坏应变片，设有外罩加以保护。为了便于设备和试件连接，使用时，可在筒壁两端加工有螺纹。荷重传感器的负荷能力最高可达 1 000 kN。

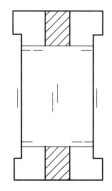

图 4-12　荷重传感器内壁筒

若按图 4-12 所示，在筒壁的轴向和横向布片，并按全桥接入应变仪电桥，根据桥路端特性可求得

$$U_{BD} = \frac{U}{4} K \cdot 2(1+\nu)\varepsilon$$

式中，$2(1+\nu)=A$，A 为电桥桥臂输出放大系数，以提高其量测灵敏度。

荷重传感器的灵敏度可表达为每单位荷重下的应变，因此，灵敏度与设计的最大应力成正比，而与荷重传感器的最大负荷能力成反比。即灵敏度 K^0 为

$$K^0 = \frac{\varepsilon}{P} = \frac{\sigma A}{PE} \tag{4-35}$$

式中　P，σ——荷重传感器的设计荷载和设计应力；

　　　A——桥臂放大系数；

　　　E——荷重传感器材料的弹性模量。

所以，对于一个给定的设计荷载和设计应力，传感器的最佳灵敏度由桥臂系数 A 的最大值和 E 的最小值来确定。

荷重传感器的构造极为简单，可根据实际试验要求自行设计和制作。但必须注意的是，要选用力学性能稳定的材料作为筒壁，选择稳定性好的应变片及黏结剂。传感器投入使用后，应定期标定以检查其荷载-应变的线性性能和标定常数。

2. 拉力和压力的测定

在结构试验中，测定拉力和压力的仪器有各种测力计。测力计的基本原理是利用钢制成

的弹簧、环箍或簧片在荷载作用下产生弹性变形，将其变形通过机械放大后，用指针度盘来表示或借助位移计来反映，通过位移计读数求出力的数值。最简单的拉力计就是弹簧式拉力计，它可以直接由螺旋形弹簧的变形求出拉力值。拉力与变形的关系预先经过标定，并在刻度尺上标示出。

3. 内部应变测定

常用的埋入式应力栓是由混凝土或砂浆制成，埋入试件后便置换了一小块混凝土，在应力栓上贴有两片电阻应变片。应力栓和混凝土的应力-应变关系由胡克定律可知：

$$\sigma_c = E_c \varepsilon_c \qquad \sigma_m = E_m \varepsilon_m \tag{4-36}$$

由此可得

$$\sigma_m = \sigma_c(1 + C_s), \quad \varepsilon_m = \varepsilon_c(1 + C_\varepsilon) \tag{4-37}$$

式中　C_s、C_ε——应力栓的应力集中系数和应变增大系数。

对此特定的应力栓，C_s、C_ε 为常数，但由于混凝土和应力栓的物理性能不完全匹配，因此，增大系数基本上属于在测量结果中所引入的误差，例如弹性模量、泊松比和热膨胀系数的差异所产生的误差。通过适当的标定方法和尽可能减小不匹配因素，可使误差降低至最小。试验证明，最小误差可控制在 0.5% 以内，在室温下，一年内的漂移量很小，可以忽略不计。

内埋式差动电阻应变计主要用于测定各种大型混凝土结构的应变、裂缝或钢筋应力等。使用时直接将其埋入混凝土内，两端凸缘与混凝土或钢筋相连。试件受力后，两端的凸缘随之发生相对位移，使电阻 R_1 和 R_2 分别产生大小相等、方向相反的电阻增量，将其接入应变电桥便可测定应变值。国内的定型产品大多用于测量水工结构的应变。

振动丝应变仪是依靠改变受拉钢弦的固有频率进行工作的。钢弦密封在金属管内，在钢弦中部用激励装置拨动钢弦，再用同样的装置接受钢弦产生的振动信号，并将其传至记录仪。应变计上的圆形端板浇筑在混凝土中产生变化，这样，钢弦振动频率的变化就等效地变成了钢弦的长度变化，然后再换算成有效应变值。这种振动丝应变计，可用于测量预应力混凝土原子反应堆容器的内部应力。它的工作稳定性好，分辨率高达 0.1 με，室温下年漂移量为 1 με。

4. 温度测量

大体积混凝土的养护时的内部温度、各类构件表面温度等都是经常要求测试的物理量，测量构件内部或表面温度的方法，通常是使用热电偶或热敏电阻。热电偶的基本原理如图 4-13 所示，它由两种导体 A 和 B 组合成一个闭合回路，并使节点 1 和节点 2 处于不同的温度 T 和 T_0。

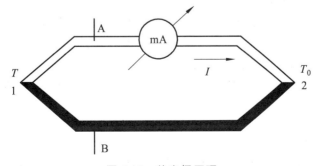

图 4-13　热电偶原理

例如测温时将节点 1 置于被测温度场中（节点 1 称参考端）。由于互相接触的两种金属体内自由电子的密度与金属所处的温度成正比。假设金属 A 和 B 中的自由电子密度分别为 N_A 和 N_B，且 $N_A > N_B$，在单位时间内自由金属 A 扩散到金属 B 的电子数，比从金属 B 扩散到金属 A 的电子数要多。这样，金属 A 因失去电子而带正电，金属 B 因得到电子而带负电，于是在接触点处便形成了电位差，从而建立电势与温度的关系，即可测得温度。根据理论推导，回路的总电势与温度的关系为

$$E_{AB} = E_{AB}(T) - E_{AB}(T_0) = \frac{k}{e}(T - T_0)\ln\frac{N_A}{N_B} \tag{4-38}$$

式中　　T、T_0——A、B 两种材料接触点处的绝对温度；

　　　　e——电子的电荷量，等于 4.802×10^{-10}；

　　　　N_A、N_B——金属 A、B 的自由电子密度。

4.6　数据采集系统

1. 自动记录仪

数据采集时，为了把数据（各种电信号）保存、记录下来以备分析处理，必须使用自动记录仪。自动记录仪把这些数据按一定的方式记录在某种介质上，需要时可以把这些数据读出或输送给其他分析处理器。

数据的记录方式有两种：模拟式和数字式。从传感器（或通过放大器）传送到记录器的数据一般都是模拟量，模拟式记录就是把这个模拟量直接记录在介质上；数字式记录则是把这个模拟量转换为数字量后再记录在介质上。模拟式记录的数据一般都是连续的，数字式记录的数据一般都是间断的。记录介质有普通记录纸、光敏纸和 U 盘等，采用何种记录介质与仪器的记录方法有关。

常用的自动记录仪有 x-y 记录仪、光线示波器、U 盘记录仪等。

x-y 记录仪的工作原理是 x、y 轴各由一套独立的，以伺服放大器、电位器和伺服马达组成的系统驱动滑轴和笔滑块；用多笔记录时，将 y 轴系统作为相应增加，则可同时得到若干条试验曲线。试验时，将试验变量 1（如某一个位移传感器）接通到 x 轴方向，将试验变量 2（如荷载传感器）接通到 y 轴方向，试验变量 1 的信号使滑轴沿 x 轴方向移动，试验变量 2 的信号使笔滑块沿 y 轴方向移动，移动的大小和方向与信号一致，由此带动记录笔在坐标纸上画出试验变量 1 与试验变量 2 的关系曲线。如果在 x 轴方向输入时间信号，使滑轴或使坐标纸沿 x 轴按规律匀速运动，就可以得到某一试验变量与时间的关系曲线。

光线示波器也是一种常用的模拟式记录器，主要用于振动测量的数据记录，它是将电信号转换为光信号并记录在感光纸或胶片上，得到试验变量与时间的关系曲线。

2. 数据采集系统

1）数据采集系统的组成

通常数据采集系统由三部分组成：传感器部分、数据采集仪部分和计算机部分，如图 4-14 所示。

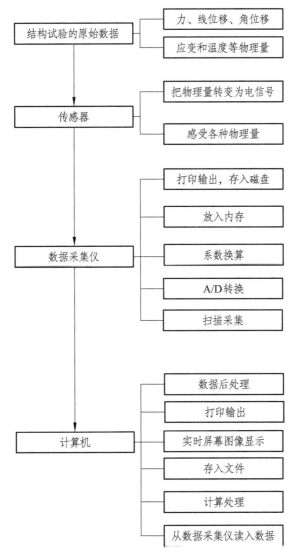

图 4-14　数据采集系统及流通过程

传感器部分包括前面所提到的各种电测传感器,它们的作用是感受各种物理变量,比如力、线位移、角位移、应变和温度等,并把这些物理量转变为电信号。一般情况下,传感器输出的电信号可以直接输入数据采集仪;如果某些传感器的输出信号不能满足数据采集仪的输入要求,则还要加上放大器等。

数据采集仪部分包括:

(1)与各种传感器相对应的接线模块和多路开关,其作用是与传感器连接,并对各个传感器进行扫描采集;数字转换器对扫描得到的模拟量进行数字转换,转换成数字量。

(2)主机,其作用是按照事先设置的指令或计算机发给的指令来控制整个数据采集仪,进行数据采集。

(3)储存器,可以存放指令、数据等。

(4)其他辅助部件。

数据采集仪的作用是对所有的传感器通道进行扫描,把扫描得到的电信号进行数字转换,转换成数字量，再根据传感器特性对数据进行传感器系数换算（如把电压数换算成应变或温度等），然后将这些数据传送给计算机，或者将这些数据打印输出、存入磁盘。

计算机部分包括：主机、显示器、存储器、打印机、绘图仪和键盘等。计算机的主要作用是作为整个数据采集系统的控制器，控制整个数据采集过程。在采集过程中，通过数据采集程序的运行，计算机对数据采集仪进行控制；计算机还可以对数据进行计算出来，实时打印输出和图像显示及存入存储器。计算机的另一个作用是在试验结束后，对数据进行处理。

数据采集系统可以对大量数据进行快速采集、处理、分析、判断、报警、直读、绘图、储存、试验控制和人机对话等，还可以进行自动化数据采集和试验控制，它的采样速度可高达每秒几万个数据甚至更多。目前国内外数据采集系统的种类很多，按其系统组成的模式大致分为以下几种：

（1）大型专用系统。将采集、分析和处理功能融为一体，具有专门化、多功能和高档次的特点。

（2）分散式系统。由智能化前端机、主控计算机或微机系统、数据通信及接口等组成，其特点是前端可靠近测点，消除了长导线引起的误差，并且稳定性好、传输距离长、通道多。

（3）小型专用系统。以单片机为核心，小型、便捷、用途单一、操作方便、价格低廉，适用于现场试验时的测量。

（4）组合式系统。是一种以数据采集仪和微型计算机为中心，按试验要求进行配置组合成的系统，它适用性广、价格便宜，是一种比较容易普及的形式。

2）数据采集过程

采用上述数据采集系统进行数据采集，数据的流通过程见图 4-14。数据采集过程的原始数据是反映试验结构或构件状态的物理量，如力、应变、线位移、角位移和温度等。这些物理量通过传感器，被转换成为电信号；通过数据采集系统的扫描采集，进入数据采集仪，再通过数字转换，变成数值量；通过系数换算，变成代表原始物理量的数值；然后，把这些数据打印输出、存入磁盘，或暂时存在数据采集仪的内存；通过连接采集仪和计算机的接口，存在数据采集仪内存的数据进入计算机；计算机再对这些数据进行计算处理，如把位移换算成挠度、把力换算成应力等；计算机把这些数据存入文件、打印输出，并可以选择其中部分数据显示在屏幕上，如位移与荷载的关系曲线等。

数据采集过程是由数据采集程序控制的。数据采集程序主要由两部分组成：第一部分的作用是数据采集的准备；第二部分的作用是正式采集。程序的运行有 6 个步骤：① 启动数据采集程序；② 进行数据采集的准备工作；③ 采集初读数；④ 采集待命；⑤ 执行采集；⑥ 终止程序运行。数据采集过程结束后，所有采集到的数据都存在储存器的文件中，数据处理时可直接从这些文件中读取数据。

各种数据采集系统所用的数据采集程序有：

（1）生产厂商为该采集系统编制的专用程序，常用于大型专用系统。

（2）固化的采集程序，常用于小型专用系统。

（3）利用生产厂商提供的软件工具，用户自行编制的采集程序，主要用于组合式系统。

第5章 结构动载试验

5.1 概 述

各种类型的工程结构都可能受到动力荷载的作用。例如，地震使结构产生惯性力，风使结构产生振动。工业厂房中的吊车，行驶在公路或铁路桥梁上的汽车、火车，都是典型的动力荷载。结构动载试验可根据荷载作用的时间和反复作用的次数做出如下分类：

1）爆炸或冲击荷载试验

国防工程建设需要考虑工程结构的抗爆性能，研究如何抵抗爆炸引起的冲击波对结构的影响。在事故中，高速行驶的车辆或船舶也可能对桥梁结构造成冲击。爆炸或冲击荷载试验的目的就是模拟实际工程结构所经受的爆炸或冲击荷载作用以及结构的受力性能。在这类试验中，荷载持续时间短，从千分之几秒到几秒；荷载的强度大，作用次数少，往往是一次荷载作用就可以使结构进入破坏状态。

2）结构抗震试验——地震模拟振动台试验

地震是迄今为止对人类生活环境造成最大危害的自然灾害之一。地震中生命财产的损失主要来源于工程结构的破坏。结构抗震试验的目的就是通过试验掌握结构的抗震性能，进而提高结构的抗震能力。地震模拟振动台试验是结构抗震试验的一种主要类型。在地震模拟振动台试验中，安放在振动台上的试验结构受到类似于地震的加速度作用而产生惯性力。振动台试验中，地震作用时间从数秒到十余秒，反复次数一般为几百次到上千次。模拟地震的强度范围可以从使结构产生弹性反应的小震到使结构破坏的大震。

3）结构疲劳试验

在工业厂房中，吊车梁受到吊车的重复荷载作用。公路或铁路桥梁受到车辆重力的重复作用。这种重复作用可能使结构构件产生内部损伤并发生疲劳破坏，缩短结构的使用寿命。疲劳试验按一定的规则模拟结构在整个使用期内可能遭遇的重复荷载作用，对于钢筋混凝土和预应力混凝土结构，疲劳试验的重复作用次数一般为 200 万次；对于钢结构，重复荷载作用次数可以达到 500 万次或更多。疲劳试验中，重复荷载作用的频率一般不大于 10 Hz，最大试验荷载通常小于结构静力破坏荷载的 70%。

4）结构振动试验

使结构产生振动的原因大体可分为两类：一类是包括工业生产过程产生的振动，如大型机械设备（锻锤、冲压机、发电机等）的运转、吊车的水平制动力、车辆在桥梁结构上行驶。另一类是自然环境因素使结构产生振动，如高层建筑和高耸结构在强风下的振动。结构振动的危害表现在几个方面：影响精密仪器或设备的运行，引起人的不舒服的感觉，强度较大的振动加速结构的疲劳破坏等。结构振动试验的主要目的是获取结构的动力特性参数，如自振频率、振型和阻尼比等。为了评价结构的振动环境，还常常进行实际结构的现场振动测试。为了研究结构的动力性能以及结构相互作用，有时还采用强迫激振或其他激振方法使结构产生振动。

一般而言，结构动载试验区别于静载试验的标准是：在结构试验中，惯性力这一影响因素是否可以忽略不计。如果惯性力影响很小，则为静载试验，否则为动载试验。此外，也可以根据试验中加载的速率来区分动载试验和静载试验。

在结构抗震试验中，还有两种试验也常常被归入动载试验：

（1）低周反复荷载试验。

结构在遭遇强烈地震时，反复作用的惯性力使结构进入非弹性状态。地震模拟振动台试验的结构尺寸较小，侧重于结构的宏观反应。而在低周反复荷载试验中，加载速率较低，但可以对足尺或接近足尺的结构施加较大的反复荷载，研究结构构件在反复荷载作用下的承载能力和变形性能。这种类型的结构试验在一个方面反映了结构在地震作用下的性能。反复荷载的次数一般不超过 100 次，加载的周期从每次 2 s 到每次 300 s 不等。

（2）结构拟动力试验。

结构拟动力试验采用计算机和试验机联机进行结构试验，以较低的加载速率使结构经历地震作用，控制试验进程的为数字化输入的地震波，利用计算机进行结构地震反应分析，将结构在地震中受到的惯性力通过计算转换为静力作用施加到结构上，模拟结构的实际地震反应。结构受到反复荷载作用的次数与地震模拟振动台试验的次数相当。

上述两种结构试验方法都采用较低的加载速率，但试验荷载都具有反复作用的特征，试验研究的目的也都是了解结构在遭遇地震时的结构抗震性能，有十分明确的动力学意义，因此，也可认为它们属于动载试验。

结构动载试验与静载试验相比较，有下列不同之处：

（1）在动载试验中，施加在结构上的荷载随时间连续变化。这种变化不仅仅是大小的变化，还包括了方向的变化。随时间变化的反复作用荷载对试验装置和测量仪器都有不同于静载试验的要求。动载试验获取的信息量远大于静载试验的信息量。

（2）结构在动荷载作用下的反应与结构自身的动力特性密切相关。例如，在地震模拟振动台试验中，试验模型受到的惯性力与模型本身的刚度和质量有关。在疲劳试验中，试验结构或构件的运动也产生惯性力。因此，加速度、速度、时间等动力学参量成为结构动载试验中的主要参量。

（3）动力条件下，结构的承载能力和使用性能的要求发生变化。例如，在钢筋混凝土结构的抗震试验中，一般不以裂缝宽度作为控制试验进程的标准，最大试验荷载也不能单独作为衡量结构抗震性能的指标；通过振动试验获取的结构动力特性参数，往往不用来评价结构的安全性能，而是与人的舒适度感觉相联系。

（4）冲击和爆炸作用下，结构在很短的时间内达到其极限承载能力。钢材、混凝土等工程材料的力学性能随加载速度而变化。这类结构试验中，实验技术、加载设备和试验方法与静载试验有着很大的差别。

结构动载试验的种类很多，对不同的试验目的采用不同的试验方法，因而得到不同的试验结果。在这个意义上，静载试验可看作动载试验的一个特例。

虽然结构试验已有几百年的历史，但真正意义上的结构动载试验到 20 世纪中后期才逐渐完善。这主要是因为结构动载试验对加载装置、数据采集等方面的要求远高于结构静载试验，结构动载试验的水平与工业技术的发展水平密切相关。近年来，由于微电子技术和计算机技术的飞速发展，以工程结构抗震防灾为背景，结构动载试验的技术和装备水平有了明显的进步。

5.2 结构动载试验的仪器仪表

在结构动载试验中，结构反应的基本变量为动位移、速度、加速度和动应变。其中，动位移和动应变与静位移和静应变的差别主要在于被测信号的变化速度不同。静载试验中，在基本静态的条件下量测位移和应变，可以采用机械式仪表人工测读并记录，例如采用百分表量测位移、采用手持式应变仪量测应变。当位移或应变连续变化时，显然无法再采用这种方式获取数据。速度的量测和位移有密切的关系，速度传感器通常包含运动部件，传感器将运动部件的速度转换为电信号。加速度传感器往往不是直接量测速度的变化，而是利用质量、加速度和力的关系，通过已知的传感元件力特性和已知的质量，得到所需要的加速度。

5.2.1 动态信号测试的基本概念

量测动态信号的基本原理与量测静态信号的基本原理有相同之处。如图 5-1 所示，动态信号传感器感受信号后，放大器将信号放大，再传送给记录设备或显示仪表。这一过程与静态测试并无差别，其中最主要的差别反映在记录设备不同。静态测试的数据量一般都不是很大，对记录设备的要求不高，甚至人工读数记录即可满足要求。而动态测试中，每一个信号都在连续变化，因而需要连续记录。早期的动态信号测试系统中，多用纸介记录设备，如笔式记录仪、光线示波器、X-Y 函数记录仪等。20 世纪 70 ~ 80 年代，磁带记录仪成为主要记录设备。20 世纪 90 年代后，普遍采用电子计算机对动态信号进行数字化存储。传统的显示仪表如示波器也有被计算机取代的趋势。由于信号连续变化，动态测试仪器要为每个传感器提供一个放大器。而在静态测试中，可以采用转换开关的方式，利用一个放大器，对多个测点进行放大量测。

图 5-1 动态信号量测系统组成

动态信号测试系统的评价指标和性能参数与静态测试系统有很大的差别，主要反映在以下几个方面：

1）与频率相关的特性

频率是描述动态信号变化速度的主要变量，其单位为赫兹（Hz），即信号每秒反复的次数。当信号很快地反复变化时，我们称为频率高；当信号缓慢变化时，我们称为频率低。信号的频率为零时，称之为静态信号。当动态信号与静态信号叠加在一起时，称静态信号为直流分量。在动态测试中，经常用频率响应来表征系统的动态性能。动态性能良好的动测仪器和仪表，能够在很宽的频率范围内准确地感受、放大需要检测的结构的动力反应。土木工程结构动力反应的典型频率范围一般在 100 Hz 以内，对动测仪器仪表的低频动态特性有较高的要求。而高速运转的机械设备，例如汽车发动机，频率范围可以达到 5 000 Hz 或更高，要求测试仪器有良好的高频性能。动测仪器或传感器都是在一定的频率范围内工作，结构动载试验时应根据试验结构的频率响应特性选择动测仪器。

2）信号的滤波和衰减

所谓滤波，就是滤除动态信号中的某些成分。信号在传输时受到抑制的现象称为信号的衰减。采用电器元件的滤波器最简单的形式是一种具有选择性的四端网络（两端为输入，两端为输出），其选择性是指滤波器能够从输入信号的全部频率分量中，分离出某一频率范围内所需要的信号。为了获得良好的选择性，希望滤波能够以最小的衰减传输该频率范围内的信号，该频率范围称为通频带；对通频带以外的信号，给予最大的衰减，称为阻频带。通频带与阻频带之间的界段称为截止频率。根据通频带的不同，滤波器可分为：

（1）低通滤波器——传输截止频率以下的频率范围内的信号。

（2）高通滤波器——传输截止频率以上的频率范围内的信号。

（3）带通滤波器——传输上下两个截止频率之间的频率范围内的信号。

（4）带阻滤波器——抑制上下两个截止频率之间的频率范围内的信号。

采用电器元件做成的滤波器称为模拟滤波器，采用计算程序对数字信号进行滤波的称为数字滤波器。安装在动测仪器（例如放大器）上的滤波器一般为模拟滤波器，利用计算机进行数据采集的设备通常采用数字滤波器。

3）信号放大和衰减的表示方法

在动力测试和分析中，采用 dB 这个单位表示信号的放大或衰减。最早，dB 值是美国发明家贝尔为了表示通信线路损失所取的度量单位，是英文 deci Bel 的缩写，中文称为分贝，其中 deci 表示 1/10。在分析电路的功率时，其原始定义为：G（dB）$=10 \lg (W/W_0)$，其中 G 表示采用 dB 为单位的功率变化，$\lg$ 表示以 10 为底的对数，W_0 表示基准功率。因为功率与电流或电压的平方成正比，又有：G（dB）$=20 \lg (I/I_0)$ 或 G（dB）$=20 \lg (V/V_0)$。更一般地，以 dB 为单位，用 x 表示我们所关心的位移、速度或加速度，信号的放大或衰减可以表示为

$$G（dB）=20 \lg (x/x_0) \tag{5-1}$$

当信号放大 10 倍时，$G=20$ dB；信号放大 1 000 倍时，$G=80$ dB。反过来，当信号衰减到只有基准信号的 10% 时，$G=-20$ dB。通过简单的计算可以得到常用的 dB 值，如表 5-1 所示。

表 5-1　dB 值与信号比值（x/x_0）的关系

dB 值	80	40	20	10	6	3	−3	−10	−20
信号比值	10 000	100	10	3	2	1.414	0.707	0.333	0.1

在评价动测仪器仪表性能时，还经常用到 dB/oct 这个单位。dB/oct 是频率特性的单位，oct（octave）原来是 2 倍的意思。例如，−6 dB/oct 是表示频率变化 2 倍时，信号衰减 6 dB，即 50%。

4）动测仪器的输入输出和阻抗匹配

阻抗匹配是仪器仪表和无线电技术中常见的一种工作状态，它反映了输入电路与输出电

路之间的功率传输关系。当电路实现阻抗匹配时，将获得最大的功率传输。反之，当电路阻抗失配时，不但得不到最大的功率传输，还可能对电路产生损害。电工学中曾讨论过这样一个问题：把一个电阻为 R 的用电器，接在一个电动势为 E、内阻为 r 的电池组上（见图 5-2），在什么条件下电源输出的功率最大呢？负载在开路及短路状态都不能获得最大功率。只有当外电阻等于内电阻时，电源对外电路输出的功率最大，这就是纯电阻电路的功率匹配。电抗电路中除了电阻外还有电容和电感元件，并工作于低频或高频交流电路。在交流电路中，电阻、电容和电感对交流电的阻碍作用叫阻抗。输入电路和输出电路的阻抗接近或相等时，称为阻抗匹配。

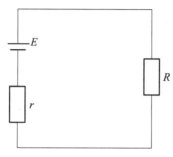

图 5-2 阻抗匹配示意图

在动测仪器仪表中，阻抗匹配主要用于传感器和放大器以及放大器与记录设备之间。因为动测仪器仪表的电子电路中传输信号功率本身较弱，利用阻抗匹配技术可以提高输出功率。在动测仪器的说明书上，一般都标明输入和输出电阻，就是为了便于实现阻抗匹配。

5）绝对振动测量和相对振动测量的概念

在结构静载试验中，采用位移传感器测量结构的位移时，要为位移传感器选择安装基点，安装基点一般与被试验的结构完全分开，量测的位移为安装基点和量测对象之间的相对位移。如果安装基点为绝对不动点，这种相对位移也被看作绝对位移。在动载试验中量测位移、速度和加速度，相对振动量和绝对振动量的测试有更明确的区分。当振动传感器直接安装在试验结构上时，传感器的运动与试验结构的运动完全相同，这时传感器感受的速度或加速度为绝对速度或绝对加速度。有一点例外，如果采用积分电路，由量测的振动绝对速度得到的位移，这一类位移为相对位移，它是相对于振动平衡位置的位移。如果采用和静载试验相同的方法，在试验结构以外另外建立安装基点量测位移，测得的振动位移仍为相对位移，即试验结构相对安装基点的振动位移。在结构动载试验中，量测速度和加速度的传感器大多为绝对量传感器。

6）测量仪器的分辨率

分辨率是指测量仪器有效辨别的最小示值差。这种性能指标一般反映在显示装置上，例如，俗称"4 位半"的数字电压表所能显示的最大数字为 19 999，第一位只能显示"1"，当用它来测量一个 10 V 的信号时，其最大分辨率为 10 V/19 999 = 0.5 mV。另一方面，当传感器感受到信号产生输出时，噪声也使传感器产生输出，此外，放大器也会产生噪声。因此，分辨率还与信号电压和噪声电压的比值有关。有的传感器还给出信噪比指标。例如，信噪比大于5 dB，说明最低可测有效信号的下限值。噪声同样也影响静态测量仪器，但一般从静态漂移的角度分析噪声的影响。

除上述几个方面外，动测仪器仪表的诸多性能参数和表示方式也随仪器仪表的用途以及基本原理不同而变化，应根据它们各自的特点熟悉并掌握仪器仪表的使用。

5.2.2　结构动载试验中的传感器

1. 惯性式传感器的基本原理

惯性式振动传感器实际上可以看作一个典型的单自由度质量-弹簧-阻尼体系。如图 5-3 所示，m、k、c 分别为测振传感器的质量、弹簧刚度和阻尼，x_r 为质量为 m 的传感器相对外壳的位移，x_A 为被测结构的位移。测振传感器的功能是检测振动结构的位移或加速度。

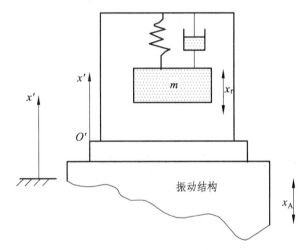

图 5-3　惯性式传感器的接收原理

为此，建立质量 m 的运动方程：

$$m(\ddot{x}_r + \ddot{x}_A) + c\dot{x}_r + kx_r = 0 \tag{5-2}$$

引入传感器的固有频率 $\omega_0 = \sqrt{k/m}$ 和阻尼比 $\zeta = c/(2m\omega_0)$，式（5-2）可写为

$$\ddot{x}_r + 2\zeta\omega_0\dot{x}_r + \omega_0^2 x_r = -\ddot{x}_A \tag{5-3}$$

假定被测结构位移为

$$x_A(t) = x_A \sin\omega_A t \tag{5-4}$$

将式（5-4）代入（5-3）并求解，可得

$$x_r = e^{-\zeta\omega_0 t}(A_1 e^{j\omega_0 t\sqrt{1-\zeta^2}} + A_2 e^{-j\omega_0 t\sqrt{1-\zeta^2}}) + \frac{\lambda^2}{\sqrt{(1-\lambda^2)^2 + (2\lambda\zeta)^2}} x_A \sin(\omega_A t - \varphi) \tag{5-5}$$

式中，$\lambda = \omega_A/\omega_0$ 为频率比；$\varphi = \arctan[2\lambda\zeta/(1-\lambda^2)]$ 为相位角；A_1 和 A_2 是与初始条件有关的待定常数。式（5-5）中的第一项与初始条件有关，且随时间衰减，称为振动的瞬态解；第二项则为振动的稳态解。从原理上讲，测振传感器主要利用稳态解的特性。考虑下列三种情况：

（1）当频率比 λ 很大，即被测结构的振动频率比测振传感器的固有频率高很多，且阻尼比足够小时，可得

$$x_r \approx x_A \sin(\omega_A t - \varphi) \approx x_A \sin \omega_A t \qquad (5\text{-}6)$$

这时，传感器振子的位移与被测结构的位移很接近，可用传感器测量被测结构的振动位移。由式（5-6）可知，这种方式得到的位移为绝对位移。

（2）当频率比 λ 很小，即被测结构的振动频率比测振传感器的固有频率小很多，且阻尼比足够小时，可得

$$x_r \approx \lambda^2 x_A \sin(\omega_A t - \varphi) \approx \ddot{x}_A / \omega_0^2 \qquad (5\text{-}7)$$

这时，传感器振子的位移与被测结构的加速度成正比，已知传感器的固有频率，可用传感器测量被测结构的加速度。

（3）当频率比接近 1，即被测结构的振动频率与测振传感器的固有频率接近，且阻尼比足够大时，可得

$$x_r \approx \frac{1}{2\lambda\zeta} x_A \sin(\omega_A t - \varphi) \approx \frac{\ddot{x}_A}{2\omega_0\zeta} \qquad (5\text{-}8)$$

这时，传感器振子的位移与被测结构的速度成正比，已知传感器的固有频率和阻尼比，可用传感器测量被测结构的速度。

实际应用中的惯性式振动传感器除质量-弹簧-阻尼体系外，一般还配备了将振动产生的机械运动转化为电信号的元件，这样，振动测量放大仪器和记录设备处理的信号实际上是电压信号或电流信号。

惯性式振动传感器的性能指标一般常用传感器的幅频特性曲线和相频特性曲线描述。图5-4 和图 5-5 分别给出振动位移传感器的幅频和相频特性曲线。对于速度传感器和加速度传感器，由积分关系可知，它们的幅频曲线和相频曲线的形状相应变化。

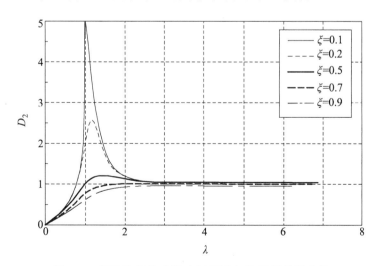

图 5-4　振动位移传感器（振幅计）的幅频特性曲线

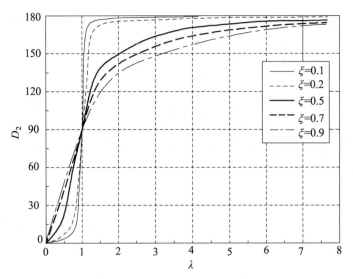

图 5-5 振动位移传感器（振幅计）的相频特性曲线

2. 电动式传感器

电动式传感器是基于磁电变换的传感器，也称为磁电式传感器。如图 5-6 所示，根据楞次定律，长度为 l 的导线以速度 v 垂直于磁场方向运动时，导体将产生感应电动势，其大小为

式中，B 为磁场强度。而根据安培定律：当导体中有电流 i 通过时，导体将受磁场电磁力作用，其大小为

$$f_t = Bli \qquad (5\text{-}10)$$

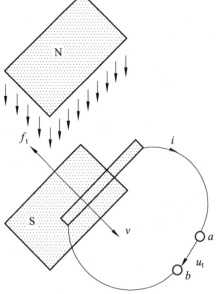

图 5-6 电磁感应原理

磁电式传感器分为相对式和惯性式两种。其变换的振动量均为速度，因此均为速度传感

器，即物体运动的速度被变换为传感器的输出电压。特点是输出信号电压大，不易受电、磁、声场干扰，测量电路简单。特别是惯性式磁电传感器，采用不同的传感器结构和质量-弹簧-阻尼参数，可获得不同的传感器性能，例如，在超低频率范围内（0.2 ~ 2 Hz）具有高灵敏度特性。

1）磁电式相对速度传感器

如前所述，相对式传感器所量测的位移或速度是安装基座和被测物体之间的相对位移或相对速度。相对速度传感器的测量原理如图 5-7 所示，将传感器的顶杆与被测结构相连，同时将传感器外壳固定在选定的参考基座上。

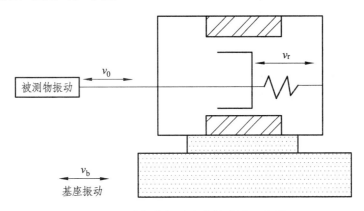

图 5-7　磁电式相对速度传感器示意图

如果基座完全静止不动，即 v_b=0，传感器测量速度为绝对速度。但一般情况下，基座不可能完全静止，传感器顶杆相对于基座振动 v_b 的速度 v_r 与被测物体振动的速度 v_0 相同。传感器的输出电压为

$$u_t = Blv_r = Bl(v_0 - v_b) \tag{5-11}$$

但当基座振动很小时，$v_b \to 0$，传感器的输出电压与被测物体振动的速度成正比。

这类传感器的灵敏度定义为

$$S = \frac{u_t}{v_r} = Bl \tag{5-12}$$

它是个常数，不随频率变化，也没有相位的变化。

2）惯性式磁电速度传感器

实际工程结构的振动测试中，一般很难找到相对静止的基座安装相对式传感器。例如，风荷载使高层建筑产生水平振动，车辆行驶使桥梁结构产生竖向振动，都很难利用相对式传感器进行量测。目前，实际工程的振动测试，大多采用量测绝对振动量的惯性式传感器，这种传感器可以直接安装在被测物体上。

图 5-8 所示为惯性式磁电速度传感器的示意图和测量电路。

由式（5-2）、（5-9）和（5-10），传感器的机械部分运动方程可用式（5-13）描述：

$$m\ddot{x}_r + c\dot{x}_r + kx_r = -m\ddot{x}_A - f_t = -m\ddot{x}_A - Bli \tag{5-13}$$

而测量电路将机械运动转换为电信号，其等效电路的方程为

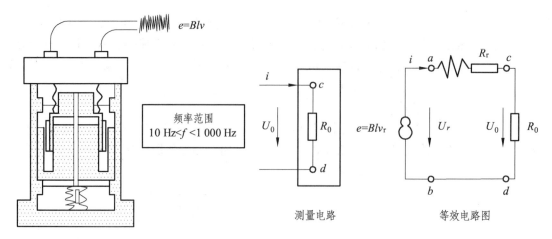

图 5-8　惯性式磁电速度传感器的示意图和测量电路

$$L_t \frac{\mathrm{d}i}{\mathrm{d}t} + (R_0 + R_t)i = u_t = Blv_r = Bl\dot{x}_r \qquad (5\text{-}14)$$

当被测物体的运动为稳态正弦运动，通过积分变换，可以得到测量电路输入端 c、d 获得的电压为

$$u_t = U_0 \mathrm{e}^{-\mathrm{j}\omega t}, \quad U_0 = \frac{R_0}{R_0 + R_t + \mathrm{j}\omega L_t} Blv_r \qquad (5\text{-}15)$$

式中，v_r 为 $\dot{x}_r$ 的复振幅，$\dot{x}_r = v_r \mathrm{e}^{\mathrm{j}\omega t}$。速度传感器设计时，选用很大的测量电路电阻 R_0，使得 $R_0 \gg R_t$ 和 $R_0 \gg \mathrm{j}\omega L_t$，由此得到

$$U_0 \approx Blv_r \qquad (5\text{-}16)$$

这样，就可以保证传感器测量电路的电压与被测物体的运动接近线性关系。

3）磁电式速度传感器的构造

图 5-9 和图 5-10 所示为两种速度传感器的构造。由图 5-3 和图 5-4 可知，阻尼对惯性式传感器有较大的影响。一般惯性式速度传感器的阻尼比为 0.5 ~ 0.7。可采用油阻尼、电涡流阻尼来增大传感器的阻尼。油阻尼依靠油的黏度提供阻尼力，但油的黏度对温度敏感，所以阻尼不稳定，影响传感器的性能；电涡流阻尼可采用短路环实现，即在传感器动圈架上安装一个电阻值很低的小环，例如可用电解铜制作短路环（图 5-9 中的阻尼环）。传感器的芯轴运动时，短路环产生感应电动势 e，当短路环的电阻为 R 时，其电涡流强度为 $i = e/R$，电涡流使短路环上产生电磁力，该力即为与速度成正比的线性阻尼力。

对于实际工程中的大跨桥梁和高层建筑，结构的自振频率可能很低。常常要求在结构动力性能试验中量测 10 Hz（甚至 1 Hz）以下的低频振动信号。摆式结构的速度传感器可以获得优良的超低频性能。这种类型的传感器将质量-弹簧体系设计成转动形式，因而具有单摆的振动特性。图 5-10 给出典型的摆式结构磁电速度传感器的构造。

磁电式速度传感器属于惯性式传感器，在振动测量时，应注意传感器的安装方向。特别对于摆式结构的速度传感器，其内部构造可分为垂直摆、倒立摆或水平摆等几种形式，通常它们只能在规定的安装方向正常工作。

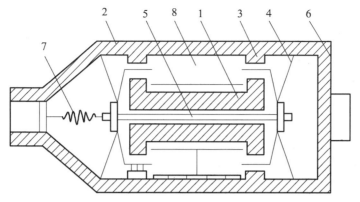

1—磁钢；2—线圈；3—阻尼环；4—弹簧片；5—芯轴；6—外壳；7—输出线；8—铝架。

图 5-9　磁电式速度传感器

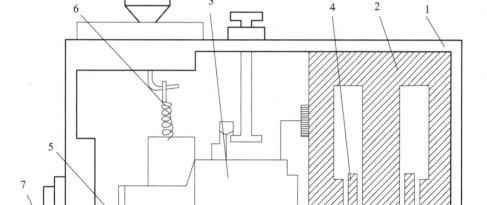

1—外壳；2—磁钢；3—重锤；4—线圈；5—十字簧片；6—弹簧；7—输出线。

图 5-10　惯性式磁电速度传感器的示意图和测量电路

4）磁电式速度传感器的性能指标

速度灵敏度：例如，20~50 mV/（mm/s），表示每秒 1 mm 的速度，传感器的输出电压为 20~50 mV。灵敏度用输出电压表示，输出电压越高，表示传感器越灵敏。

频率范围：传感器正常工作的范围，例如，10~2 000 Hz（-1 dB），表示传感器在 10~2 000 Hz 范围内，振动信号衰减不大于10%。如果被测信号的频率超出这一范围，信号衰减的幅度将加大。

幅值线性度：在传感器的频率范围内以不同幅值振动时，传感器输出的电压也不同；理想传感器的输出电压与振动的速度之间为完全线性关系，但实际上误差不可避免。典型的指标为：小于±3%。

相移特性：由于阻尼的影响，传感器输出电压与传感器的机械振动之间存在相位差，也就是说，两者不同时达到最大或最小。典型的指标为：小于 5°。

动态范围：通常给出传感器可以测量的最大速度和最小速度。最大速度表示传感器的能力范围，而最小速度表示传感器的分辨率。

固有频率：磁电式速度传感器的工作原理主要是利用导体切割磁力线的速度与输出电压成正比的关系，传感器工作的频率范围一般高于传感器的固有频率。

阻尼比：一般采用电涡流阻尼，阻尼比为 0.5 ~ 0.7。

测量方向：例如，0°±100°，以铅垂方向为 0°。也可以按水平方向给出传感器的安装范围。

工作温度：不显著影响传感器性能的温度范围，例如–20 ~ 80 °C。

质量：惯性式传感器安装在被测物体上，对于小型结构，传感器的质量可能改变结构的动力性能。一般而言，频率范围越低、灵敏度越高的传感器质量越大。

外形尺寸：对于圆柱形传感器，给出直径和高度。

3. 压电式传感器

某些晶体，如石英、压电陶瓷、酒石酸钾钠、钛酸钡等材料，当沿着一定方向受到外力作用时，内部会产生极化现象，同时在某两个表面上产生大小相等、符号相反的电荷；当外力去掉后，又恢复到不带电状态；当作用力方向改变时，电荷的极性也随之改变；晶体受力所产生的电荷量与外力的大小成正比。这种现象叫压电效应。反之，如对晶体施加电场，晶体将在一定方向上产生机械变形；当外加电场撤去后，该变形也随之消失。这种现象称为逆压电效应，也称作电致伸缩效应。

利用压电晶体的压电效应，可以制作压电式加速度传感器和压电式力传感器。利用压电效应这种机电变换的反变换，可制造微小振动量的高频激振器。最典型的压电晶体材料是石英材料。

当力施加在压电材料的极化方向使其发生轴向变形时，与极化方向垂直的表面产生与施加的力成正比的电荷，导致输出端的电位差，这种方式称为正压电效应或压缩效应[见图 5-11（a）]。当力施加在压电材料的极化方向使其发生剪切变形时，与极化方向平行的表面产生与施加的力成正比的电荷，导致输出端的电位差，这种方式称为剪切压电效应[见图 5-11（b）]。

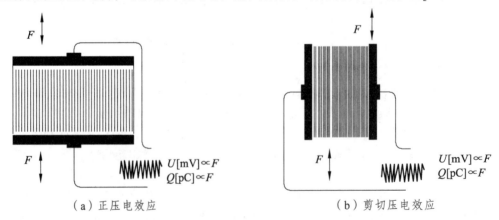

（a）正压电效应　　　　　　　　　　　（b）剪切压电效应

图 5-11　压电材料的压电效应

上述两种形式的压电效应均已经应用于传感器的设计中，对应的传感器称为压缩型传感器和剪切型传感器（见图 5-12）。

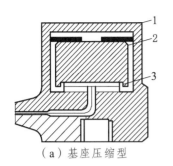 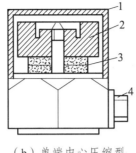 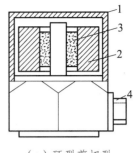

（a）基座压缩型　　　　（b）单端中心压缩型　　　　（c）环型剪切型

1—外壳；2—质量块；3—压电晶体；4—输出接头。

图 5-12　惯性式磁电速度传感器的示意图和测量电路

　　压缩型传感器一般采用中心压缩式设计方式，这种传感器构造简单，性能稳定，有较高的灵敏度/质量比，但这种传感器将压电元件-弹簧-惯性质量系统通过圆柱安装在传感器底座上，因此底座因环境因素变形或安装表面不平整等因素引起底座的变形都将导致传感器的电荷输出。因此这种形式的传感器目前主要用于高冲击值和特殊用途的测量。

　　剪切型传感器的底座变形不会使压电元件产生剪切变形，因而在与极化方向平行的极板上不会产生电荷。它对温度突变、底座变形等环境因素均不敏感，性能稳定，灵敏度/质量比高，可用来设计非常小型的传感器，是目前主流传感器的设计方式。

　　压电式传感器的主灵敏度方向一般垂直于其底座，可用于测量沿其轴向的结构振动。当它受到与轴向垂直的横向振动时，传感器同样会有信号输出，传感器对横向振动的敏感性称为横向灵敏度，通常采用主轴灵敏度的百分数表示。横向灵敏度随振动方位角的不同而变化，最大横向灵敏度一般小于主轴灵敏度的 4%（见图 5-13）。一般传感器生产厂商习惯上在最小横向灵敏度方向上用一个红色圆点标记在传感器上或在传感器标定表上用一个角度表示。

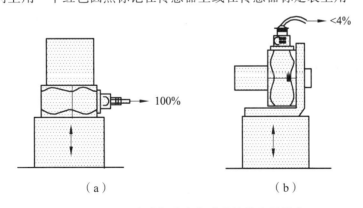

（a）　　　　　　　　　（b）

图 5-13　压电式加速度传感器的横向灵敏度

　　影响压电式传感器使用的环境因素主要有：底座变形、潮湿、声学噪声、腐蚀物质、磁场、核辐射、热冲击等。其中底座变形问题可通过采用剪切型传感器解决，严密封装的传感器也可基本解决其他问题。比较而言，在众多类型的传感器中，压电式传感器是耐候性能最好的传感器之一。

　　除上述横向灵敏度指标外，与其他振动传感器类似，压电式加速度传感器还有以下主要性能指标：

1）灵敏度

电荷的单位为 pC（10^{-6} C），加速度的单位为 G（重力加速度），因此，压电式加速度传感器灵敏度的单位为 pC/G。有时不用重力加速度而直接采用加速度，电荷灵敏度 S_q 的单位为 pC/（m/s²）。压电晶体产生压电效应时，在晶体材料的两端产生电位差，因此，也可以用电压灵敏度表示传感器的特性，电压灵敏度 S_v 的单位为 mV/（m/s²）。两者之间的关系可用式（5-17）表示

$$S_q = CS_v \qquad\qquad (5\text{-}17)$$

式中，C 为传感器的电容，包括传感器本身的电容、传输电缆的电容和前置放大器的输入电容。两者比较可知，电压灵敏度实际上与传感器的测试条件有关。

压电式加速度传感器的灵敏度与压电晶体材料的特性和质量块的大小有关。一般情况下，灵敏度越高，传感器质量越大，因而体积越大，相应的频率响应范围越窄。体积小的压电式加速度传感器频率响应范围很宽，频率下限从 2 ~ 5 Hz 到上限 10 ~ 20 kHz，但灵敏度下降。结构动载试验中，可根据不同的测试要求选用不同的传感器。

2）频率响应曲线

压电式加速度传感器的典型频率响应曲线如图 5-14 所示。曲线的横坐标为对数尺度的振动频率，纵坐标为 dB 表示的灵敏度衰减特性。对于图 5-14 所示的频率响应曲线，在 1.5 ~ 5 000 Hz 的平坦范围内，传感器的灵敏度基本不变，超过 5 000 Hz 后，传感器的灵敏度增加，在传感器的共振频率点，灵敏度达到最大值。显然，该传感器的平稳工作范围为 1.5 ~ 5 000 Hz。

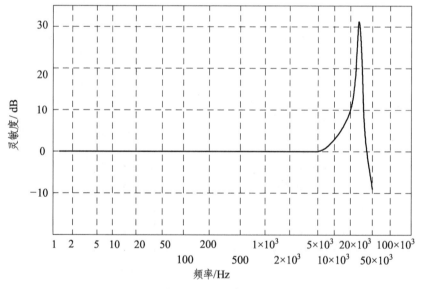

图 5-14　压电式加速度传感器的频率响应曲线

应当指出，图 5-14 所示频率响应曲线峰值对应的频率并不是传感器的质量-弹簧体系的固有频率，而是采用标准安装方式，将传感器牢固地安装在一个标准质量块的条件下量测的安装谐振频率，它不同于传感器的质量-弹簧体系在空中振动时的固有频率。实际工程结构测试中，传感器的安装条件如果达不到标准安装条件，其谐振频率会降低。表 5-2 给出丹麦 B&K 公司生产的一种 4367 型压电式加速度传感器的安装方式对其动力特性的影响。考虑实际安装谐振频率对灵敏度的影响，一般情况下，振动测试的最高频率不大于传感器谐振频率的 1/10。

表 5-2   4367 型压电式加速度传感器不同安装方式下的动力性能

固定方法	容许最高温度/°C	最高频率响应值/kHz
钢螺栓连接	>250	10
绝缘螺栓连接	250	8
蜂蜡黏合	40	7
磁座吸合	150	1.5
手持触杆		0.4

3）动态范围（最大加速度）

传感器灵敏度保持在一定误差范围内（通常不超过±0.5 dB）时，传感器所能测量的最大加速度称为传感器的动态范围。有时直接采用最大加速度表示传感器的动态性能。用于冲击振动测试的压电式加速度传感器，最大加速度可以达到 2 000 g 甚至更高，而用于工程结构测试的传感器，最大加速度达到 10 g 就可满足常规振动测试的要求。传感器的最大加速度与其灵敏度常常是一对矛盾，动态范围越大的传感器，灵敏度就越低。测试中应根据不同的要求选用传感器。一般情况下，振动测试的最大加速度不大于传感器容许最大加速度的 1/3。压电式传感器通常只用于动态测试而不能用于静态测试，因为经过外力作用后的电荷，只有在回路具有无限大的输入阻抗时才得到保存。

压电式力传感器的工作原理与压电式加速度传感器的工作原理相同。但压电式力传感器输出的电荷量与传感器所受到的力成正比。图 5-15 给出一种压电式力传感器的基本构造图。压电式力传感器主要应用于振动测试，分为两种类型：一种是冲击型力传感器，安装在冲击锤上，量测结构受到冲击激励时的瞬态力（以压力为主）；另一种是组合型力传感器，既可以测量瞬态压力，又可以测量瞬态拉力，主要用于量测激振器对结构施加的激振力。压电式力传感器最主要的技术参数是电荷灵敏度，它表示传感器在单位力作用下输出的电荷量，单位为 pC/N。

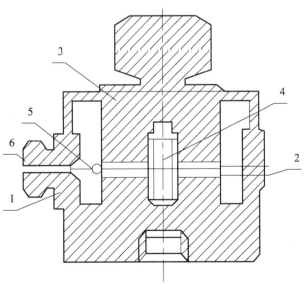

1—基座；2—压电元件；3—顶盖；4—螺栓；5—导线；6—插座。

图 5-15   压电式力传感器的构造图

压电式力传感器体积小、质量轻、结构简单、固有频率高、精度高，应用广泛。

与压电式传感器配套的前置放大器有电压放大器和电荷放大器。

电压放大器具有结构简单、性能可靠等优点。但电压放大器的输入阻抗低，使得加速度传感器或力传感器的电压灵敏度随导线长度变化而变化。因此，在使用电压放大器时，必须在压电式传感器和电压放大器之间加入一阻抗变换器，对实际测试所用的导线还必须进行标定，给测试带来不便。除一些专用的测试系统外，已很少采用电压放大器作为压电式传感器的放大器。

电荷放大器是压电式传感器的专用前置放大器，它是一个具有深度电容负反馈的高开环增益的运算放大器。它把压电类型传感器的高输出阻抗转变为低输出阻抗，把输入电荷量转变为输出电压量，把传感器的微弱信号放大到一个适当的规一化数值。

由于压电式传感器的输出阻抗高，因此必须采用输入阻抗也很高的放大器与之匹配，否则传感器产生的微小电荷经过放大器的输入电阻时将会被释放。电荷放大器的作用就是将高内阻的电荷源转换为低内阻的电压源，而且输出电压正比于输入电荷。采用这种放大器，在数百米范围内，传感器的导线长度的影响很小，而且电荷放大器还具有优良的低频响应特性。

电荷放大器的核心是一个具有电容负反馈且输入阻抗很高的高增益运算放大器，改变负反馈电容值，可得到不同的增益，即电压放大倍数。此外，电荷放大器一般还具有低通、高通滤波和适调放大的功能。低通滤波可以抑制测量频率范围以外的高频噪声，高通滤波可以消除测量线路中的低频漂移信号。适调放大的作用是实现测量电路灵敏度的归一化，以便能将不同灵敏度的传感器输入的信号归一化为标准输出电压。以下列出一种国产电荷放大器的主要性能参数。其中，下标 RMS 是均方根的意思。

最大输入电荷量：10^5 pC；

输入电阻：大于 10^{11} Ω；

放大器输出灵敏度：0.01、0.1、1、10、100、1 000（mV/pC）分挡切换；

准确度：小于 1%（额定工作条件下，由 7 V_{RMS} 160 Hz 正弦信号测量）；

噪声：小于 5×10^{-3} pC；

最大带宽：0.3 Hz ~ 100 kHz（+0.5 ~ -3 dB）；

高通滤波器截止频率（-3 dB±1 dB）：0.3、1、3、10、30、100（Hz）分挡切换；

阻滞衰减：大于-6 dB/oct；

低通滤波器截止频率（-3 dB±1 dB）：0.3、1、3、10、30、100（kHz）分挡切换；

平坦度：小于 0.1 dB（1/3 截止频率内）；

阻滞衰减：大于-12 dB/oct；

失真度：小于 1%（频率小于 30 kHz）；

输出电压：7 V_{RMS}；

输出电流：50 mA；

输出电阻：小于 1 Ω；

过载指示：输出大于±10 Vp，过载指示灯亮。

4. 用于结构动载试验的其他传感器

结构动载试验的测试要求在很多方面与结构静载试验的测试要求是相同的。除上述速度和加速度的测试外，在结构静载试验中，位移和应变的测试也占有十分重要的地位。很多类型的位移传感器和应变传感器既可用于结构静载试验，又可用于结构动载试验，例如，差动变压器式位移传感器、磁致伸缩位移传感器、光纤位移传感器等。以电阻应变片为敏感元件制作的应变传感器也可用于结构动载试验。只是在结构静载试验中，可以采用静态电阻应变仪测量应变，而在结构动载试验中，必须采用动态电阻应变仪测量动应变。以下简单介绍几种新型动态测试传感器。

1）压阻式加速度传感器

半导体单晶硅材料在受到外力作用时，产生肉眼察觉不到的微小应变，其原子结构内部的电子能级状态发生变化，从而导致其电阻率剧烈的变化，由其材料制成的电阻值也出现变化，这种现象称为压阻效应。20世纪50年代发现并开始研究这一效应的应用价值。

与多晶体材料的压电效应相类似，半导体单晶硅材料电阻值在受到压力作用时明显变化，因而可以通过测量材料电阻的变化来确定材料所受到的力。利用压阻效应制作的加速度传感器称为压阻式加速度传感器。这种传感器具有灵敏度高、频响宽、体积小、质量轻等特点。压阻式加速度传感器与压电式加速度传感器相比，主要有两点不同，压阻式加速度传感器可以测量频率趋于零的准静态信号，它可采用专用放大器，也可采用动态电阻应变仪作为放大器。

利用压阻效应原理，采用三维集成电路工艺技术并对单晶硅片进行特殊加工，制成应变电阻构成惠斯通检测电桥，集应力敏感与机电转换检测于一体，传感器感受的加速度信号可直接传送至记录设备。结合计算机软件技术，构成复合多功能智能传感器。

2）电涡流位移传感器

非接触式动态位移传感器有电容式位移传感器、电感式位移传感器和电涡流位移传感器，最常用的是电涡流位移传感器，这种传感器的线性度好，使用频率宽（0~10 kHz），其灵敏度不随传感器探头和被测物体之间的间隙变化。电涡流位移传感器的测量原理是：传感器工作时其探头产生交变电流并引起交变磁通，导致距离探头附近的被测物体（导体）表层下0.1 mm处产生感应交变电流的闭合回路，即电涡流；交变的电涡流又产生交变磁通，与探头的交变磁通耦合，形成输出电压。该输出电压与电涡流的强度成正比，而电涡流强度又与探头和被测物体之间的间隙成正比，由此形成机电变换。电涡流位移传感器是一种相对位移传感器，测量被试验结构与传感器探头之间距离的相对变化，用于结构动态位移量测时，传感器内部没有任何机械运动，使用寿命长。

3）新型加速度传感器

传统的压电式加速度传感器存在的问题主要是：加速度传感器本身的质量造成被测结构的附加质量，传感器灵敏度与其质量相关，不能直接由电压放大器放大其输入信号等。自20世纪80年代以来，振动测试中，广泛采用集成电路压电传感器，又称为ICP（Integrated Circuit Piezoelectric）传感器，这种传感器采用集成电路技术将阻抗变换放大器直接装入封装的压电传感器内部，使压电传感器高阻抗电荷输出变为放大后的低阻抗电压输出，内置引线电容几乎为零，解决了使用普通电压放大器时的引线电容问题，造价降低，使用简便，是结构振动模态试验的主流传感器。

另一种新型ICP压电传感器是压电梁式加速度传感器。这种传感器将压电材料加工成中间固定的悬臂梁，压电梁振动弯曲时产生的电荷量与敏感轴方向的加速度成正比。由于不另外配置质量块，在一定程度上解决了传感器质量和灵敏度之间的矛盾。如瑞士生产的一种压电梁式加速度传感器，灵敏度达到 1 000 mV/g，质量仅 5 g 左右，频率范围 0.5 ~ 2 000 Hz，动态范围 5 ~ 50 g。采用压电梁式结构，还可制作测量转动加速度的传感器。

目前，振动传感器的主要发展方向是集测量、放大、存储、数据处理于一体的新型多功能智能传感器。

5.2.3 结构动载试验加载设备与加载方法

1. 结构动载试验加载设备分类与基本要求

如前所述，所谓结构试验，就是根据不同的试验要求和试验环境，尽可能真实地再现结构的受力状态或工作状态，并在这些状态下量测相关数据，根据量测的数据，了解、评价、验证直至完全掌握结构的性能。不论是静载试验还是动载试验，都是用试验加载设备来再现结构的受力状态。结构动载试验与结构静载试验的主要差别之一就是在结构静载试验中，试验加载设备主要用来对结构施加力的作用，试验加载设备与被试验结构之间是作用力和反作用力的关系；但在结构动载试验中，试验加载设备的主要作用是使被试验结构处于试验目的所规定的运动状态。结构动载试验种类很多，相应的试验加载设备大致分类如下：

（1）电液伺服系统。电液伺服系统既可用于静载试验，又可用于动载试验。用于结构抗震试验中的低周反复荷载试验、结构拟动力试验时，在试验设备的加载速度方面对设备性能的要求与结构静载试验的要求基本相同；利用电液伺服系统和振动平台，可进行地震模拟振动台试验；其还可用于结构常规疲劳试验和随机疲劳试验。电液伺服系统是目前国内外工程结构实验室的主要动态加载设备。

（2）激励锤（力锤）和激振器。主要用于结构模态试验或结构动力性能试验。其中，力锤用于对结构施加瞬态激励，激振器用于对结构施加稳态激励。还有一种大型的离心式激振器，直接安装在结构上对结构施加周期性反复荷载。

（3）疲劳试验机。用于常规的结构疲劳试验。

（4）其他专用加载设备。

对结构施加动力荷载的方法很多，除采用相关的试验设备外，还可利用多种方法施加动力荷载。例如，从一定高度落下已知质量的重物（落锤、夯锤）作用瞬时激励而振动；也可将重物悬挂在支架上，使其水平运动撞击被试验结构，房屋建筑中的墙板构件有时进行这种试验。如图 5-16 所示，采用拉索机使结构产生变形，当拉力足够大时，预先设置的钢棒被拉断，结构储存的变形能转换为动能，结构开始自由振动。还可采用特制雷管在指定部位将拉索炸断以释放结构的变形能。桥梁振动试验中，常采用跳车的方法对桥梁结构激振。所谓跳车，也就是让汽车从一定高度落下，利用汽车质量对结构产生冲击作用。由于汽车本身的质量影响桥梁结构动力性能，还有人采用小火箭，利用作用力-反作用力原理对桥梁结构激振，这种激振方式对结构没有附加质量。

2. 电液伺服系统的动力性能

电液伺服系统由液压油源、电液伺服阀、伺服控制器和液压作动缸等关键部件组成，这里主要讨论系统的动力性能。

电液伺服系统的动力性能涉及以下几个方面：

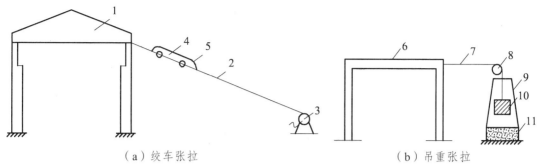

（a）绞车张拉　　　　　　　　　　　　（b）吊重张拉

1—结构物；2—钢丝绳；3—绞车；4—钢拉杆；5—保护索；6—模型；7—钢丝；8—滑轮；
9—支架；10—重物；11—减振垫层。

图 5-16　用张拉吐卸法对结构施加冲击力荷载

1）液压作动缸的负载能力

安装在液压作动缸上的主要部件有电液伺服阀、力传感器和位移传感器等。在静力条件下，作动缸对试验结构施加的最大荷载等于液压系统压力与作动缸活塞有效面积的乘积。当系统压力和活塞有效面积已定时，在动力条件下，作动缸的负载能力主要取决于电液伺服阀的最大流量和伺服阀的动态响应特性。图 5-17 给出一个液压作动缸的性能曲线。坐标轴均采用对数刻度，其中，水平坐标轴表示频率，竖向坐标轴表示位移。从图上可以看出，作动缸的最大位移在静力情况下可以达到 150 mm，当加载频率达到 10 Hz 时，作动缸的最大位移约 2 mm。此外，作动缸的频率响应特性还和系统的负载有关。系统的最大动力荷载为其最大静力荷载的 60% ~ 80%，在最大动力荷载条件下，作动缸的频率响应特性进一步降低，最大位移不到 1 mm。由于液压加载设备的最大荷载与系统的实际负载有关，对于大刚度结构或构件，荷载产生的结构变形很小，电液伺服系统可以达到其最大能力，即最大荷载和频率响应曲线给出的最大位移。对于刚度较小的结构或构件，试验由频率响应曲线上的最大位移控制，这时，系统对试验结构施加的荷载一般小于作动缸的最大荷载。

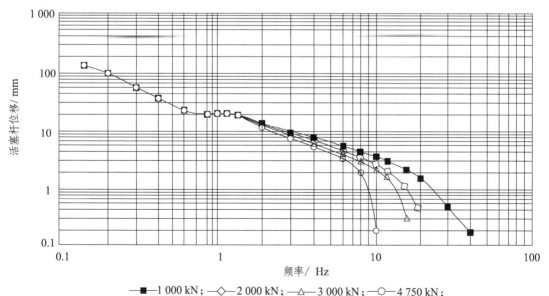

图 5-17　（MTS）液压作动缸性能曲线（位移-频率曲线）

2）伺服控制器

电液伺服系统采用反馈控制方式。控制器将指令信号转换成电流信号，驱动伺服阀动作，调节进入到作动缸的液压流量，控制作动缸活塞的位置。例如，采用位移控制时，位移传感器测量活塞的当前位置，并将信息反馈至控制器。控制器收到位移反馈信号后，将反馈信号与指令信号进行比较运算，将两者差值作为新的指令信号再对作动缸活塞位置进行调整，直到作动缸活塞位置与指令要求的位置之差小于规定的误差。这个调节过程也需要时间，因此，伺服控制器的性能也影响系统的频率响应特性。伺服控制器一般采用 PID 调节控制方式，即对信号进行比例、积分和微分调节。20 世纪 80 年代，伺服控制器的 PID 调节由模拟电路实现，目前，电液伺服系统均采用全数字化的 PID 控制器，控制器调节频率达到 5 000 ~ 6 000 Hz，对信号进行一次调节的时间不到 2 ms。

在结构动载试验中，对伺服控制器有很高的要求。例如，在一个试验结构上安装多个液压作动缸并同时施加动力荷载，伺服控制器对多个作动面发出不同的指令信号，并控制这些作动缸同时达到指令要求的状态（力或位移）。由于与同一个试验结构相连，作动缸的负载相互影响且随试验进程变化，这要求控制器有多目标协调控制的功能。

采用电液伺服振动台进行地震模拟试验时，要求振动台再现地震时的地面运动。地震地面运动为非平稳随机振动过程，包含了不同的频率分量，振动幅值也随时间无规律变化。低频振动时，位移较大，高频振动时，加速度较大。为提高控制精度，增加信噪比，伺服控制器可采用 3 参量控制，低频时采用位移控制，高频时采用加速度控制。

3）数据采集和控制软件

采用电液伺服系统进行结构动载试验时，由于试验结构受力状态连续动态变化，要求数据采集系统也能够连续同步采集并记录试验数据。所谓同步，是指数据采集系统所采集的试验数据在时间上与指令信号同步，在伺服控制器每发出一个指令信号控制液压作动缸的动作的同时，数据采集系统也相应地进行一次数据采集，以确保试验数据的完整性和准确性。

电液伺服系统是一种多功能试验加载设备，能完成各种复杂的加载任务。其中，非常重要的一个环节就是基于计算机控制的系统软件。控制软件的一般功能包括设定试验程序、传感器自动标定、控制模式自动转换、系统状态在线识别、试验数据同步采集并存储、函数波形生成、试验数据实时动态图像显示等。高级功能则包括主控计算机与局域网上的计算机高速同步通信，实现结构拟动力试验、试验监控图像实时传送、在线系统传递函数迭代识别等。

3. 力　锤

力锤，有时又称为测力锤或冲击锤，如图 5-18 所示。在锤头安装了冲击型压电式力传感器，用来测量锤头的冲击力。力锤主要用于结构模态试验。用力锤敲击被测结构时，典型的冲击力时程曲线如图 5-19 所示。采用不同材料的锤帽得到不同的冲击力时程曲线，软锤帽的冲击作用时间长，硬锤帽的作用时间短。软锤头的冲击力可以激励结构的低频动态响应；硬锤帽的冲击可以激励结构的宽频带振动，但与软锤帽冲击力相比，在低频范围输入的能量较低。

力锤的性能主要由力传感器的性能、锤头质量和锤帽材料的硬度决定。其主要指标包括频率响应范围、动态范围、电荷灵敏度或电压灵敏度（ICP 传感器）和锤头质量等。

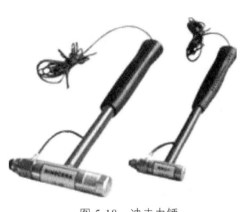

图 5-18　冲击力锤

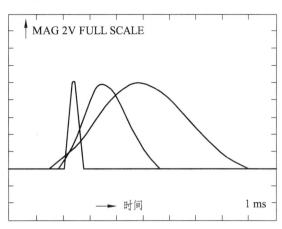

图 5-19　不同材料锤头的敲击力时程曲线

4. 电动激振器

用于结构振动测试的激振器种类很多，按工作原理来分，有机械式、电动式、液压式、电磁式、压电式等。电液伺服作动缸也是一种低频大功率激振器。不同激振器的性能不同，用途也不同。以下主要介绍结构模态试验中常用的电动式激振器。

图 5-20 给出丹麦生产的一种电动激振器的外形图。其基本构造如图 5-21 所示。电动激振器的工作原理与广泛使用的电动机相似：对电动机输入交变电流时，电动机产生旋转运动；而对电动激振器输入交变电流时，激振器的驱动线圈产生往复运动。通过驱动线圈的连接装置驱动被测结构，使结构产生振动。电动机可以调速，电动激振器驱动线圈的振动频率和振动幅值也可通过调节输入电流而变化。

电动激振器一般不能单独工作，常见的激振系统由信号发生器、功率放大器、电动激振器组成。信号发生器产生微小的交变电压信号，经功率放大器放大转换为交变的电流信号，再输入到激振器，驱动激振器往复运动。

激振器与被测结构之间通过一根柔性的细长杆连接。柔性杆在激振方向上具有足够的刚度，而在其他方向的刚度很小。也就是说，柔性杆的轴向刚度较大，弯曲刚度很小。这样，通过柔性杆将激振器的振动力传递到被测结构，可以减小由于安装误差或其他原因所引起的非激振方向的振动力。柔性杆可以采用钢材或其他材料制作。采用钢材时，一般直径为 1~2 mm，长度为 20~50 mm。

图 5-20　丹麦 B&K 公司生产的 4824 型激振器

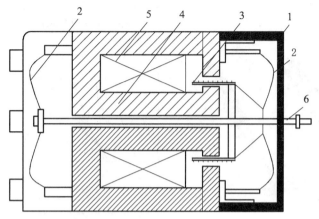

1—外壳；2—支撑弹簧；3—动圈；4—铁芯；5—励磁线圈；6—顶杆。

图 5-21　电动激振器的基本构造

　　电动激振器的安装方式可分为固定式安装和悬挂式安装。采用固定式安装时，激振器安装在地面或支撑刚架上，通过柔性杆与试验结构相连。采用悬挂式安装时，激振器用弹性绳吊挂在支撑架上，再通过柔性杆与试验结构相连。

　　电动激振器的主要性能指标有最大动态力、频率范围等。

　　5. 离心式激振器

　　离心式激振器的原理就是质量块在旋转运动中将产生离心力。如图 5-22 所示，偏心质量块 m 以角速度 ω 沿半径为 r 的圆运动时，偏心质量块产生离心力：

$$P=m\omega^2 r \tag{5-18}$$

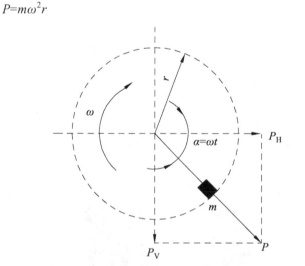

图 5-22　偏心质量激振原理

　　在任意时刻，离心力都可分解为垂直和水平两个方向上的分力：

$$P_V = P\sin\omega t = m\omega^2 r\sin\omega t$$
$$P_H = P\cos\omega t = m\omega^2 r\cos\omega t \tag{5-19}$$

　　离心式激振器上通常在两个反向旋转的转轮上安装相同的偏心质量块，相互抵消离心力的水平分力或竖向分力，使激振器只在一个方向上施加简谐激振力，如图 5-23 所示。

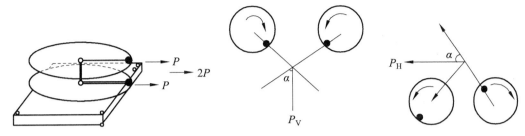

图 5-23　离心式激振器的原理

离心式激振器用来对大型结构施加激振力，它直接安装在结构上，安装点就是激振点。通过调节激振器电机转速改变激振频率。由于激振器本身有一定的质量，安装在结构上可能影响结构的动力特性。因此，这种离心式激振器主要用于质量较大的大型结构，如钻井平台、多层房屋、建筑地基等。

6. 结构疲劳试验机

常规结构疲劳试验的加载特点是多次、快速、简单、重复加载，采用电液伺服系统也可以进行结构疲劳试验，但是电液伺服系统价格昂贵、能量消耗大，导致试验成本增加。常规结构疲劳试验大多由结构疲劳试验机来完成。

结构疲劳试验机一般采用脉动油压驱动千斤顶对结构施加单向的压力。脉动千斤顶由高压油泵提供压力油，再由一个称为脉动器的机械装置使压力产生脉动，这时，脉动千斤顶就可输出交变的压力。脉动千斤顶一般只能施加压力，当需要施加拉力时，通常由外加的机械装置实现转换。图 5-24 给出一种预应力锚具疲劳试验的装置，脉动千斤顶施加压力，通过加载横梁，使预应力锚具受到拉力。疲劳试验机脉动器产生的脉动压力的频率可以通过一个无级调速电机控制，频率变化范围为 100～500 次/分。当脉动器不工作时，试验机输出静压，可进行结构静载试验。

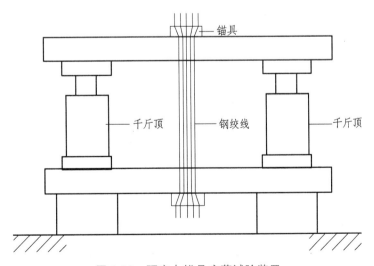

图 5-24　预应力锚具疲劳试验装置

5.3 结构振动测试

结构动力特性主要是指结构的固有频率、振型和阻尼系数。其中，固有频率常常被称为自振频率，其倒数称为结构的自振周期。结构自振频率的单位是赫兹（Hz），自振周期的单位为秒。结构振动测试的内容包括：结构动力特性的测试和结构振动状态的测试。在工程实践和试验研究中，结构振动测试的目的是：

（1）通过振动测试，掌握结构的动力特性，为结构动力分析和结构动力设计提供试验依据。广义的结构动力设计包括结构抗震设计、结构动力性能设计和结构减振隔振设计。而结构动力分析是结构动力设计的基础。

（2）通过结构振动测试，掌握作用在结构上的动荷载特性。例如，高层建筑结构在脉动风荷载作用下产生振动，通过结构振动测试，可以识别风荷载特性。民用建筑中人群的活动、工业建筑中机器设备的运转等因素，都使结构产生振动，这种振动可能影响结构的使用或使人产生不舒服的感觉。振动测试可以确定振动的频率和幅值以及振源的影响，并采取措施，使之降低到最低程度。

（3）采用结构振动信号对已建结构进行损伤诊断和健康监控。当结构出现损伤或破损时，结构的动力性能发生变化，例如，自振频率降低。阻尼系数增大，损伤部位的动应变加大。通过结构的振动测试，掌握结构动力性能的变化，就可以从结构动力性能的变化中识别结构的损伤。

5.3.1 振动测试的基础理论知识

结构振动测试涉及的理论基础主要包括结构动力学和信号处理。现代数字信号处理的理论和方法已形成一个完整的学科领域，以下仅对与结构振动测试相关的基础知识做简单的介绍。

1. 单自由度体系的振动

如图 5-25 所示黏性阻尼的单自由度体系，振动微分方程为

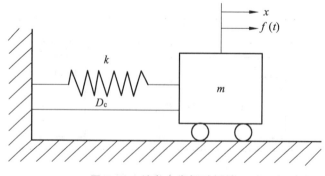

图 5-25　单自由度振动系统

$$m\ddot{x} + c\dot{x} + kx = f(t) \qquad (5-20)$$

式中，m 为质量，c 为黏性阻尼系数，k 为刚度；x、$\dot{x}$、$\ddot{x}$ 分别为质点的位移、速度和加速度；t 为时间，$f(t)$ 为随时间变化的激振力。考虑自由振动，令 $f(t)=0$，经变换，式（5-20）可变为

$$\ddot{x} + 2\zeta\omega_0\dot{x} + \omega_0^2 x = 0 \qquad (5\text{-}21)$$

式中，$\omega_0 = \sqrt{k/m}$ 为体系的无阻尼固有圆频率（自振圆频率）；$\zeta = c/(2m\omega_0)$ 为阻尼比。式（5-21）的解即为单自由度体系自由振动响应：

$$x = Ae^{-\zeta\omega_0 t}\sin(\omega_d + \theta) \qquad (5\text{-}22)$$

式中，$\omega_d = \omega_0\sqrt{1-\zeta^2}$ 为有阻尼固有圆频率，A 为振动幅值，θ 为振动相位，两者由振动初始条件确定。

设体系受到正弦激励，表示为复数形式，$f(t) = Fe^{j\omega t}$，其中，F 为激励幅值，ω 为激励频率。此时，体系的稳态响应也是正弦运动，$x = Xe^{j\omega t}$，其中，X 为稳态响应幅值。将 $f(t)$ 和 x 代入式（5-20），得

$$(k - m\omega^2 + j\omega c)X = F \qquad (5\text{-}23)$$

定义：简谐激励下，单自由度体系的位移频响函数 $H(\omega)$ 为体系稳态位移响应幅值与激励幅值之比，即

$$H(\omega) = \frac{X}{F} = \frac{1}{k - m\omega^2 + j\omega c} \qquad (5\text{-}24)$$

除位移频响函数外，还有速度频响函数和加速度频响函数。频响函数描述了体系响应的频率特征。因此，频响函数又构成对体系响应的频域描述。

另一方面，考察激励为一个在很短时间内的作用力的情况。这种激励称为单位脉冲力，并将其理想化为作用冲量为 1，作用时间无穷短的瞬时力。在数学上，用 δ 函数描述：

$$\delta(t) = \begin{cases} \infty, t = 0 \\ 0, t \neq 0 \end{cases} \qquad (5\text{-}25)$$

$$\int_{-\infty}^{\infty} \delta(t)\mathrm{d}t = 1 \qquad (5\text{-}26)$$

对单自由度体系，质点受到单位脉冲力作用后获得动量 $m\dot{x} = 1$，则自由振动的初始条件为 $x_0 = 0$，$\dot{x} = 1/m$，由式（5-22）得到单位脉冲力作用下体系的位移响应：

$$h(t) = \frac{1}{m\omega_d}e^{-\zeta\omega_0 t}\sin\omega_d t \qquad (5\text{-}27)$$

式（5-27）定义的函数称为脉冲响应函数。脉冲响应函数以时间为变量，它也包含了单自由度体系的全部信息，因而形成体系固有特性的时域描述。

引入傅里叶变换，容易证明，脉冲响应函数与频响函数的关系为傅里叶变换的关系，也就是说，由脉冲响应函数的傅里叶变换可以得到频响函数。

在结构动力学中，利用脉冲响应函数还可求解体系在连续激励 $f(t)$ 作用下的响应：

$$x(t) = \int_{-\infty}^{\infty} h(\tau)f(t-\tau)\mathrm{d}\tau \qquad (5\text{-}28)$$

式（5-28）称为杜哈美尔（Duhamel）积分，又称为卷积积分。卷积积分有一个对信号分析十分有用的特性：

记 $\qquad H(\omega) = \int_{-\infty}^{\infty} h(t)e^{-j\omega t}\mathrm{d}t, \quad F(\omega) = \int_{-\infty}^{\infty} f(t)e^{-j\omega t}\mathrm{d}t$

则式（5-28）所示卷积积分的傅里叶变换等于他们各自的傅里叶变换的乘积：

$$\int_{-\infty}^{\infty}\left[\int_{-\infty}^{\infty}h(\tau)f(t-\tau)\mathrm{d}\tau\right]\mathrm{e}^{-\mathrm{j}\omega t}\mathrm{d}t=H(\omega)F(\omega) \tag{5-29}$$

2. 多自由度结构的模态分析

黏性阻尼的 n 自由度结构振动微分方程为

$$M\ddot{x}+C\dot{x}+Kx=f(t) \tag{5-30}$$

式中，M、C、K 分别为结构的质量矩阵、阻尼矩阵和刚度矩阵；x、$\dot{x}$、$\ddot{x}$ 分别为结构的位移、速度和加速度列阵；$f(t)$ 为外加激励列阵。首先考虑无阻尼自由振动，取 $f(t)=0$ 和 $C=0$，设方程的齐次解为 $x=\varphi\mathrm{e}^{\mathrm{j}\omega t}$，由式（5-30）可得

$$(K-\omega^2 M)\varphi=0 \tag{5-31}$$

当 φ 非零时，式（5-31）表示了一个广义特征值问题，ω^2 为特征值，φ 为特征向量。式（5-31）也表示了一个齐次线性代数方程组，由线性代数的理论可以知道，齐次线性代数方程组有非零解的充分必要条件是其系数行列为零。利用这个条件，可以求得 n 个特征值 $\omega_{0i}(i=1,2,\cdots,n)$ 并进一步求得特征向量：

$$\varphi=[\varphi_1,\varphi_2,\cdots,\varphi_n] \tag{5-32}$$

式（5-32）构成特征向量矩阵。与第 i 阶特征值 ω_{0i} 对应的第 i 阶特征向量为

$$\varphi_i=[\varphi_{1i},\varphi_{2i},\cdots,\varphi_{ni}]^{\mathrm{T}} \tag{5-33}$$

在结构动力学或结构振动分析中，一般称特征值为固有圆频率，称特征向量为振型向量或模态向量。因式（5-32）表示的特征向量均为实数，又称为实模态向量。由结构动力学可知，模态向量关于结构刚度矩阵和质量矩阵正交，即

$$\varphi_k^{\mathrm{T}}K\varphi_i=0(i\neq k),\ \varphi_i^{\mathrm{T}}K\varphi_i=k_i \tag{5-34}$$

$$\varphi_k^{\mathrm{T}}M\varphi_i=0(i\neq k),\ \varphi_i^{\mathrm{T}}M\varphi_i=m_i \tag{5-35}$$

式中，k_i 和 m_i 分别称为模态刚度和模态质量，模态刚度和模态质量之间存在下列关系：

$$\omega_{0i}^2=\frac{k_i}{m_i} \tag{5-36}$$

根据特征向量的正交性，n 个线性无关的特征向量 φ_i 构成一个 n 维向量空间的完备正交基，称这一 n 维空间为模态空间，对应的坐标系为模态坐标系。设物理坐标系中的向量 x 在模态坐标系中的模态坐标为 $y_i(i=1,2,\cdots,n)$，则

$$x=\sum_{i=1}^{n}\varphi_i y_i=\varphi y \tag{5-37}$$

式（5-37）表示了以 φ 为变换矩阵对 x 进行的线性变换，反映了物理坐标和模态坐标的关系。

在模态坐标系下，n 自由度结构无阻尼自由振动微分方程被解耦，变成 n 个互不相关的单自由度微分方程。利用初始条件，可求得物理坐标系下结构自由振动响应：

$$x=\sum_{i=1}^{n}\varphi_i Y_i\sin(\omega_{0i}+\theta_i) \tag{5-38}$$

式中，Y_i 和 θ_i 由初始条件确定。

设无阻尼结构体系受简谐激励，$f(t) = Fe^{j\omega t}$，其中 F 为 n 阶激励幅值列阵，则结构的稳态响应为 $x = Xe^{j\omega t}$，其中 X 为 n 阶稳态位移响应幅值列阵，可得

$$(K - \omega^2 M)X = F \text{ 或 } X = H(\omega)F \qquad (5\text{-}39)$$

其中，

$$H(\omega) = (K - \omega^2 M)^{-1} \qquad (5\text{-}40)$$

$H(\omega)$ 为无阻尼多自由度结构的频响函数矩阵，是一个 $n \times n$ 阶的实对称矩阵。

利用振型的正交性，多自由度结构受迫振动运动微分方程可以解耦：

$$diag[m_i \ddot{y}] + diag[k_i]y = \boldsymbol{\varphi}^{\mathrm{T}} f(t) \qquad (5\text{-}41)$$

式中，$diag[]$ 表示对角矩阵。

在简谐激励下，稳态位移响应也为简谐振动，可设 $y = Ue^{j\omega t}$，代入式（5-41），得到模态坐标下的稳态位移响应幅值：

$$U = diag\left[\frac{1}{k_i - \omega^2 m_i}\right] \boldsymbol{\varphi}^{\mathrm{T}} F \qquad (5\text{-}42)$$

物理坐标系下，结构稳态位移响应幅值为：

$$X = \boldsymbol{\varphi} U = \boldsymbol{\varphi} \, diag\left[\frac{1}{k_i - \omega^2 m_i}\right] \boldsymbol{\varphi}^{\mathrm{T}} F = \sum_{i=1}^{n} \frac{\boldsymbol{\varphi}_i \boldsymbol{\varphi}_i^{\mathrm{T}}}{k_i - \omega^2 m_i} F \qquad (5\text{-}43)$$

与（5-39）的第二式比较，可得无阻尼多自由度结构频响函数矩阵的模态展开式：

$$H(\omega) = \sum_{i=1}^{n} \frac{\boldsymbol{\varphi}_i \boldsymbol{\varphi}_i^{\mathrm{T}}}{k_i - \omega^2 m_i} \qquad (5\text{-}44)$$

由频响函数矩阵的模态展开式可知，频响函数包含了结构的全部模态信息，是结构实验模态分析的基础。

利用模态坐标对多自由度结构运动微分方程解耦后，采用与单自由度结构类似的方法，可以得到结构的脉冲响应函数矩阵：

$$h(t) = \sum_{i=1}^{n} \frac{\boldsymbol{\varphi}_i \boldsymbol{\varphi}_i^{\mathrm{T}}}{m_i \omega_{0i}} \sin \omega_{0i} t \qquad (5\text{-}45)$$

式（5-45）也可以从频响函数矩阵的傅里叶变换得到。考虑在第 p 个物理坐标作用单位脉冲力，第 q 个物理坐标的脉冲响应为：

$$h_{pq}(t) = \sum_{i=1}^{n} \frac{\varphi_{pi} \varphi_{qi}}{m_i \omega_{0i}} \sin \omega_{0i} t \qquad (5\text{-}46)$$

对于有阻尼多自由度结构体系，不论是频响函数矩阵，还是脉冲响应函数矩阵，一般都不能得到如同（5-43）和（5-46）这样简单的表达式，其原因在于阻尼矩阵一般不具有与实模态向量正交的特性。

为简化分析，工程结构动力计算中常采用黏性比例阻尼，即假设阻尼矩阵与刚度矩阵和质量矩阵之间存在比例关系：

$$C = \alpha M + \beta K \tag{5-47}$$

式中，α，β 为与结构体系内外阻尼特性有关的常数，可通过实验确定。有了式（5-47）的假定后，阻尼矩阵也可利用模态向量正交化，在模态坐标系下，阻尼矩阵转换为一对角矩阵：

$$\boldsymbol{\varphi}^{\mathrm{T}} \boldsymbol{C} \boldsymbol{\varphi} = diag[\alpha m_i + \beta k_i] = diag[c_i] \tag{5-48}$$

参照有阻尼单自由度体系和无阻尼多自由度体系在简谐激励作用下的分析结果，不难求得多自由度结构体系的频响函数矩阵：

$$(\boldsymbol{K} - \omega^2 \boldsymbol{M} + \mathrm{j}\omega \boldsymbol{C})\boldsymbol{X} = \boldsymbol{F} \ \text{和} \ \boldsymbol{x} = \boldsymbol{H}(\omega)\boldsymbol{F} \tag{5-49}$$

式中，频响函数矩阵为

$$\boldsymbol{H}(\omega) = (\boldsymbol{K} - \omega^2 \boldsymbol{M} + \mathrm{j}\omega \boldsymbol{C})^{-1} \tag{5-50}$$

同样可得频响函数矩阵的模态展开式和脉冲响应函数矩阵：

$$\boldsymbol{H}(\omega) = \sum_{i=1}^{n} \frac{\boldsymbol{\varphi}_i \boldsymbol{\varphi}_i^{\mathrm{T}}}{k_i - \omega^2 + \mathrm{j}\omega c_i} \tag{5-51}$$

$$\boldsymbol{h}(t) = \sum_{i=1}^{n} \frac{\boldsymbol{\varphi}_i \boldsymbol{\varphi}_i^{\mathrm{T}}}{m_i \omega_{\mathrm{d}i}} \mathrm{e}^{-\xi_i \omega_{0i} t} \sin\omega_{0i} t \tag{5-52}$$

3. 振动数字信号处理技术

在现代振动测试技术中，传感器感受的振动信号经放大转换后，变成数字信号，存储在计算机内，再对数字信号进行分析、处理，得到结构的动力响应。因此，振动数字信号处理技术成为振动测试技术中一个十分重要的环节。

1）数字信号的获取

传感器感受的振动信号经放大器放大后，形成模拟信号。"模拟"的含义是用放大的电压（电流）信号模拟物理意义上的振动信号。而计算机存储的是数字信号，因此，要将模拟信号转换为数字信号，这个过程称为模数转换，又称为 AD（Analog Digit）转换。电子工业技术的进步为信号处理提供了各种 AD 转换器。AD 转换器有两个主要性能指标：一个是转换速度，高速 AD 转换可以达到 10 ~ 100 MHz 的转换频率；另一个指标是 AD 转换器的二进制位数，它表示了 AD 转换的精度，例如，12 位 AD 转换器可以将 10 V 电压信号分成 2 048 等份，分辨率约为 5 mV，对同一个 10 V 信号，16 位 AD 的分辨率可达 0.3 mV。

将模拟信号转换为数字信号的过程又称为采样过程。经过 AD 采样后，一个连续的模拟信号被转换为离散的数字信号，以周期（时间间隔 Δt）为 T_s 的离散脉冲形式排列。T_s 称为采样周期，其倒数 f_s 为采样频率。从数学上讲，采样过程是用离散脉冲序列对模拟信号的调制过程。对采样过程的基本要求是：采集的数字信号能够完整地保留原模拟信号的主要特征。振动信号的主要特征是振动的频率和幅值。关于采样频率，采样定理表述为："若要恢复的原模拟信号的最高频率为 $f_{\max}$，则采样频率 f_s 必须满足 $f_s > 2f_{\max}$"。如果采样频率不满足采样定理，就可能出现所谓"频率混叠"，在数字信号中出现原模拟信号没有的频率成分。

对采样定理已有严格的数学证明，图 5-26 直观地给出"频率混叠"的近似说明。如图 5-26 所示，将周期为 T 的正弦波分别以（1/4）T、（2/4）T、（2/4）T、（3/4）T 的周期采样。显然，

图 5-26 中，（a）和（b）采集的信号有可能恢复原来的正弦波；（c）的情况比较特殊，整个信号被丢失，表明采样周期小于而不等于（1/2）T 的必要性；（d）则采集了实际上不存在的长周期分量。

图 5-26 的例子说明，满足采样定理，只是保证不出现频率混叠，信号的幅值特征有可能丢失（波形失真）。因此，在振动测试中，采样频率通常大于采样定理要求的最小采样频率，例如，取 $f_s=4\sim10f_{max}$。

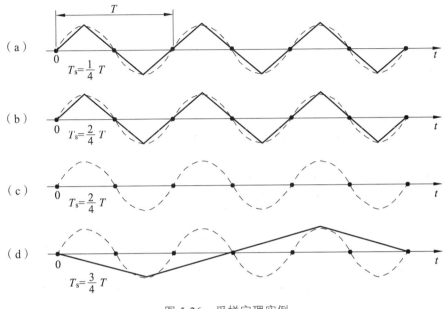

图 5-26　采样定理实例

2）离散傅里叶变换和动态信号的谱分析

傅里叶级数和傅里叶变换是实现动态信号时频变换的基本方法，是动态信号分析的基础。傅里叶级数复数形式的表达式为

$$c_k=\frac{1}{T}\int_{-\frac{T}{2}}^{\frac{T}{2}}x(t)\mathrm{e}^{-\mathrm{j}k\omega_0 t}\mathrm{d}t=\frac{1}{T}\int_0^T x(t)\mathrm{e}^{-\mathrm{j}k\frac{2\pi}{T}t}\mathrm{d}t \tag{5-53}$$

$$x(t)=\sum_{k=-\infty}^{\infty}c_k\mathrm{e}^{\mathrm{j}k\omega_0 t}=\sum_{k=-\infty}^{\infty}c_k\mathrm{e}^{\mathrm{j}k\frac{2\pi}{T}t} \tag{5-54}$$

采样得到的 $x(t)$ 为离散数字序列，设采样时间间隔为 Δt，式（5-53）的积分可写为

$$c_k=\frac{1}{N\Delta t}\sum_{l=0}^{N-1}x(l\Delta t)\mathrm{e}^{-\mathrm{j}k\frac{2l\pi}{N}}\Delta t=\frac{1}{N}\sum_{l=0}^{N-1}x_l\mathrm{e}^{-\mathrm{j}k\frac{2l\pi}{N}} \tag{5-55}$$

式（5-55）即为傅里叶级数正变换的离散表达式。注意到，$k=N$ 时：

$$\mathrm{e}^{-\mathrm{j}k\frac{2l\pi}{N}}=\mathrm{e}^{-\mathrm{j}2l\pi}=1$$

因此，必有 $C_{N+k}=C_k$。由于离散的原因，C_k 也变成周期性的了，每个周期中，只有 N 个 C_k。不难证明，N 个 C_k 中完全独立的只有 $N/2$ 个。由于总采样数 N、采样总长度 T 和采样频率 f_s 之间的关系为 $N=Tf_s$，不难推出采样定理另一种表达方式：当采样频率为 f_s 时，所能分析的信号的最高频率为 $f_s/2$。

傅里叶变换的原始定义为

$$X(\omega) = \int_{-\infty}^{\infty} x(t) \mathrm{e}^{\mathrm{j}\omega t} \mathrm{d}t, \ x(t) = \frac{1}{2\pi} \int_{-\infty}^{\infty} X(\omega) \mathrm{e}^{\mathrm{j}\omega t} \mathrm{d}\omega \tag{5-56}$$

从概念上讲，傅里叶变换与傅里叶级数的差别在于傅里叶变换的原信号 $x(t)$ 是连续的，其变换 $X(\omega)$ 所得的频谱也是连续的。但由于离散运算的原因，采样信号的傅里叶级数和傅里叶变换的表达式相同，均为式（5-55），将其写为与式（5-56）相对应的形式：

$$X_k = \frac{1}{N} \sum_{i=0}^{N-1} x_i \mathrm{e}^{-\mathrm{j}k\frac{2k\pi}{N}}, \ x_k = \sum_{i=0}^{N-1} x_i \mathrm{e}^{\mathrm{j}k\frac{2k\pi}{N}} \tag{5-57}$$

式（5-57）中的第一式为离散形式的傅里叶正变换，第二式为离散形式的傅里叶逆变换。

3）功率谱密度与自相关函数

对振动信号进行分析时，考虑测试误差和环境噪声影响，通常认为激励信号和响应信号都是不确定的信号，并将这种随时间变化的不确定信号用随机过程描述。因此，在信号分析中采用与随机过程有关的方法。

假设单自由度体系的随机激励 $f(t)$ 和随机响应 $x(t)$ 都是平稳随机过程，则其相关函数只与延时 r 有关，而与 t 无关。激励 $f(t)$ 的自相关函数定义为 $f(t)f(t+\tau)$ 的集总平均：

$$R_{\mathrm{ff}}(\tau) = E[x(t)x(t+\tau)] = \lim_{T \to \infty} \int_{-\frac{T}{2}}^{\frac{T}{2}} x(t)x(t+\tau)\mathrm{d}t \tag{5-58}$$

它是 τ 的实偶函数，$R_{\mathrm{ff}}(\tau) = R_{\mathrm{ff}}(-\tau)$，且在 $\tau = 0$ 处有最大值。

激励 $f(t)$ 与响应 $x(t)$ 的互相关函数定义为 $f(t)x(t+t)$ 的集总平均：

$$R_{fx}(\tau) = E\left[f(t)x(t+\tau)\right] \tag{5-59}$$

且 $R_{fx}(\tau) = R_{xf}(-\tau)$，它也是 τ 的实偶函数。

在电工学中，线路上的功率与电流的平方成正比。借用功率这个概念，任何实函数信号 $x(t)$ 的功率谱定义为

$$\overline{x}^{2} = \lim_{T \to \infty} \frac{1}{T} \int_{-T/2}^{T/2} x^2(t)\mathrm{d}t = \int_{-\infty}^{\infty} \lim_{T \to \infty} \frac{1}{T} X(f) X^*(f) \mathrm{d}f = \int_{-\infty}^{\infty} S_{XX}(f) \mathrm{d}f \tag{5-60}$$

式中

$$S_{XX}(f) = \lim_{T \to \infty} \frac{1}{T} X(f) X^*(f) \tag{5-61}$$

称为双边功率谱密度。若将式（5-58）的积分限改为 0→∞，则

$$\overline{x}^{2} = \int_{0}^{\infty} \lim_{T \to \infty} \frac{2}{T} X(f) X^*(f) \mathrm{d}f = \int_{0}^{\infty} G_{XX}(f) \mathrm{d}f \tag{5-62}$$

式中

$$G_{XX}(f) = \lim_{T \to \infty} \frac{2}{T} X(f) X^*(f) \tag{5-63}$$

称为单边功率谱密度。显然有 $G_{XX}(f) = 2S_{XX}(f)$ 和 $S_{XX}(f) = S_{XX}(-f)$。

在式（5-58）~（5-61）中，f 为频率，它与圆频率的关系为 $\omega = 2\pi f$；$X(f)$ 为信号 $x(t)$ 的傅里叶变换，为一复函数，$X^*(f)$ 是 $X(f)$ 的共轭函数。式（5-58）中，信号从时域 $x(t)$ 的积分变换到频域 $X(f)$ 的积分，直接利用了著名的 Parseval 恒等式。

在定义了功率谱密度函数后，从数学上可以证明，自相关函数的傅里叶变换就是功率谱密度函数：

$$S_{XX}(f) = \int_{-\infty}^{\infty} R_{XX}(\tau)\, e^{-j2\pi f\tau}\, d\tau \tag{5-64}$$

同样，由傅里叶变换的性质可知，功率谱密度函数的傅里叶逆变换就是自相关函数：

$$R_{XX}(\tau) = \int_{-\infty}^{\infty} S_{XX}(\tau)\, e^{j2\pi f\tau}\, df \tag{5-65}$$

式（5-64）、（5-65）的结果可以推广到互相关函数和互功率谱密度函数：

$$S_{fX}(f) = \int_{-\infty}^{\infty} R_{fX}(\tau)\, e^{-j2\pi f\tau}\, d\tau \tag{5-66}$$

$$R_{fX}(\tau) = \int_{-\infty}^{\infty} S_{fX}(f)\, e^{j2\pi f\tau}\, df \tag{5-67}$$

相关函数从时域内描述了信号的特性，并构成随机信号分析的基础。如图 5-27 所示，信号 $x(t) = X_0 \sin(\omega t + \theta)$，其自相关函数为

$$R_{XX}(\tau) = \frac{X_0^2}{2} \cos \omega\tau$$

又如信号 $x(t)$ 为限带白噪声，在频率低于 f_c 的范围内，信号的频率和幅值随机均匀分布，平均值为零；在频率高于 f_c 的范围内，信号的强度减弱为零。限带白噪声的自相关函数为

$$R_{XX}(\tau) = W f_c \frac{\sin 2\pi f_c \tau}{2\pi f_c \tau}$$

式中，W 为信号的功率谱密度，它在频域描述了信号的强度。从图 5-27 可知，正弦信号的自相关函数保留了信号的周期特征，其最大相关值周期性地出现，因此，有可能直接从自相关函数中发现信号的周期性成分。而白噪声的自相关函数随延时 τ 增加而迅速减小，说明信号的相关性很弱，也就是说根据以往的信号 $x(t-\tau)$ 不能推测当前的信号 $x(t)$。

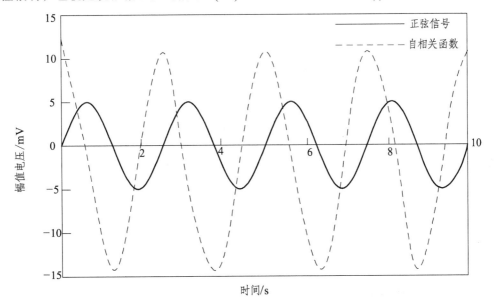

图 5-27 正弦信号及其自相关函数

此外，不难想象，正弦信号的功率谱密度集中在信号的周期（频率）处，其他频率点的功率谱密度为零，因为它不包含其他频率成分；而白噪声的功率谱密度为常数，它不随频率变化。

4）功率谱密度与频响函数

设振动体系的脉冲响应函数为 $h(t)$，在激励 $f(t)$ 作用下产生的响应为 $x(t)$，由杜哈美尔积分，可得

$$x(t) = \int_{-\infty}^{\infty} h(\tau) f(t-\tau) \mathrm{d}\tau$$

$f(t)$ 和 $x(t)$ 的互相关函数可表示为 $f(t)$ 的自相关函数和脉冲响应函数的卷积积分：

$$R_{fx}(f) = E[f(t)x(t+\tau)] = E\left[f(t) \int_{-\infty}^{\infty} h(\xi) f(t-\xi+\tau) \mathrm{d}\xi \right]$$

$$= \int_{-\infty}^{\infty} h(\xi) E[f(t)f(t-\xi+\tau)] \mathrm{d}\xi = \int_{-\infty}^{\infty} h(\xi) R_{ff}(\tau-\xi) \mathrm{d}\xi$$

再对上式两边做傅里叶变换，得

$$S_{fx}(f) = \int_{-\infty}^{\infty} \int_{-\infty}^{\infty} h(\xi) R_{ff}(\tau-\xi) \mathrm{d}\xi \mathrm{e}^{-\mathrm{j}2\pi f \tau} \mathrm{d}\tau$$

$$= \int_{-\infty}^{\infty} h(\xi) \mathrm{e}^{-\mathrm{j}2\pi f \xi} \mathrm{d}\xi \int_{-\infty}^{\infty} R_{ff}(\tau-\xi) \mathrm{e}^{-\mathrm{j}2\pi f(\tau-\xi)} \mathrm{d}(\tau-\xi) = H(f) S_{ff}(f)$$

由此，得到频响函数的表达式：

$$H(f) = \frac{S_{fx}(f)}{S_{ff}(f)} = \frac{G_{fx}(f)}{G_{ff}(f)} \tag{5-68}$$

利用离散的傅里叶变换，可对信号的自功率谱和互功率谱做出估计，从而得到频响函数的估计。

5.3.2　数据的测量

结构振动测试的第一步是获得被测结构的激励和响应的时域信号。根据不同的试验目的，时域信号的测量一般由以下环节组成：① 确定结构的支撑方式和边界条件；② 选择振动测试仪器设备；③ 安装传感器；④ 采集记录数据。

以下结合不同类型的振动试验讨论相关的测试技术。

1. 试件与传感器的安装

如前所述，结构试验分为原型结构试验和模型结构试验。对于原型结构试验，没有试件安装问题。如在实验室进行模型结构振动测试，试件的安装对测试结果可能产生很大的影响。试件安装方式一般可分为自由悬挂和强制固定两种。自由悬挂是将试件自由地悬挂于惯性空间，理论上试件应展现出纯刚体模态（固有频率为零）。试验中，通常采用橡胶绳悬挂试件，由于橡胶绳具有一定的刚度，试件不会出现零频率的刚体模态。但相应于准刚体模态（由橡胶绳的刚度确定）的固有频率可以明显低于试验感兴趣的最低阶结构固有频率，对试验结构动力特性影响很小。此外，将悬挂点设在结构振型的节点处，可进一步降低悬挂的影响。这种安装方式多用于小型结构或构件的模态试验。图 5-28 给出钢筋混凝土梁振动测试悬挂安装的一个实例，梁的长度为 6 m，质量为 750 kg。

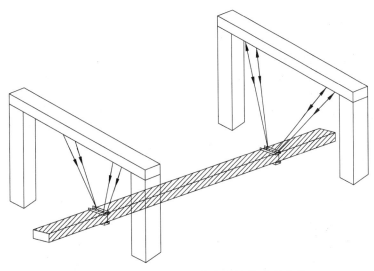

图 5-28　钢筋混凝土梁模态试验的悬挂安装

所谓强制固定安装方式，是将试件的某些部位用机械方式固定。从力学意义上讲，结构的边界条件可分为位移边界和力边界条件，固定安装是相对位移边界条件而言，最常见的实例是简支梁和一端固定的悬臂梁。在静载试验中，简支梁或悬臂梁的边界条件都可以与理论模型较好地吻合。而在结构振动测试中，将试件完全固定于惯性空间是很难做到的，因为所有支墩、底座、连接件，包括基础都不是绝对刚性的。这些部位的有限刚度将影响结构较高阶的模态特性。在土木工程结构试验中，被试结构的刚度和体积都可能比较大，很难采用自由悬挂安装方式。常规的做法是使支撑刚度尽可能大于被试结构的刚度，保证试验结构的低阶模态特性不受影响。也可以将试验结构和安装连接装置看成一个大的结构体系，采用系统识别的方法消除安装方式导致的影响。

图 5-29 给出压电式加速度传感器安装方式对测试频响范围的影响，这是取自丹麦 B&K 公司的产品说明。图中从上至下连接方式依次为钢螺栓、黄蜡、铰接螺栓、薄双面胶带、厚双面胶带和磁性安装座。由图 5-29 可知，不同的传感器安装方式对应了不同的频响特性。

这些连接方式均可用于在钢结构表面安装传感器，较方便的是磁性安装座和双面胶带。混凝土结构表面可能不平整，采用铰接螺栓也比较麻烦，可以先用高强度黏结剂在结构表面固定小钢板，再用磁座或双面胶带在小钢板上安装传感器。精确的振动测试还有可能受到电缆振动产生噪声的影响，传感器的导线也应仔细固定，如图 5-30 所示。

2. 激励方法的选择

根据试验目的和试验对象的不同，选择不同的激励方法。对于大型工程结构，例如特大跨径桥梁和高层建筑，通常采用环境激励，也称为脉动激励。结构所处的环境中，风、水流、附近行驶的车辆、人群的活动等因素，使结构以微小的振幅振动。对于这种环境的脉动，将其看作为宽频带的随机激励，可近似地用白噪声模型描述。利用响应信号的自功率谱和互功率谱密度函数，可以确定结构的固有频率和振型。采用环境激励进行振动测试时，为了保证采集的信号具有足够的代表性（平稳随机过程的各态历经性），信号采集需要一定的时间，并且每次采集响应信号时的环境条件应基本相同。

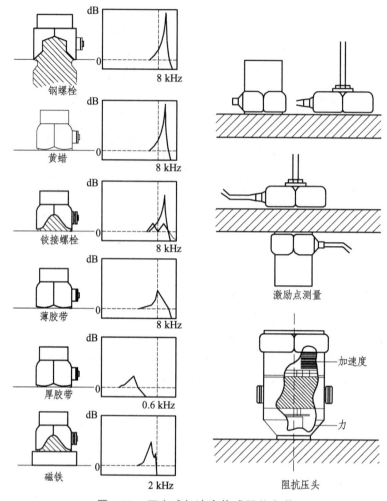

图 5-29 压电式加速度传感器的安装

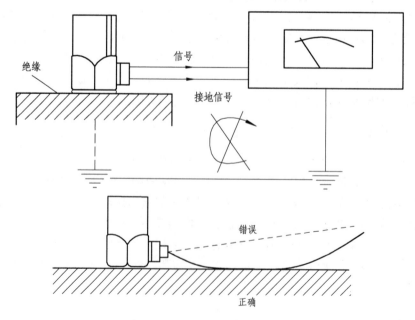

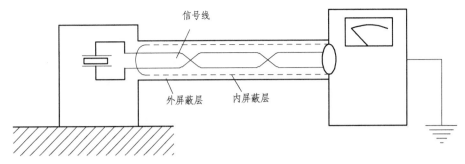

图 5-30　传感器的连接电缆

实验室内模型结构的振动测试，可以采用电液伺服试验设备对结构施加激励。电液伺服试验系统适合于低频范围内的大荷载激励，对电液伺服作动缸和试验结构的安装都有较严格的要求。电液伺服振动台可对其台面上的模型结构进行模拟地面加速度激励。大型电液伺服系统一般用于结构抗震试验，较少用于结构模态试验。

电动激振器是进行结构模态试验的标准设备之一。一般电动激振器带有一个较重的底座和支架，将其置于地面，对结构施加垂直方向、水平方向或其他方向的激振力，也可以用弹性绳悬挂于支架上，对结构施加激振力（见图 5-31）。电动激振器是对结构施加稳态激励的执行部件，它必须和信号发生器、功率放大器一起使用，如图 5-32 所示。

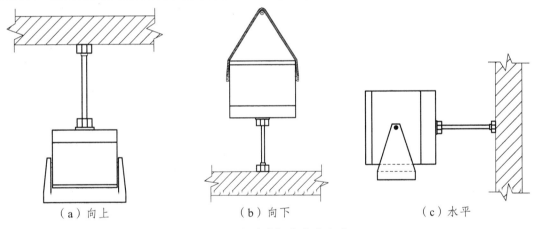

（a）向上　　　　　　（b）向下　　　　　　（c）水平

图 5-31　电动激振的安装方式

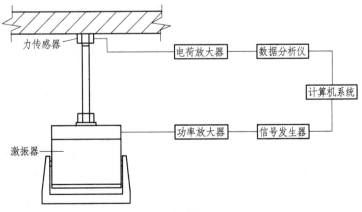

图 5-32　电动激振系统

在结构模态试验中，电动激振器常采用下列方法对结构施加激励并测量频响函数：

1）步进式正弦激励

这是一种经典的测量频响函数的方法。在预先选定的频率范围内设置足够数量的离散频率点，采用步进方式依次在这些频率点进行稳态正弦激励，得到离散频率点的频响函数。

2）慢速正弦扫描激励

在信号发生器上采用自动控制的方法，使激励信号频率在所关心的频率范围内，从低到高缓慢连续变化。在预备试验中，确定扫描的频率范围和扫描速度。由于激励信号频率变化，在理论上是不能得到稳态响应的，但在实际结构试验中，可以找到一个合适的扫描速度。由低频向高频扫描得到的频响函数与从高频向低频扫描得到的频响函数不同。一般认为，使两者误差最小的扫描速度就是使频响函数误差最小的速度。采用正弦扫描激励时，在结构共振频率处，由于阻抗匹配问题，激励信号的功率谱将出现明显下降。

3）快速正弦扫描激励

这种方法又称为线性调频脉冲，属于瞬态激励方法，具有宽频带激励能力。激励信号频率在数据采集的时段内从低到高或从高到低快速变化，扫描的频率可以线性变化，也可以按指数或对数规律变化。快速扫描过程应在相同条件下周期性地重复，通过平均消除误差。快速扫频方法得到的频响函数具有良好的信噪比和峰值特性，但可能产生非线性失真。在试验中，应注意适当选择扫描速度和时窗长度，保证在时窗内有足够的时间衰减自由振动。

4）随机激励

按照随机过程论，随机激励信号是非确定性信号。在结构振动测试中，随机激励分为纯随机激励、伪随机激励和周期随机激励 3 种情况。其中，纯随机激励信号由一个数字化的随机信号发生器产生，随机信号发生器的随机信号来自专用电子元件的电子噪声；利用计算机软件作为信号发生器，伪随机激励信号由计算机程序产生，来源于计算机程序中的伪随机数；周期随机激励综合了纯随机和伪随机的特点，它由很多段互不相关的伪随机信号组成。

比较而言，纯随机信号来自电子噪声，使用中通过多次平均可以消除干扰和非线性影响，但每次采样长度有限，导致所谓信号泄漏。伪随机信号是计算机产生的有限长度随机序列，其频谐由离散傅里叶变换频率增量的整数倍频率组成，在采样时窗内是一周期信号，它不会产生信号泄漏，但不能消除非线性影响。

周期随机信号的频谱也是由离散频率构成，这些频率等于离散傅里叶变换所用频率分辨率的整数倍。利用随机数字信号发生器，周期随机信号程序产生一个幅值和相位都随机变化的信号，用这个信号序列重复激励结构直到结构瞬态响应结束，然后再开始下一个周期的随机激励。各个周期的随机信号是完全不相关的，也就是说，是纯随机的。在每个周期 T 内，完全相同的信号重复三次，不同周期内，信号完全无关。

除上述激励方式外，利用专门的信号发生设备和控制器，还可进行猝发快扫或猝发随机激励。

力锤激励输入的信号是一种瞬态的确定性信号。每次力锤冲击产生一个脉冲，脉冲持续时间只占采样周期的很小的一部分。锤击脉冲的形状、幅值和宽度决定了激励力的功率谱密度的频率特性。完全理想的脉冲信号具有无限宽的频带，因此，当脉冲幅值相同时，脉冲持续时间越短，其功率谱密度的分布频带越宽；反过来，脉冲幅值相同而持续时间越长时，其功率谱密度的分布频带越窄，激励在低频段对结构输入的能量越大。

采用力锤激励最大的优点是操作方便，简单快速，泄漏也可以减少到最小，但要求操作熟练。此外，力锤信号的信噪比较差，对放大器过载和结构非线性比较敏感。理想的输入应当是一个窄的脉冲，其后的信号为零。而实际上脉冲结束后的噪声在整个采样周期内都存在，噪声总能量可与脉冲能量具有相同的数量级。因此，必须采用加窗的办法将这些噪声消除。锤击激振的另一个不足之处是输入能量有限，对大型工程结构，往往因能量不足导致距锤击点较远处的响应很小，信噪比低，实际上锤击法很难激发大型结构的整体振动。

对于大型建筑结构的整体结构动载试验，可采用偏心式激振器对结构施加激励，将激振器安装在结构的顶层施加水平方向的激励。对于大型梁板构件，一般采用垂直激励，激励方式为步进式正弦扫描或慢速正弦扫描。

3. 传感器标定与校准

振动测试所用的传感器主要包括位移、速度、加速度和力传感器。通常，应采用高精度的标准传感器在标准环境下标定振动试验中所用的传感器。但常规的结构实验室一般没有配备各种规格和各种类型的高精度标准传感器。在普通结构振动测试中，可以降低精度要求进行传感器的标定。其中，绝对位移传感器可采用与静态位移传感器相同的方法标定。例如，采用经计量标定的百分表在静态或准静态条件下标定绝对式动态位移传感器，并假定动态位移幅值与静态位移幅值具有相同的精度。再用绝对式动态位移传感器校准相对式传感器。这样校准的传感器精度虽然不高，但可以满足大多数结构试验的要求。

对于加速度传感器，专业校准更加难以在结构实验室完成。除传感器制造厂商提供了传感器的性能指标外，振动测试时，大多采用简易方法进行加速度传感器的校准。简易标定仪实际上是一个频率单一的激振器，可以用 50 Hz 的频率精确地产生 10 m/s^2 的峰值加速度，假设传感器的频响函数在整个有用频带上是平坦的，利用这一个点的标定即可确定传感器的灵敏度。还有一种采用类似原理的手持式简易加速度传感器标定仪在实际测试中也得到广泛使用。

5.4 工程结构疲劳试验

5.4.1 结构疲劳试验概述

工程结构中存在着许多疲劳现象，如桥梁、吊车梁、直接承受悬挂吊车作用的屋架和其他主要承受重复荷载作用的构件等，其特点都是受重复荷载作用。这些结构物或构件在重复荷载作用下达到破坏时的强度比其静力强度要低得多，这种现象称为疲劳。结构疲劳试验的目的就是要了解在重复荷载作用下结构的性能及其变化规律。

疲劳问题涉及的范围比较广，对某一种结构物而言，它包含材料的疲劳和结构构件的疲劳，如钢筋混凝土结构中有钢筋的疲劳、混凝土的疲劳和组成构件的疲劳等。目前疲劳理论研究工作正不断发展，疲劳试验也因目的要求不同而采取不同的方法。这方面国内外试验研究资料很多，但目前尚无标准化的统一试验方法。

近年来，国内外对结构构件——特别是钢筋混凝土构件的疲劳性能的研究比较重视，其原因有以下几点：

（1）普遍采用极限强度设计和高强材料，以致许多结构构件处于高应力状态下工作。

（2）正在扩大钢筋混凝土构件在各种重复荷载作用下的应用范围，如吊车梁、桥梁、轨枕、海洋石油平台、压力机架、压力容器，等等。

（3）使用荷载作用下采用允许截面受拉开裂设计。

（4）为使重复荷载作用下构件具有良好的使用性能，改进设计方法，防止重复荷载导致过大的垂直裂纹和提前出现斜裂缝。

疲劳试验一般均在专门的结构疲劳试验机上进行，如结构构件大部分采用脉冲千斤顶施加重复荷载，也有采用偏心轮式振动设备。目前，国内对疲劳试验还是采取对构件施加等幅匀速脉动荷载，借以模拟结构构件在使用阶段不断反复加载和卸载的受力状态，其作用如图5-33所示。

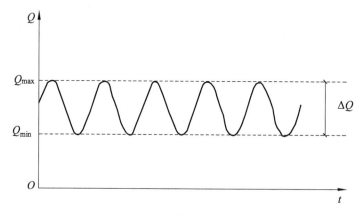

图 5-33　疲劳试验荷载简图

5.4.2　疲劳试验项目

对于鉴定性疲劳试验，在控制疲劳次数内，应取得如下数据，同时满足现行设计规范要求。

（1）抗裂性及开裂荷载。

（2）裂缝宽度及其发展。

（3）最大挠度及其变化幅度。

（4）疲劳强度及其疲劳寿命。

对于科研性的疲劳试验可根据研究目的来确定试验项目。如果是正截面的疲劳性能试验，应包括以下试验项目：

（1）各阶段截面的应力分布状况，中和轴变化规律。

（2）抗裂性及开裂荷载。

（3）裂缝宽度、长度、间距及其发展。

（4）最大挠度及其变化规律。

（5）疲劳强度的确定。

（6）破坏特征分析。

5.4.3 疲劳试验荷载

1. 疲劳试验荷载取值

疲劳试验的上限 Q_{max} 是根据构件在最大标准荷载、最不利组合下产生的弯矩计算而得到的，荷载下限则根据疲劳试验设备的要求而定。

2. 疲劳试验荷载速度

疲劳试验荷载在单位时间内重复作用的次数（即荷载频率）会影响材料塑性变形和徐变。另外，频率过高时对疲劳试验附属设施带来的问题也较多。目前国内外尚无统一的频率规定，主要按疲劳试验机的性能而定。

荷载频率不应使构件及荷载架发生共振，同时应使构件在试验时与实际工作时的受力状态一致。为此，荷载频率 θ 与构件固有频率 ω 之比应满足以下关系：

$$\frac{\theta}{\omega} < 0.5 \text{ 或 } \frac{\theta}{\omega} > 1.3 \tag{5-69}$$

3. 疲劳试验的控制次数

构件经受下列控制次数的疲劳荷载作用后，抗裂性（即裂缝宽度）、刚度、强度必须满足现行规范中的有关规定。

中级工作制吊车梁：$n = 2 \times 10^6$ 次。

重级工作制吊车梁：$n = 4 \times 10^6$ 次。

5.4.4 疲劳试验步骤

构件疲劳试验可归纳为以下几个步骤：

1. 疲劳试验前预加静载试验

对构件施加不大于上限荷载20%的预加静载 1~2 次，消除松动及接触不良，压牢构件并使仪表运转正常。

2. 正式疲劳试验

第一步：先做疲劳前的静载试验，其目的是对比构件经受反复荷载后受力性能有何变化。荷载分级加到疲劳上限荷载，每级荷载可取上限荷载的20%，临近开裂荷载时应适当加密。第一条裂缝出现后仍以20%的荷载施加，每级荷载加完后停歇 10~15 min，记录读数。加满后分两次或一次卸载，也可采取等变形加载法。

第二步：进行疲劳试验。首先调节疲劳试验机上、下限荷载，待示值稳定后读取第一次动荷载读数。以后每隔一定次数（30万~50万次）读取数据。根据要求可在疲劳过程中进行静载试验（方法同上），完毕后重新启动疲劳机继续进行疲劳试验。

第三步：做破坏试验。达到要求的疲劳次数后进行破坏试验有两种情况：一种是继续施加疲劳荷载直至破坏，得到承受疲劳荷载的次数；另一种是做静载破坏试验，方法同前。荷载分级可以加大，疲劳试验的步骤如图 5-34 所示。

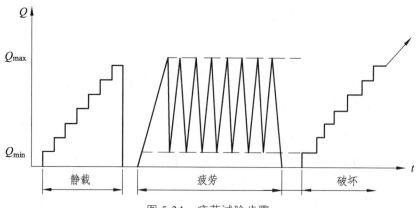

图 5-34 疲劳试验步骤

应该注意的是，不是所有疲劳试验都采用相同的试验步骤，随试验目的和疲劳要求的不同可有多种多样，如带裂缝的疲劳试验，静载可不分级缓慢地加到第一条可见裂缝出现为止，然后开始做疲劳试验，如图 5-35 所示；或者在疲劳试验过程中变更荷载上限，如图 5-36 所示。提高疲劳荷载的上限，可以在达到要求疲劳次数之前，也可以在达到要求疲劳次数之后。

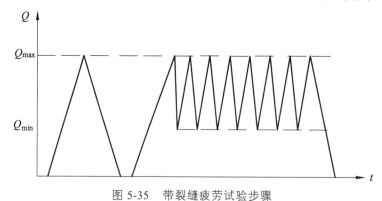

图 5-35 带裂缝疲劳试验步骤

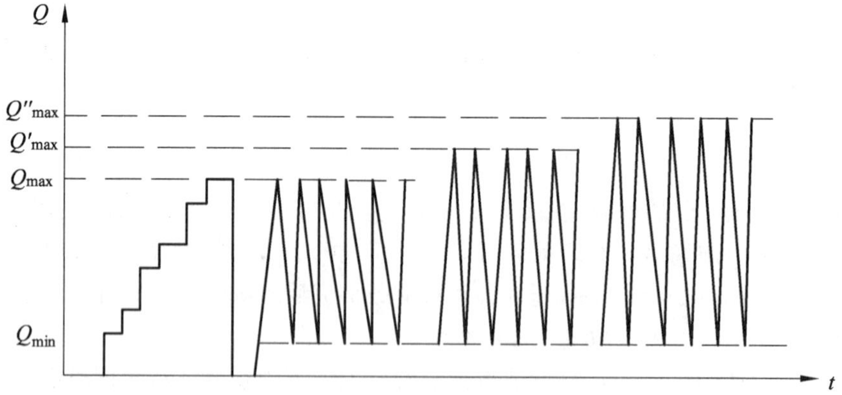

图 5-36 变更荷载上限的疲劳试验

5.4.5 疲劳试验的观测

1. 疲劳强度

构件所能承受疲劳荷载作用的次数 n，取决于最大应力值 σ_{max}（或最大荷载 Q_{max}）及应力

变化幅度 ρ（或荷载变化幅度）。试验应按设计要求取最大应力值 σ_{max} 及疲劳应力比值 $\rho= \sigma_{max}/\sigma_{min}$。依据此条件进行疲劳试验，在控制疲劳次数内，构件的强度、刚度、抗裂性应满足现行规范要求。

当进行科研性疲劳试验时，构件以疲劳极限强度和疲劳极限荷载作为最大的疲劳承载能力。构件达到疲劳破坏时的荷载上限值为疲劳极限荷载。构件达到疲劳破坏时的应力最大值为疲劳极限强度。为了得到给定 ρ 值条件下的疲劳极限强度和疲劳极限荷载，一般采取的办法是：根据构件实际承载能力，取最大应力值 σ_{max} 做疲劳试验，求得疲劳破坏时荷载作用次数 n，从 σ_{max} 与 n 双对数直线关系中求得控制疲劳极限强度，作为标准疲劳强度。它的统计值作为设计验算时疲劳强度取值的基本依据。

2. 疲劳试验的应变测量

一般采用电阻应变片测量动应变，测点布置依试验具体要求而定。测试方法有：① 以动态电阻应变仪和记录器（如光线示波器）组成测量系统，这种方法的缺点是测点数量少；② 用静动态电阻应变仪和阴极射线示波器或光线示波器组成测量系统，这种方法简便且具有一定精度，可多点测量。

3. 疲劳试验的裂缝测量

由于裂缝的开始出现和微裂缝的宽度对构件安全使用具有重要意义，因此，裂缝测量在疲劳试验中是重要的，目前测裂缝的方法还是利用光学仪器目测或利用应变传感器电测裂缝。

4. 疲劳试验的挠度测量

疲劳试验中动挠度测量可采用接触式测振仪、差动变压器式位移计和电阻应变式位移传感器等，如国产 CW-20 型差动变压器式位移计（量程 20 mm）配合 YJD-1 型动态应变仪和光线示波器组成测量系统，可进行多点测量，并能直接读出最大荷载和最小荷载下的动挠度。

5.4.6　疲劳试验试件安装

构件的疲劳试验不同于静载试验，它连续进行的时间长，试验过程振动大，因此试件的安装就位以及相配合的安全措施均需认真对待，否则将会产生严重后果。具体安装时应注意以下问题：

（1）严格对中。荷载架上的分布梁、脉冲千斤顶、试验构件、支座以及中间垫板都要对中。特别是千斤顶轴心一定要同构件断面纵轴在一条直线上。

（2）保持平稳。疲劳试验的基座最好是可调的，这样即使构件不够平直也能调整安装水平。另外千斤顶与试件之间、底座与支座之间、构件与支座之间都要找平，用砂浆找平时不宜铺厚，因为厚砂浆层易裂。

（3）安全防护。疲劳破坏通常是脆性断裂，事先没有明显预兆。为防止发生事故，对人身安全、仪器安全均应特别注意。

现行的疲劳试验都是采取实验室常幅疲劳试验方法，即疲劳强度是以一定的最小值和最大值重复荷载试验结果而确定。实际上结构构件是承受变化的重复荷载作用，随着测试技术的不断进步，常幅度疲劳试验将被符合实际情况的变幅疲劳试验所代替。

另外，疲劳试验结果的离散性是众所周知的。即使在同一应力水平下的许多相同试件，它们的疲劳强度也有显著的变异。而材料的不均匀性（如混凝土）和材料静力强度的提高（如高强钢材）更加大了变异。因此，对于试验结果的处理，大都采用数理统计的方法进行分析。

各国结构设计规范对构件在多次重复荷载作用下的疲劳设计都有提出原则要求，而无详细的计算方法，有些国家则在其他文件中加以补充规定。目前，我国正在积极开展结构疲劳的研究工作，结构疲劳试验的试验技术、试验方法也在相应地迅速发展。

5.5　工程结构风洞试验

风是由强大的热气流形成的空气动力现象，其特性主要表现在风速和风向。而风速和风向随时都在变化，风速有平均风速和瞬时风速之分，瞬时风速最大可达到 60 m/s 以上，对建筑物将产生很大的破坏力。我国将风力划分为 12 个等级，6 级以上的大风就要考虑风荷载对建筑物的影响。我国沿海地区的建筑物也经常遭受到强台风的袭击，特别是近十几年来兴建的超高层建筑物和大型桥梁经常遭受强台风的袭击，造成房屋倒塌和人员伤亡。因此，很多专家学者致力于工程结构的抗风研究，并通过实测试验了解作用在工程结构上的风力特性。

要了解作用在工程结构上的风力特性，多数需要通过实测试验才能得到，实测试验由于在现场自然条件下进行，包括位移风压分布和建筑物的振动参数的测定。实测试验通常选定常有强风发生的地区和有代表性的建筑物，需要应用各种类型的仪器综合配套，同时测出结构顶部的瞬时风速、风向、建筑物表面的风压，以及建筑物在风力作用下的位移、应力和振动特性等物理量。然后，对大量实测数据进行综合分析，得出不同等级风力对建筑作用的影响程度，为结构的抗风设计提供依据。

由于实测试验要等待有强风的情况下才能测量，耗时很长，一般要一年左右，而且需要大量的人力、物力和财力，难度较大。科学家们为了系统地研究风力对各种结构的作用，除了实测试验之外，还采用缩小模型或相似模型在专门的试验装置内模拟风力试验，即风洞试验。

在多层房屋和工业厂房结构设计中，房屋的风载体形系数就是根据大量的风洞试验归纳总结出来的。目前超大跨径的桥梁、大跨度屋盖结构和超高层建筑等新型结构体系等常用风洞试验确定与风荷载有关的设计参数。

5.5.1　工程结构缩尺模型的风洞试验

风洞试验装置是一种能够产生和控制气流，以模拟建筑或桥梁等结构物周围的空气流动，并可量测气流对结构的作用，以及观察有关物理现象的一种管状空气动力学试验设备。

为适应各种不同结构形式的风洞试验，风洞的构造形式和尺寸也各不相同。日本土木研究所拥有世界上最大的单回路铅直回流形式的风洞实验室，风洞尺寸为：宽 41 m、高 4 m、长 30 m，如图 5-37 所示，由 36 台直径 1.8 m 的送风机组成。根据研究的需要，风洞可以产生各种形式的强风，主要适用于大型桥梁的缩小模型风洞试验。日本多多罗大桥（世界最大斜拉桥，主跨 880 m）和日本明石海峡大桥（世界最长悬索桥，主跨 1 990 m）建造前都进行了风环境缩尺模型风洞试验。

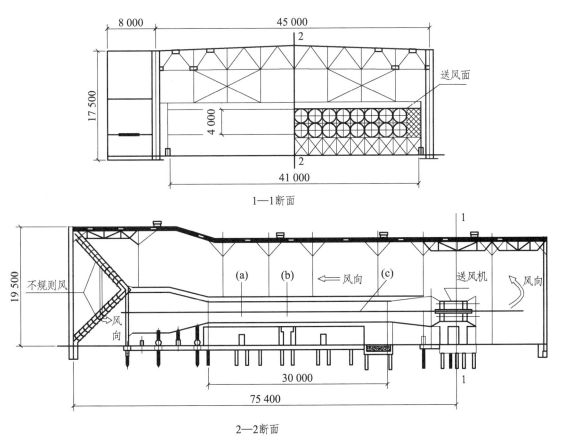

1—1断面

2—2断面

（a）——一般气流试验位置；（b）—斜风试验位置；（c）—不规则风试验位置。

图 5-37　大型风洞试验设施构成（单位：mm）

　　我国同济大学风洞试验室拥有三座大、中、小配套的边界层风洞设施，其中 TJ-3 型试验风洞尺寸为宽 15 m、高 2 m、长 14 m。该风洞试验装置分别进行了上海国际金融大厦模型风洞试验和南京长江二桥南汊桥缩尺模型风洞试验。此外，浙江大学、哈尔滨工业大学、大连理工大学和汕头大学等也分别建成了风洞实验室。

5.5.2　风洞试验量测系统

　　结构风洞试验模型可分为钝体模型和气弹模型两种。其中，钝体模型主要用于研究风荷载作用下，结构表面各个位置的风压，气弹模型则主要用于研究风致振动以及相关的空气动力学现象。风洞试验主要的测试项目如下：

　　（1）不同形式的风和不同风速作用下结构的应力、位移、变形等。

　　（2）不同形式的风和不同风速作用下结构的动力特性。

第6章 结构静载试验

6.1 概　述

工程结构的主要职能是承受结构的直接作用，因此，研究结构承受直接静载作用的状况是结构试验与分析的主要目的。在结构直接作用中，经常起主导作用的是静力荷载。因此，结构静载试验成为结构试验中最基本和最大量的试验。例如，对结构的强度、刚度及稳定等问题的试验研究，就常常只做静载试验。当然，相对动载试验而言，结构静载试验所需的技术与设备也比较简单，容易实现，这也是静载试验被经常应用的原因之一。

结构静载试验是用物理力学方法，测定和研究结构在静荷载作用下的反应，分析、判定结构的工作状态与受力情况。根据试验观测时间长短不同，又分为短期试验与长期试验。为了尽快取得试验成果，通常多采用短期试验。但短期试验存在荷载作用与变形发展的时间效应问题。例如，混凝土与预应力混凝土结构的徐变和预应力损失、裂缝开展等，时间效应比较明显，有时按试验目的就需要进行长期试验观测。

结构静载试验方法，人类很早就加以应用，并揭示了许多结构受力的奥秘，有效地促进了结构理论的发展与结构形式的创新。在科学技术迅猛发展的今天，尽管各种各样的结构分析方法不断涌现，动载试验也被置于越来越突出的位置，但静载试验分析方法在结构研究、设计和施工中仍起着主导作用，成为基准试验。

大型振动台的出现，无疑给结构抗震试验提供了一个有效手段。振动台能提供结构比较接近实际的震害现象与数据，但振动台试验存在很多局限性，如台面承载力小、试验费用高、技术比较复杂等。低周反复试验（又称拟静力试验）和计算机-电液伺服联机试验（又称拟动力试验）方法，相对于振动台试验比较简单，耗资较小，加载器出力也较大，可以对许多足尺结构或大模型进行静力和抗震性能试验。目前国内外大多数规范的抗震条文都是以这种试验结果为依据的。但就其方法的实质来说，仍为静载试验。因此，静载试验方法不仅能为结构静力分析提供依据，同时也可为某些动力分析提供间接依据。此外，这种试验不仅促进了静载试验方法的不断发展与完善，而且试验设备、量测仪表、试验方法、数据采集与处理技术等方面也有长足进步。因而静载试验是结构试验的基本方法，是结构试验的基础。

结构静载试验项目是多种多样的，其中最大量、最基本的试验是单调加载静力试验。单调加载静力试验是指在短时间内对试验对象平稳地一次连续施加荷载，荷载从"零"开始一直加到结构构件破坏，或在短时期内平稳地施加若干次预定的重复荷载后，再连续增加荷载直到结构构件破坏。

单调加载静力试验主要用于研究结构承受静荷载作用下构件的承载力、刚度、抗裂性等基本性能和破坏机制。土木工程结构中大量的基本构件试验主要是承受拉、压、弯、剪、扭等最基本作用的梁、板、柱和砌体等系列构件。通过单调加载静力试验可以研究各种基本作用单独或组合作用下构件的荷载和变形的关系。对于混凝土构件尚有荷载与开裂的相关关系及反映结构构件变形与时间关系的徐变问题。对于钢结构构件则还有局部或整体失稳问题。对于框架、屋架、壳体、折板、网架、桥梁、涵洞等由若干基本构件组成的扩大构件，在实际工程中除了有必要研究与基本构件相类似的问题外，还有构件间相互作用的次应力、内力重分布等问题。对于整体结构通过单调加载静力试验能揭示结构空间工作、整体刚度、非承重构件和某些薄弱环节对结构整体工作的影响等方面的某些规律。

6.2 加载与量测方案的设计

6.2.1 加载方案

确定加载方案是比较复杂的问题，涉及的技术因素很多。试件的结构形式、荷载的作用图式、加载设备的类型、加载制度的技术要求、场地的大小以及试验经费等都会影响加载方案的确定。一般要求是，在满足试验目的的前提下，尽可能做到试验技术合理、财政开支经济和安全试验。

1. 试验的荷载图式

单调加载静力试验是工程结构静载试验的典型代表，其荷载按作用形式分有集中荷载和分布荷载；按荷载作用方向分有垂直荷载、水平荷载和任意方向荷载，有单向作用和双向作用反复荷载等。荷载设计是根据试验目的的不同，要求在试验时能正确地在试件上呈现上述荷载。

试验荷载在试件上的布置形式称为加载图式。一般要求加载图式与理论计算简图相一致。但是，由于条件限制，无法实现或者为了加载的方便而采用不同于计算所规定的荷载图式时，可根据试验的目的和要求，采用与计算简图等效的荷载图式。

等效荷载是指加在试件上，使试件产生的内力图形与计算简图相近、控制截面的内力值相等的荷载。如图 6-1（a）所示的简支梁，要测定内力 M_{max} 与 V_{max}，因受加载条件限制，无法用均布荷载施加至破坏，必须采用集中荷载。若按图 6-1（b）二分点一集中荷载加载形式，则 V_{max} 虽相同，但 M_{max} 不相等；采用图 6-1（d）的八分点四集中荷载加载方法，效果则更趋近理论要求。集中荷载点越多，结果越接近理论计算简图。可见，要用四分点二集中荷载以上的偶数集中荷载加载形式，才是本例的等效荷载。

采用等效荷载时必须注意，除控制截面的某个效应与理论计算相同外，该截面的其他效应和非控制截面的效应，则可能有差别，所以必须全面验算因荷载图式改变对试验结构构造的各种影响；必须特别注意结构构造条件是否会因最大内力区域的某些变化而影响承载性能，对杆件不等强的结构，尤其要细加分析和验算，采用有效的等效荷载形式，如可采用增加集中荷载个数的形式来消除或减小这些影响。对关系明确的影响，试验结果则可以加以修正，否则不宜采用等效荷载形式。

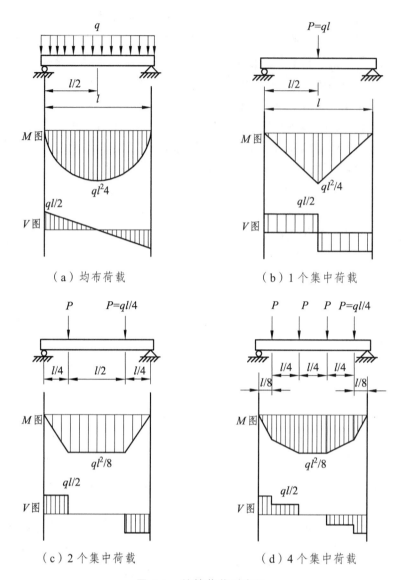

（a）均布荷载   （b）1 个集中荷载

（c）2 个集中荷载   （d）4 个集中荷载

图 6-1　等效荷载示意图

  当采用一种加载图式不能反映试验要求的几种极限状态时，应采用几种不同的加载图式分别在几个截面上进行。例如，梁的试验不仅要做正截面抗弯承载力极限状态试验，还要求进行斜截面抗剪承载力极限状态试验。若只采用一种加载图式，往往因一种极限状态首先破坏，而另一种极限状态不能得到反映。一般情况下，一个试件上只允许用一种加载图式。只有对第一种加载图式试验后的构件采取补强措施，并确保对第二种加载图式的试验结果不带来任何影响时，才可在同一试件上先后进行两种不同加载图式的试验。

2. 试验荷载制度

  荷载种类和荷载图式确定后，还要按一定的程序加载。加载程序可以有多种，根据试验的目的和要求不同而选择，一般结构试验的加载程序分预加载、标准荷载和破坏荷载三个阶段。图 6-2 所示为一种典型的静载试验加载程序。对非破坏性试验只加至标准荷载即正常使用荷载，试验后的试件还可以使用。对破坏性试验，当加载到标准荷载后，不卸载即直接进入破坏阶段试验。

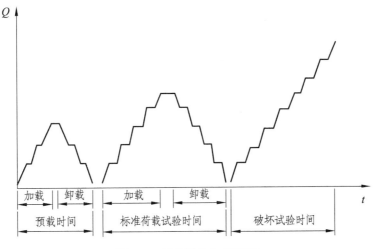

图 6-2　静载试验加载程序

1）预加载

在试验前对试件进行预加载，其目的如下：

（1）使试件各部分接触良好，进入正常工作状态。经过若干次预加载，使荷载与变形关系趋于稳定。

（2）检查全部试验装置是否可靠。

（3）检查全部测试仪器仪表是否工作正常。

（4）检查全体试验人员的工作情况，使他们熟悉自己的任务和职责以保证试验工作顺利进行。

预载一般分三级进行，每级取标准荷载的20%，然后分 2~3 级卸完。对于混凝土试件，预载值不宜超过开裂荷载值的70%。

2）正式加载

（1）荷载分级。荷载分级的目的，一方面是控制加载速度，另一方面是便于观察结构变形，为读取各类试验数据提供必要的时间。

一般的结构试验，荷载分级如下：

① 标准荷载前，每级加载值不应大于标准荷载（含自重）的20%，分五级加至标准荷载。

② 标准荷载后，每级加载值不宜大于标准荷载的10%。

③ 当荷载加至计算破坏荷载的90%后，每级应取不大于标准荷载的5%，直至试件破坏。

④ 对于混凝土试件，加载至计算开裂荷载的90%后，每级取不大于标准荷载的5%，直至试件开裂，然后按②、③加载。

柱子试验一般按计算破坏荷载的 1/10~1/15 分级，接近开裂和破坏荷载时，应减至原来的 1/3~1/2 施加。

砌体抗压试验，对不需要测变形的试件，按预期破坏荷载的10%分级，每级 1~1.5 min 内加完，恒载 1~2 min。加至预期破坏荷载的80%后，不分级直接加载至破坏。

为了使试件在荷载作用下的变形得到充分发挥和达到基本稳定，同时观察试件在荷载作用时的各种变形，每级荷载加完后应有一定的持续时间，钢结构一般不少于 10 min；钢筋混凝土结构应不少于 15 min。

应该注意，同一试件上各加载点，每一级荷载都应当按统一比例增加，保持同步。如果按一定比例还需要施加垂直和水平荷载时，由于搁置在试件上的试验设备重量已作为部分第一级荷载，因此，试验开始时首先应施加与试件自重成比例的水平荷载，然后再按规定的比例同步施加竖向和水平荷载。

（2）满载时间。对需要进行变形和裂缝宽度试验的结构，在标准短期荷载作用下的持续时间，对钢结构和钢筋混凝土结构不应少于 30 min；木结构不应少于 30 min 的 2 倍，拱或砌体为 30 min 的 6 倍；对预应力混凝土构件，满载 30 min 后加至开裂，在开裂荷载下再持续 30 min（检验性构件不受此限）。

对于采用新材料、新工艺、新结构形式的结构构件以及跨度较大（大于 12 m）的屋架、桁架等结构构件，为了确保使用期间的安全，要求在使用状态短期试验荷载作用下的持续时间不宜少于 12 h，在这段时间内变形继续不断增长而无稳定趋势时，还应延长持续时间直至变形发展稳定为止。如果荷载达到开裂试验荷载计算值时，试验结构已经出现裂缝，则开裂试验荷载可不必持续作用。

（3）空载时间。受载结构卸载后到下一次重新开始受载之间的间歇时间称为空载时间。空载对于研究性试验是非常必要的，因为观测结构经受荷载作用后的残余变形和变形的恢复情况均可说明结构的工作性能。要使残余变形得到充分发展，需要有相当长的空载时间，有关试验标准规定：对于一般的钢筋混凝土结构，空载时间取 45 min；对于较重要的结构构件和跨度大于 12 m 的结构取 18 h（即为满载时间的 1.5 倍）；对于钢结构不应少于 30 min。为了了解变形恢复过程，必须在空载期间定期观察和记录变形值。

3）卸载

凡间断性加载试验，或仅做刚度、抗裂和裂缝宽度检验的结构与构件，以及测定残余变形的试验及预载之后，均须卸载，使结构、构件有恢复弹性变形的时间。卸载一般可按加载级距，也可放大 1 倍级距进行，或直接分 2 次卸完。

6.2.2 量测方案

1. 确定量测项目

静荷载试验的基本量测内容如下：

（1）结构的最大挠度和扭转变位，包括桥梁上、下游两侧的挠度差及水平位移等。

（2）结构控制截面最大应力（或应变），包括混凝土表面应力和最外缘钢筋应力等。

（3）支点沉降、墩台位移与转角、活动支座的变位等。

（4）桁架结构支点附近杆件及其他细长杆件的稳定性。

（5）裂缝的出现和扩展，包括初始裂缝的出现，裂缝的宽度、长度、间距、位置、方向和形状，以及卸载后的闭合状况。

（6）温度变化对结构控制截面测点应力和变位的影响。

根据桥梁调查和测算的深度，综合考虑结构特点和桥梁技术现状等，可适当增加以下观测内容：

（1）桥跨结构挠度沿桥长或沿控制截面桥宽的分布。

（2）结构构件控制截面应变分布图，要求沿截面高度分布不少于 5 个应变测试点，包括最边缘和截面突变处的测点。

（3）控制截面的挠度、应力（或应变）的纵向和横向影响线。

（4）行车道板跨中和支点截面挠度或应变影响面。

（5）组合构件的结合面上、下缘应变。

（6）支点附近结构斜截面的主拉应力。

（7）控制断面的横向应力增大系数。

2. 测点的选择和布置

静载试验的测点布设应满足分析和推断结构工作状况最低的需要，测点的布设不宜过多，但要保证观测质量。主要测点的布设应能控制结构最大应力（应变）和最大挠度（位移）。对重要的测点宜采用两种测试方法校对量测值。

1）挠度测点的布置

一般情况下，对挠度测点的布设要求能够测量结构的竖向挠度、侧向位移和扭转变形，应能给出受检跨及相邻跨的挠曲线和最大挠度。每跨一般需布设 3~5 个测点。挠度测试结果应考虑支点下沉修正，应观测支座下沉量、墩台的沉降、水平位移与转角、连拱桥多个墩台的水平位移等。对于整体式梁桥，一般对称于桥轴线布置，截面设单测点时，布置在桥轴线上；对于多梁式桥，可在每梁底布置一个或两个测点。有时为了验证计算理论，需要实测控制截面挠度的纵向和横向影响线。对较宽的桥梁或偏载应取上下游平均值或分析扭转效应。

2）结构应变测点的布设

应力应变测点的布设应测出内力控制截面沿竖向、横向的应力分布状态。对组合构件应测出组合构件的结合面上下缘应变。梁的每个截面的竖向测点沿截面高度应不少于 5 个测点，包括上、下缘和截面突变处，应能说明平截面假定是否成立。横向截面抗弯应变测点应布设在截面横桥向应力可能分布较大的部位，沿截面上下缘布设，横桥向布设一般不少于 3 处，以控制最大应力的分布，宽翼缘构件应能给出剪力滞效应的大小。对于箱形断面，顶板和底板测点应布设"十"字应变花，而腹板测点应布设 45°应变花，T 形断面下翼缘可用单向应变片。

此外，一般还应实测控制断面的横向应力增大系数。当结构横向联系构件质量较差、联结较弱时，则必须测定控制断面的横向应力增大系数。简支梁跨中截面横向应力增大系数的测定，既可采用观测跨中沿桥宽方向应变变化的方法，也可采用观测跨中沿桥宽方向挠度变化的方法来进行计算，或用两种方法互相校验。

3）混凝土结构应变测点的布设

对于预应力混凝土结构，应变测点可用长标距（5 mm × 150 mm）应变片构成应变花贴在混凝土表面，面对部分预应力或钢筋混凝土结构，受拉区则应用小标距应变片测受拉钢筋的拉应变，可凿开混凝土保护层直接在钢筋上设置拉应力测点，但在试验完后必须修复保护层。

当采用测定混凝土表面应变的方法来确定钢筋混凝土结构中钢筋承受的拉力时，考虑到混凝土表面已经和可能产生的裂缝对观测的影响，可用测定与钢筋同高度的混凝土表面上一定间距的两点间的平均应变来确定钢筋的拉应力。选择这两点的位置时，应使其标距大致等于裂缝的间距或裂缝间距的倍数。可以根据结构受力后的三种情况进行选择。

（1）预计混凝上加载后不会产生裂缝情况时，可以任意选择测点位置及标距，但标距不应小于4倍混凝土最大粒径。

（2）加载前未产生裂缝，加载后可能产生裂缝的情况时，如图6-3（a）所示，选择相连的20 cm、30 cm两个标距。当加载后产生裂缝时可分别选用20 cm、30 cm或20 cm+30 cm标距的测点读数来适应裂缝间距。

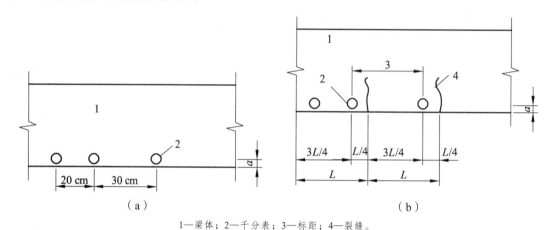

1—梁体；2—千分表；3—标距；4—裂缝。

图6-3　混凝土结构应变测点布置示意图

（3）加载前已经产生裂缝，为避免加载后产生新裂缝的影响，可根据裂缝间距选择测点位置及间距。图6-3（b）为用手持式应变仪时的测点布置图。为提高测试精度，也可增大标距，跨越两条以上的裂缝，但测点在裂缝间的相对位置仍应不变。

4）剪切应变测点的布设

对于剪切应变测点，一般采取设置应变花的方法进行观测。为方便起见，对于梁桥的切应力也可在截面中性轴处主应力方向设置单一应变测点来进行观测。梁桥的实际最大切应力截面应设置在支座附近而不是支座上。具体位置：从梁底支座中心起向跨中作与水平线成45°斜线，此斜线与截面中性轴高度线的交点即为梁最大切应力位置。可在这一点沿最大压应力或最大拉应力方向设置应变测点，距支座最近的加载点则应设置在45°斜线与桥面的交点上。

5）温度测点的布设

在与大多数测点较接近的部位设置1~2处气温观测点。此外，根据需要可在结构主要控制截面布置结构温度测点，以观测结构温度变化对测点应力和变位的影响。布设于结构上的温度测点应能反映结构温度的内外表面差异、向阳与背阴面差异、迎风面与背风面差异以及上面与下面的差异。

6）常用桥梁的主要测点布置

主要测点的布设应能控制结构的最大应力（应变）和最大挠度（或位移），测点的布设不宜过多，但要保证观测质量。几种常用桥梁体系的主要测点布设如下：

（1）简支梁桥：跨中挠度，支点沉降，跨中截面应变。

（2）连续梁桥：跨中挠度，支点沉降，跨中和支点截面应变。

（3）悬臂梁桥：悬臂端部挠度，支点沉降，支点截面应变。

（4）拱桥：跨中与 $L/4$ 处挠度，拱顶、$L/4$ 和拱脚截面应变。

挠度观测测点一般布置在桥中轴线位置。截面抗弯应变测点应设置在截面横桥向应力可能分布较大的部位，沿截面上下缘布设，横桥向测点设置一般不少于 3 处，以控制最大应力的分布。

根据桥梁调查和检查工作的深度，综合考虑结构特点和桥梁状况等按需要加设测点。

3. 仪器的选择与测读原则

1）位移的量测

一般的梁、板、拱、桁架结构的位移测定，主要是指挠度及其变形曲线的测定。

挠度的测试断面，一般在 1/2 跨、1/4 跨、1/8 跨、3/4 跨、7/8 跨等位置布设测点，以便能测出挠度变形的特征曲线。对梁或板宽大于或等于 100 cm 的构件，应考虑在横截面两侧都布设测点，测值取两侧仪表读数的平均值。为了求得最大挠度值以及其变形特征曲线，测试中要设法消除支座沉降的影响。

常用的位移测量的仪器和仪表有各种类型的挠度计、百分表、位移传感器等。

在工程结构设计中的荷载横向分布系数，往往是以测定桥梁横断面各梁（或梁肋）挠度的方法推算出来的。具体做法是在特征断面（跨中或 1/4 跨断面），所有梁或梁肋布点测挠度，然后经过简单的数据处理，即可得到该断面的荷载横向分布特征值。

2）应变的量测

试验结构的断面内力（弯矩、轴力、剪力、扭矩）和断面应力分布，一般都是通过应变测定来反映的，所以，应变值的正确测定是非常重要的。

应变的测量分为以下两种情况：

（1）已知工程结构主应力方向。

对承受轴力的结构，如桁架中的杆件，测点应在平行于结构轴线的两个侧面，每处不少于两点。对承受弯矩和轴力共同作用的结构，如拱式结构的拱圈等，应在弯矩最大的位置处，平行轴线的两侧布点，每处不少于 4 点。对承受弯矩作用的结构，如梁式结构，应在弯矩最大的位置处，沿截面上、下边缘布点或沿侧面梁高方向布点，每处不少于 2 点。

（2）未知工程结构的主应力方向。

在受弯构件中正应力和切应力共同作用的区域、截面形状不规则或者有突变的位置，这些部位的主应力、切应力的大小和方向都是未知的。当测定这些部位的平面应力状态时，一般按 x-y 坐标系均匀布点，每点按 3 个方向布设成一个应变花形式，再按此测出的应变确定主应力的大小和方向。

应变测试常用的仪器和仪表有千分表、杠杆引申仪、手持应变仪、电阻应变仪等。

3）裂缝的观测

对于钢筋混凝土梁，加载后受拉区及时发现第一条裂缝是十分重要的。测定裂缝的仪器和仪表有刻度放大镜、塞尺、应变计、电阻应变仪等。

刻度放大镜可用来测定混凝土裂缝的宽度。最小刻度值为 0.01 ~ 0.1 mm，量程为 3 ~ 8 mm。使用时将放大镜的物镜对准需测定的裂缝，经过目测即可读出裂缝的宽度。

塞尺的用途是测定混凝土裂缝的深度，它由一些不同厚度的薄钢片组成。按裂缝宽度选择合适的塞尺厚度并插入裂缝中，根据塞尺插入的深度即可测得裂缝的深度。

用应变测量仪测量裂缝的出现或开裂荷载时，应在结构内力最大的受拉区，沿受力主筋方向连续布置电阻应变片或应变计，连续布置的长度不小于 2~3 个计算的裂缝间距或不小于 30 倍的主筋直径。在裂缝没有出现前，仪表的读数是有规律的：若在某级荷载作用下开裂，则跨越裂缝的仪表读数骤增，而相邻的其他仪表读数很小或出现负值。

在每级荷载作用下出现的裂缝或原有裂缝的开展，都要在结构上标明，用软铅笔在离裂缝 1~3 mm 处平行地描出裂缝的走向、长度和宽度，并注明荷载吨位。试验结束时，根据结构上的裂缝，绘出裂缝展开图。

加载过程应对结构控制点位移（或应变）、结构整体行为或薄弱部位破损实行监控，并随时向指挥人员汇报。要随时将控制点实测数值与计算结果进行比较，如实测值超过计算值较多，应暂停加载，查明原因后再决定是否继续加载。加载过程中应指定人员随时观察结构各部位（尤其是薄弱部位）可能产生的新裂缝，结构是否产生不正常的响声，加载时墩台是否发生摇晃现象等，如有这些情况应及时报告试验指挥人员，以便采取相应的措施。

加载试验中裂缝观测的重点是结构承受拉力较大部位及原有裂缝较长、较宽的部位。在这些部位应量测裂缝长度、宽度，并在混凝土表面沿裂缝走向进行描绘。加载过程中观测裂缝长度及宽度的变化情况，可直接在混凝土表面进行描绘记录，也可采用专门的表格记录。加载至最不利荷载及卸载后应对结构裂缝进行全面检查，尤其应仔细检查是否产生新的裂缝，并将最后检查情况填入裂缝观测记录表。

6.3 常见结构构件静载试验

6.3.1 受弯构件的试验

1. 试件的安装和加载方法

单向板和梁是典型的受弯构件，也是土木工程中的基本承重构件。预制板和梁等受弯构件一般都是简支的，在试验安装时多采用正位试验，其一端采用铰支承，另一端采用滚动支承。为了保证构件与支承面的紧密接触，在支墩与钢板、钢板与构件之间应用砂浆找平，对于板一类宽度较大的试件，要防止支承面产生翘曲。

构件试验时的荷载方式应符合设计规定和实际受载情况。为了试验加载的方便或因受加载条件限制时，可以采用等效加载方式，使试验构件的内力图形与实际内力图形相等或接近，并使两者最大受力截面的内力值相等。

板一般承受均布荷载，试验加载时应将荷载施加均匀。梁所受的荷载较大，当施加集中荷载时可以用杠杆重力加载，更多的则采用液压加载器通过分配梁加载，或用液压加载系统控制多台加载器直接加载。对于吊车梁的试验，由于主要荷载是吊车轮压所产生的集中荷载，试验加载图式要按抗弯抗剪最不利的组合来决定集中荷载的作用位置分别进行试验。

在受弯构件试验中经常利用几个集中荷载来代替均布荷载。如能采用四个集中荷载来加载试验，则会得到更为满意的结果[见图 6-1（d）]。采用等效荷载试验能较好地满足弯矩 M 与剪力 V 值的等效，但试件的变形（刚度）不一定满足等效条件，应考虑修正。

2. 试验项目和测点布置

钢筋混凝土梁板构件的生产鉴定性试验一般只测定构件的承载力、抗裂度和各级荷载作用下的挠度及裂缝开展情况。对于科学研究性试验，除了承载力、抗裂度、挠度和裂缝观测外，还需测量构件某些部位的应变，以分析构件中应力的分布规律。

1) 挠度的测量

梁的挠度值是量测数据中最能反映其综合性能的一项指标，其中最主要的是测定梁跨中最大挠度值 f_{max} 及弹性挠度曲线。

为了求得梁的真正挠度 f_{max}，试验者必须注意支座沉陷的影响。对于图 6-4（a）所示的梁，试验时由于荷载的作用，其两个端点处支座常常会有沉陷，以致使梁产生刚性位移。因此，如果跨中的挠度是相对地面进行测定的话，则同时还必须测定梁两端支承面相对同一地面的沉陷值，所以最少要布置三个测点。

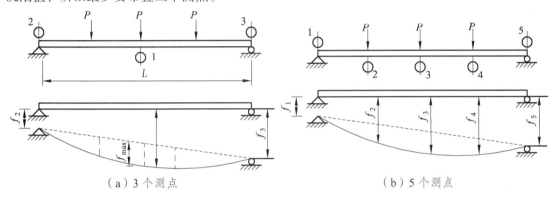

（a）3 个测点　　　　　　　　　　　　　　（b）5 个测点

图 6-4　梁的挠度测点布置

值得注意的是，支座下的巨大作用力可能或多或少地引起周围地基的局部沉陷，因此，安装仪器的挠度测量表架必须距支座墩子有一定距离。只有在永久性的钢筋混凝土台座上进行试验时，上述地基沉陷才可以不予考虑。但此时两端部的测点可以测量梁端相对于支座的压缩变形，从而可以比较准确地测得梁跨中的最大挠度 f_{max}。

对于跨度较大（大于 6 000 mm）的梁，为了保证量测结果的可靠性，并求得梁在变形后的弹性挠度曲线，测点应增加至 5~7 个，并沿梁的跨间对称布置，如图 6-4（b）所示。对于宽度较大的（大于 600 mm）梁，必要时应考虑在截面的两侧布置测点，所需仪器的数量也就需要增加一倍，此时各截面的挠度取两侧仪器读数的平均值。

如欲测定梁平面外的水平挠曲，可按上述同样原则进行布点。

对于宽度较大的单向板，一般均需在板宽的两侧布点，当有纵肋的情况下，挠度测点可按测量梁挠度的原则布置于肋下。对于肋形板的局部挠曲，则可相对于板肋进行测定。

对于预应力混凝土受弯构件，量测结构整体变形时，尚需考虑构件在预应力作用下的反拱值。

2) 应变测量

梁是受弯构件，试验时要量测由于弯曲产生的应变，一般在梁承受正负弯矩最大的截面或弯矩有突变的截面上布置测点。对于变截面梁，有时也需在截面突变处设置测点。

如果只要求测量弯矩引起的最大应力，则只需在截面上下边缘纤维处安装应变计即可。

为了减少误差，上下纤维上的仪表应设在梁截面的对称轴上，如图 6-5（a）所示，或是在对称轴的两侧各设一个仪表，取其平均应变量。

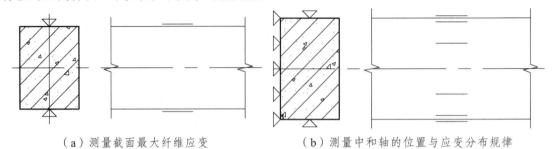

（a）测量截面最大纤维应变　　　　　（b）测量中和轴的位置与应变分布规律

图 6-5　测量梁截面应变分布的测点布置

对于钢筋混凝土梁，由于材料的非弹性性质，梁截面上的应力分布往往是不规则的。为了求得截面上应力分布的规律和确定中和轴的位置，就需要增加一定数量的应变测点，一般情况下沿截面高度至少需要布置五个测点，如果梁的截面高度较大时，尚需增加测点数量。测点越多，则中和轴位置确定越准确，截面上应力分布的规律也越清楚。应变测点沿截面高度的布置可以是等距的，也可以是不等距而外密里疏，以便比较准确地测得截面上较大的应变，如图 6-5（b）所示。

（1）纯弯曲区域应力测量。在梁的纯弯曲区域内，梁截面上仅有正应力，在该处截面上可仅布置单向的应变测点，如图 6-6 截面 I—I 所示。

钢筋混凝土梁受拉区混凝土开裂以后，此时布置在混凝土受拉区的电阻应变计将丧失其量测的作用。为了进一步考察截面的受拉性能，常常在受拉区的钢筋上也布置测点以便量测钢筋的应变，由此可获得梁截面上内力重分布的规律。

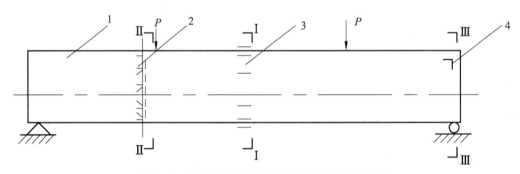

1—试件；2—切应力与主应力的应变网络测点（平面应变）；
3—纯弯曲区域内正应力的单向应变测点；4—梁端零应力区及校核点。

图 6-6　钢筋混凝土梁测量应变的测点布置

注：截面 I—I——测量纯弯曲区域内正应力的单向应变测点；截面 II—II——测量切应力与主应力的应变网络测点（平面应变）；截面 III—III——测量梁端零应力区校核测点。

（2）平面应力测量。在荷载作用下的梁截面（见图 6-6）II—II 上既有弯矩作用，又有剪力作用，为平面应力状态。为了求得该截面上的最大主应力及切应力的分布规律，需要布置直角应变网络，通过三个方向上应变的测定，求得最大主应力的数值及作用方向。

抗剪测点应设在切应力较大的部位。对于薄壁截面的简支梁，除支座附近的中和轴处切应力较大外，还可能在腹板与翼线的交接处产生较大的切应力或主应力，这些部位宜布设测点。当要求测量梁沿长度方向的切应力或主应力的变化规律时，则在梁长度方向宜分布较多的切应力测点。有时为测定沿截面高度方向切应力的变化，需沿截面高度方向设置测点。

（3）钢箍和弯筋的应力测量。对于钢筋混凝土梁来说，为研究梁斜截面的抗剪机理，除了混凝土表面需要布置测点外，通常在梁的弯起钢筋或箍筋上布置应力测点，如图6-7所示。这里较多的是用预埋或试件表面开槽的方法来解决设点的问题。

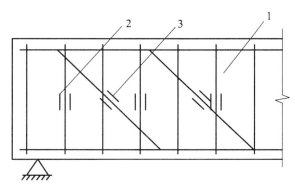

1—试件；2—箍筋应力测点；3—弯起钢筋上的应力测点。

图 6-7　混凝土梁弯起钢筋和箍筋的应力测点

（4）翼缘与孔边应力测量。对于翼缘较宽较薄的 T 形梁，其翼缘部分受力不一定均匀，以致不能全部参加工作，这时应该沿翼缘宽度布置测点，测定翼缘上应力分布情况，如图6-8所示。

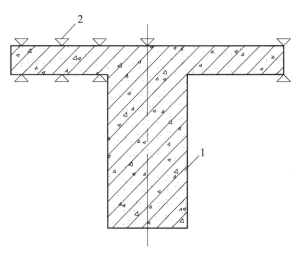

1—试件；2—翼缘上应变测点。

图 6-8　T 形梁翼缘的应变测点布置

（5）校核测点。为了校核试验的正确性及便于整理试验结果时进行误差修正，经常在梁的端部凸角上的零应力处设置少量测点，以检验整个量测过程是否正确，如图6-6截面Ⅲ—Ⅲ所示。

3）裂缝测量

裂缝测量主要包括测定开裂荷载、裂缝位置、裂缝宽度和深度，以及描述裂缝的发展和分布。

在钢筋混凝土梁试验时，经常需要测定其抗裂性能，因此要在估计裂缝可能出现的截面或区域内，沿裂缝的垂直方向连续地或交替地布置测点，以便准确地控制开裂。对于混凝土构件，主要是控制弯矩最大的受拉区及剪力较大且靠近支座部位的斜截面开裂。

一般垂直裂缝产生在弯矩最大的受拉区段，在这一区段连续设置测点，如图6-9所示。这时选用手持式应变仪测量最为方便，各点间的间距按选用仪器的标距决定。如果采用其他类型的应变仪（如千分表、杠杆应变仪或电阻应变计），由于各仪器的不连续性，为防止裂缝正好出现在两个仪器的间隙内，通常将仪器交错布置。当裂缝未出现前，仪器的读数是逐渐变化的；如果构件在某级荷载作用下开始开裂，则跨越裂缝测点的仪器读数将会有较大的跃变，此时相邻测点仪器读数可能变小，有时甚至会出现负值。图6-10给出的梁的荷载应变曲线表明：4号和5号测点产生突然转折的现象，4号测点的应变减小，而5号测点的应变增加，表明5号测点处混凝土已经开裂。至于裂缝的宽度，则可根据裂缝出现前后5号测点两级荷载间读数差值来计算。

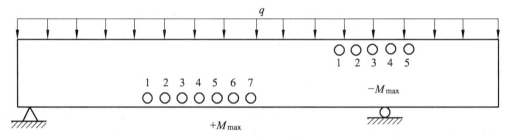

1~7—混凝土应变片测点。

图6-9　混凝土受拉区抗裂测点布置图

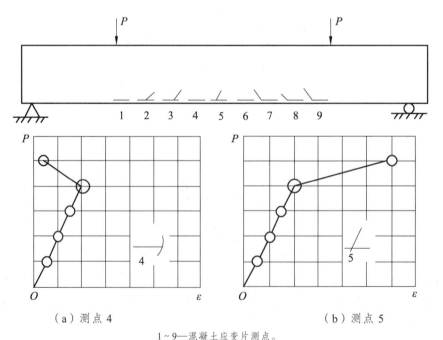

（a）测点4　　　　　　　　（b）测点5

1~9—混凝土应变片测点。

图6-10　荷载-应变曲线

当裂缝用肉眼可见时，其宽度可用最小刻度为 0.01 mm 及 0.05 mm 的读数放大镜测量。

斜截面上的主拉应力裂缝，经常出现在剪力较大的区段内。对于箱形截面或工字形截面的梁，由于腹板很薄，则在腹板的中和轴或腹板与翼缘相交接的位置上常是主拉应力较大的部位，因此在这些部位可以设置观察裂缝的测点，如图 6-10 所示。由于混凝土梁的斜裂缝约与水平轴成 45°的角度，则仪器标距方向应与裂缝方向垂直，如图 6-11（a）所示。有时为了进行分析，在测定斜裂缝的同时，也可同时设置测量主应力或剪应力的应变网络，如图 6-11（b）所示。

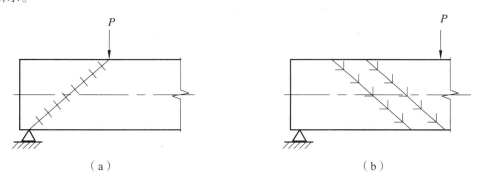

（a）   （b）

图 6-11   混凝土斜截面裂缝测点布置

每一构件中测定裂缝宽度的裂缝数目一般不少于 3 条，包括第一条出现的裂缝以及开裂最大的裂缝。凡测量宽度的裂缝部位应在试件上标明并编号，各级荷载下的裂缝宽度数据应记在相应的记录表格上。

每级荷载下出现的裂缝均须在试件上标明，即在裂缝的尾端注出荷载级别或荷载数量。以后每加一级荷载后裂缝长度扩展，需在裂缝新的尾端注明相应荷载。由于卸载后裂缝可能闭合，所以应紧靠裂缝的边缘 1~3 mm 处平行画出裂缝的位置走向。

试验完毕后，根据上述标注在试件上的裂缝，绘出裂缝展开图。

6.3.2   受压构件的试验

受压构件（包括轴心受压和偏心受压构件）是工程结构中的基本承重构件，柱是最常见的受压构件。

1. 试件安装和加载方法

受压试验可以采用正位或卧位试验的安装加载方案。有大型结构试验机条件时，试件可在长柱试验机上进行试验，也可以利用静力试验台座上的大型荷载支承设备和液压加载系统配合进行试验。但对高大的柱子正位试验时安装和观测均较费力，这时改用卧位试验方案则比较安全，但安装就位和加载装置往往又比较复杂，同时在试验中要考虑卧位时结构自重所产生的影响。

在进行柱与压杆纵向弯曲系数的试验时，构件两端均应采用比较灵活的可动铰支座形式，一般采用构造简单、效果较好的刀口支座。如果构件在两个方向有可能产生屈曲时，应采用双刀口形的铰支座，也可采用圆球形铰支座，但制作比较困难。

中心受压柱安装时一般先对构件进行几何对中，将构件轴线对准作用力的中心线。几何对中后再进行物理对中，即加载达20%～40%的试验荷载时，测量构件中央截面两侧或四个面的应变，并调整作用力的轴线，以达到各点应变均匀为止。对于偏压试件，也应在物理对中后，沿加力中线量出偏心距离，再把加载点移至偏心距的位置上进行加载。对钢筋混凝土结构，由于材质的不均匀性，物理对中一般比较难以满足，因此实际试验中仅需保证几何对中即可。

2. 试验项目和测点设置

压杆与柱的试验一般观测其破坏荷载、各级荷载下的侧向挠度值及变形曲线、控制截面或区域的应力变化规律以及裂缝开展情况。图6-12所示为偏心受压短柱试验时的测点布置。试件的挠度由布置在受拉边的百分表或挠度计进行量测，与受弯构件相似，除了量测中点最大挠度值外，可用侧向五点布置法量测挠度曲线。对于正位试验的长柱其侧向变位可用经纬仪观测。

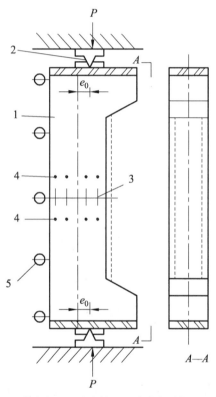

1—试件；2—铰支座；3—应变计；4—应变仪测点；5—挠度计。

图6-12　偏压短柱试验测点布置

受压区边缘布置应变测点，可以单排布点于试件侧面的对称轴线上或在受压区截面的边缘两排对称布点。为验证构件平截面变形的性质，沿压样截面高度布置5～7个应变测点。受拉区钢筋应变同样可以用内部电测方法进行。

为了研究偏心受压构件的实际压区应力图形，可以利用环氧水泥-铝板测力块组成的测力板进行直接测定，如图6-13所示。测力板用环氧水泥块模拟有规律的"石子"组成。它由4个测力块和8个填块用1:1水泥砂浆嵌缝做成，尺寸为100 mm×100 mm×20 mm。测力块是由厚度为 1 mm 的 H 形铝板浇筑在掺有硅砂的环氧水泥中制成，尺寸为 22 mm×25 mm×30 mm，事先在 H 形铝板的两侧粘贴 2 mm×6 mm 规格的应变计两片，相距 13 mm，焊好引出线。填充块的尺寸、材料与制作方法与测力块相同，但内部无应变计。

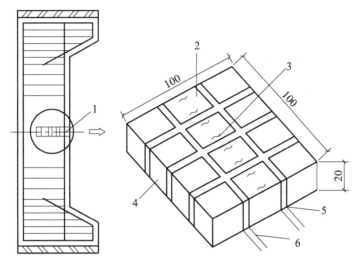

1—测力板；2—测力块；3—贴有应变计的铝板；4—填充块；5—水泥砂浆；6—应变计引出线。

图 6-13　测量区压应力图形的测力板（单位：mm）

测力板先在 100 mm×100 mm×300 mm 的轴心受压棱柱体中进行加载标定，得出每个测力块的应力-应变关系，然后从标定试件中取出，将其重新浇筑在偏压试件内部，测量中部截面压区应力分布图形。

6.3.3　屋架试验

桁架、拱架、屋架等结构是建筑工程中常见的一种承重结构形式。其特点是跨度较大，但只能在自身平面内承受荷载，而平面外刚度很小。在建筑物中要依靠侧向支撑体系相互联系，形成足够的空间刚度。屋架主要承受作用于节点的集中荷载，因此大部分杆件受轴力作用。当屋架上弦有节间荷载作用时，上弦杆受压弯作用。对于跨度较大的屋架，下弦一般采用预应力拉杆，因而屋架在施工阶段就必须考虑到试验的要求，配合预应力施工张拉进行量测。

1. 试件的安装和加载方法

屋架试验一般采用正位试验，即在正常安装位置情况下支承及加载。由于屋架平面外刚度较弱，安装时必须采取专门措施，设置侧向支撑，以保证屋架上弦的侧向稳定；侧向支撑的位置应根据设计要求确定，支撑点的间距应不大于上弦杆平面外的设计计算长度，同时侧向支撑应不妨碍屋架在其平面内的竖向位移。

图 6-14（a）所示是一般采用的屋架侧向支撑方式。支撑立柱可以用刚性很大的荷载支承架或者在立柱安装后用拉杆与试验台座固定。支撑立柱与屋架上弦杆之间设置轴承，以便于屋架受载后能在竖向自由变位。

图 6-14（b）所示是另一种设置侧向支撑的方法。其水平支撑杆应有适当长度，并能够承受一定压力，保证屋架能竖向自由变位。

当屋架进行非破坏性试验时，也可采用两榀屋架同时进行试验的方案，这时平面稳定问题可用图 6-14（c）所示的 K 形水平支撑体系来解决。当然也可以用大型屋面板做水平支撑，但要注意不能将屋面板三个角焊死，防止屋面板参加工作。成对屋架试验时可以在屋架上铺设屋面板后直接堆放重物。

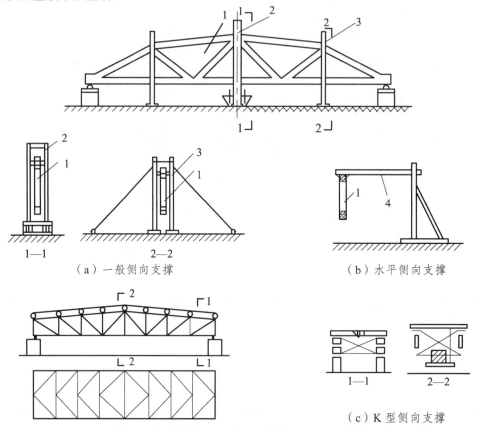

（a）一般侧向支撑　　　　　　　　　　　　（b）水平侧向支撑

（c）K 型侧向支撑

1—试件；2—荷载支撑架；3—拉杆式支撑架；4—水平支撑杆。

图 6-14　屋架试验的侧向支撑

屋架试验时支承方式与梁试验相同，但屋架端节点支承中心线的位置对屋架节点局部受力影响较大，应特别注意。由于屋架受载后下弦变形伸长较大，以致滚动支座的水平位移往往较大，所以支座上的支承垫板应留有充分余地。

屋架试验的加载方式可以采用重力直接加载（当两榀屋架成对正位试验时），由于屋架大多是在节点承受集中荷载，一般借助杠杆重力加载。为使屋架对称受力，施加杠杆吊篮应使相邻节点荷载相间地悬挂在屋架受载平面前后两侧。由于屋架受载后的挠度较大（特别当下弦钢筋应力达到屈服时），因此在安装和试验过程中应特别注意，以免杠杆倾斜太大产生对屋架的水平推力和吊篮着地而影响试验的继续进行。在屋架试验中由于施加多点集中荷载，所以采用同步液压加载是最理想的方案，但也需要液压加载器活塞有足够的有效行程，适应结构挠度变形的需要。

当屋架的试验荷载不能与设计图式相符时，同样可以采用等效荷载的原则代替，但应使需要试验的主要受力构件或部位的内力接近设计情况，并应注意荷载改变后可能引起的局部影响，防止产生局部破坏。近年来由于同步异荷液压加载系统的研制成功，对于屋架试验中加几组不同集中荷载的要求，已经可以实现。

有些屋架有时还需要做半跨荷载的试验，这时对于某些杆件可能比全跨荷载作用时更为不利。

2. 试验项目和测点布置

屋架试验测试的内容，应根据试验要求及结构形式而定。对于常用的各种预应力钢筋混凝土屋架试验，一般试验量测的项目有：① 屋架上下弦杆挠度变形的测定；② 屋架的抗裂度及裂缝的测定；③ 屋架承载能力的测定；④ 屋架主要杆件控制截面应力的测定；⑤ 屋架节点的变形及节点刚度对屋架杆件次应力影响程度的测定；⑥ 屋架端节点的主应力及其方位、切应力的测定；⑦ 预应力钢筋张拉应力和相关部位混凝土预应力的测定；⑧ 屋架下弦预应力钢筋对屋架的反拱作用的测定；⑨ 预应力锚头工作性能的测定；⑩ 屋架吊装时控制杆件性能的测定。

上述项目中有的在屋架施工过程中即应进行测量，如预应力钢筋的张拉应力及其对混凝土的预压应力值、预应力反拱值、锚头工作性能等，这就要求试验根据预应力施工工艺的特点做出周密的考虑，以期获得比较完整的数据来分析屋架的实际工作。

1）屋架挠度和节点位移的测量

屋架跨度较大，测量其挠度的测点宜适当增加。当屋架只承受节点荷载时，测定上下弦挠度的测点只需布置在相应的节点之下；对于跨度较大的屋架，其弦杆的节间往往很大，在荷载作用下可能使弦杆承受局部弯曲，此时还应测量该杆件中点相对其两端节点的最大位移。当屋架的挠度值较大时，需用大量程的挠度计或者用米厘纸制成标尺通过水准仪进行观测。与测量梁的挠度一样，必须注意到支座的沉陷与局部受压引起的变位。如果需要量测屋架端节点的水平位移及屋架上弦平面外的侧向水平位移，这些都可以通过水平方向的百分表或挠度计进行量测。图 6-15 所示为挠度测点布置。

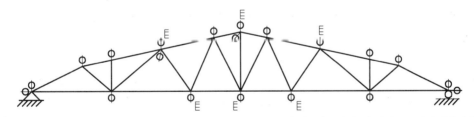

Φ—测量屋架上、下弦节点挠度及端节点水平位移的百分表或挠度计；φ—测量屋架上弦平面外水平位移的百分表或挠度计；E—钢尺或米厘纸尺，当挠度或变位较大以及拆除挠度计后用以量测挠度。

图 6-15 屋架试验挠度测点布置

2）屋架杆件内力测量

当研究屋架实际工作性能时，常常需要了解屋架杆件的受力情况，因此要求在屋架杆件上布置应变测点来确定杆件的内力值。一般情况，在一个截面上引起法向应力的内力最多是 3 个，即轴向力 N，弯矩 M_x、M_y。对于薄壁杆件则可能有 4 个，即增加扭矩。

分析内力时，一般只考虑结构的弹性工作。这时，在一个截面上布置的应变测点数量只要等于未知内力数，就可以用材料力学的公式求出全部未知内力数值。应变测点在杆件截面上的布置位置如图 6-16 所示。

一般钢筋混凝土屋架上弦杆直接承受的荷载，除轴向力外，还可能有弯矩作用，属压弯构件，截面内力主要由轴向力 N 和弯矩 M 组成。为了测量这两项内力，如图 6-16（b）所示，在截面对称轴上下纤维处各布置一个测点。屋架下弦主要为轴力 N 作用，一般只需在杆件表面布置一个测点，但为了便于核对和使所测结果更为精确，如图 6-16（a）所示，经常在截面的中和轴位置上成对布置测点，取其平均值计算内力 N。屋架的腹杆，主要承受轴力作用，布点可与下弦一样。

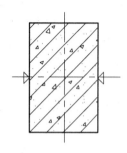
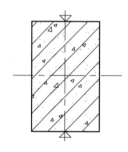
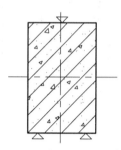

（a）只有轴力 N 作用　　（b）有轴力 N 和弯矩 M_x 作用　　（c）有轴力 N 和弯矩 M_x、M_y 作用

图 6-16　屋架杆件截面上应变测点布置方式

如果用电阻应变计测量弹性均质杆件或钢筋混凝土杆件开裂前的内力，除了可按上述方法求得全部内力值外，还可以利用电阻应变仪测量电桥的特性及电阻应变计与电桥连接方式的不同，使量测结果直接等于某一个内力所引起的应变。

为了正确求得杆件内力，测点所在截面位置应经过选择，屋架节点在设计理论上均假定为铰接，但钢筋混凝土整体浇捣的屋架，其节点实际上是刚接的，由于节点的刚度，以致在杆件中邻近节点处还有次弯矩作用，并由此在杆件截面上产生应力。因此，如果仅希望求得屋架在承受轴力或轴力和弯矩组合影响下的应力并避免节点刚度影响时，测点所在截面要尽量离节点远一些。反之，假如要求测定由节点刚度引起的次弯矩，则应该把应变测点布置在紧靠节点处的杆件截面上。图 6-17 所示为 9 m 柱距、24 m 跨度的预应力混凝土屋架试验测量杆件内力的测点布置。

应该注意，在布置屋架杆件的应变测点时，绝不可将测点布置在节点上，因为该处截面的作用面积不明确。图 6-17（b）所示屋架上弦节点中截面 1—1 的测点是量测上弦杆的内力；截面 2—2 是量测节点次应力的影响。比较两个截面的内力，就可以求出次应力。截面 3—3 是错误布置。

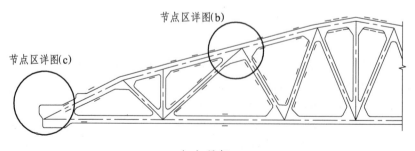

（a）屋架

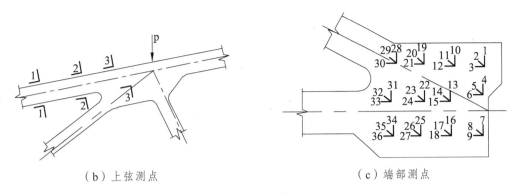

（b）上弦测点　　　　　　　　　　　　（c）端部测点

图 6-17　9 m 柱距、24 m 跨度预应力混凝土屋架试验杆件内力测点布置

说明：① 图 6-17（a）中屋架杆件上的应变测点用"—"表示；② 在端节点部位屋架上下弦杆上的应变测点是为了分析端节点受力需要布置的；③ 端节点上应变测点布置如图 6-17（c）所示；④ 下弦预应力钢筋上的电阻应变计测点未标出。

3）屋架端节点的应力分析

屋架的端部节点，应力状态比较复杂，这里不仅是上下弦杆相交点，屋架支承反力也作用于此。对于预应力钢筋混凝土屋架，下弦预应力钢筋的锚头也直接作用在节点端。且由于构造和施工上的原因，经常引起端节点的过早开裂或破坏，因此，往往需要通过试验来研究其实际工作状态。为了测量端节点的应力分布规律，要求布置较多的三向应变网络测点，如图 6-18 所示，一般用电阻应变计组成。从三向小应变网络各点测得的应变量，通过计算或图解法求得端节点上的切应力、正应力及主应力的数值与分布规律。为了量测上下弦杆交接处豁口应力情况，可沿豁口周边布置单向应变测点。

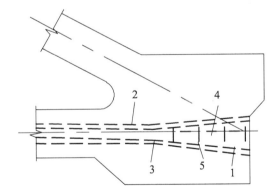

1—混凝土自锚锚头；2—屋架下弦预应力钢筋预留孔；3—预应力钢筋；
4—纵向应变测点；5—横向应变测点。

图 6-18　屋架端节点自锚头部位测点布置

4）预应力锚头性能测量

对于预应力钢筋混凝土屋架，有时还需要研究预应力锚头的实际工作和锚头在传递预应力时对端节点的受力影响。特别是采用后张自锚预应力工艺时，为检验自锚头的锚固性能与锚头对端节点外框混凝土的作用，在屋架端节点的混凝土表面沿自锚头长度方向布置若干应变测点，量测自锚头部位端节点混凝土的横向受拉变形，如图 6-18 中所示的横向应变测点。如果按图示布置纵向应变测点，则可以同时测得锚头对外框混凝土的压缩变形。

5）屋架下弦预应力钢筋张拉应力测量

为量测屋架下弦的预应力钢筋在施工张拉和试验过程中的应力值以及预应力的损失情况，需在预应力钢筋上布置应变测点。测点位置通常布量在屋架跨中及两端部位。如屋架跨度较大时，则在 1/4 跨度的截面上可增加测点；如有需要时预应力钢筋上测点位置可与屋架下弦杆上的测点部位相一致。在预应力钢筋上经常采用事先粘贴电阻应变计的办法进行量测其应力变化，但必须注意防止电阻应变计受损。比较理想的做法是在成束钢筋中部放置一段短钢管使贴片的钢筋位置相互固定，这样便可将连接应变计的导线束通过钢筋束中断续布置的短钢管从锚头端部引出。有时为了减少导线在预应力孔道内的埋设长度，可从测点就近部位的杆件预留孔将导线束引出。

如屋架预应力钢筋采用先张法施工时，则上述量测准备工作均需在施工张拉前到预制构件厂或施工现场就地进行。

6）裂缝测量

预应力钢筋混凝土屋架的裂缝测量，通常要实测预应力杆件的开裂荷载值；量测使用状态下试验荷载值作用下的最大裂缝宽度及各级荷载作用下的主要裂缝宽度。在屋架中由于端节点的构造与受力复杂，经常会产生斜裂缝，应引起注意。此外腹杆与下弦拉杆以及节点的交汇之处，将会较早开裂。

在屋架试验的观测设计中，利用结构与荷载对称性特点，经常在半榀屋架上考虑测点布置与安装主要仪表，而在另半榀屋架上仅布置若干对称测点，作为校核之用。

6.4 量测数据整理

量测数据包括在准备阶段和正式试验阶段采集到的全部数据，其中一部分是对试验起控制作用的数据，如最大挠度控制点、最大侧向位移控制点、控制截面上的钢筋应变屈服点及混凝土极限拉、压应变等。这类起控制作用的参数应在试验过程中随时整理，以便指导整个试验过程的进行。其他大量测试数据的整理分析工作，将在试验后进行。

对实测数据进行整理，一般均应算出各级荷载作用下仪表读数的递增值和累计值，必要时还应进行换算和修正，然后用曲线或图表给以表达。

在原始记录数据整理过程中，应特别注意读数及读数值的反常情况。如仪表指示值与理论计算值相差很大，甚至有正负号颠倒的情况，这时应对出现这些现象的规律进行分析，判断其原因所在。一般可能的原因有两方面：一是由于试验结构本身发生裂缝、节点松动、支座沉降或局部应力达到屈服而引起数据突变；另一方面也可能是由于测试仪表安装不当造成的。凡不属于差错或主观造成的仪表读数突变都不能轻易舍弃，待以后分析时再做判断处理。

6.4.1 整体变形量测结果整理

1. 简支构件的挠度

构件的挠度是指构件本身的挠曲程度。由于试验时受到支座沉降、构件自重和加荷设备、加荷图式及预应力反拱的影响，要得到构件受荷后的真实实测挠度，应对所测挠度值进行修

正。修正后的挠度计算公式为

$$a_s^0 = (a_q^0 + a_g^0)\psi \quad\quad\quad (6-1)$$

$$a_g^0 = \frac{M_g}{M_b}a_b^0 \ \text{或} \ a_g^0 = \frac{p_g}{p_b}a_b^0 \quad\quad\quad (6-2)$$

式中　a_q^0——消除支座沉降后的跨中挠度实测值；

　　　a_g^0——构件自重和加载设备自重产生的跨中挠度值；

　　　M_g——构件自重和加载设备自重产生的跨中弯矩值；

　　　M_b、a_b^0——外加试验荷载开始至构件出现裂缝前一级荷载的加载值产生的跨中弯矩值和跨中挠度的实测值；

　　　ψ——做等效集中荷载代替均匀荷载时的加载图式修正系数，如表6-1所示。

表6-1　加载图式修正系数 ψ

名称	加载图式	修正系数 ψ
均匀荷载	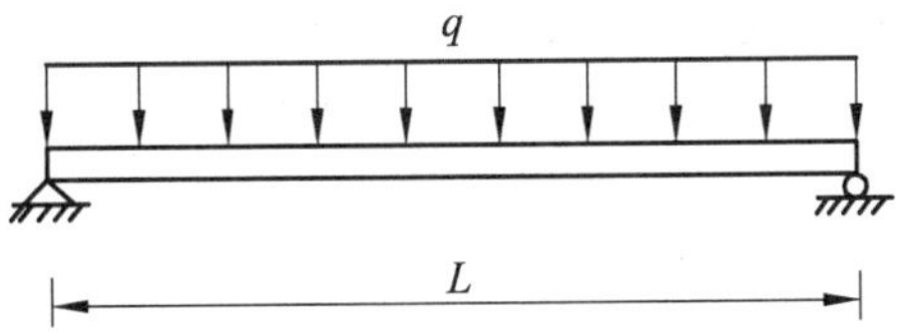	1.0
二集中力，四分点，等效荷载	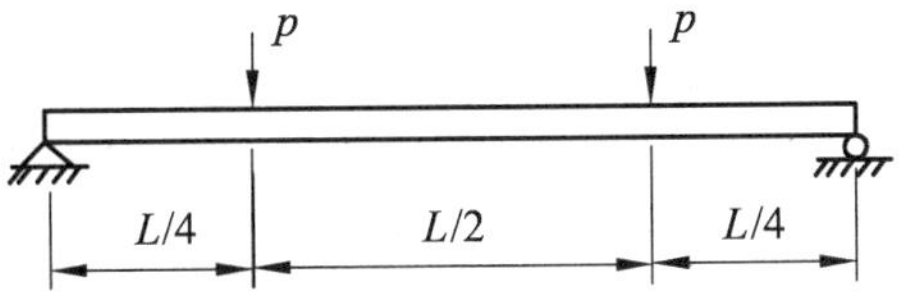	0.91
二集中力，三分点，等效荷载	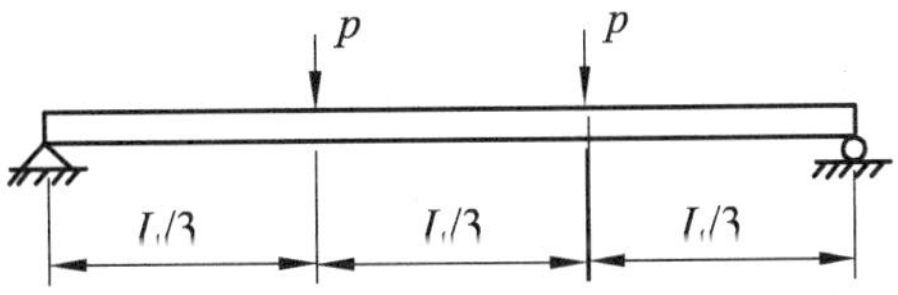	0.98
四集中力，八分点，等效荷载	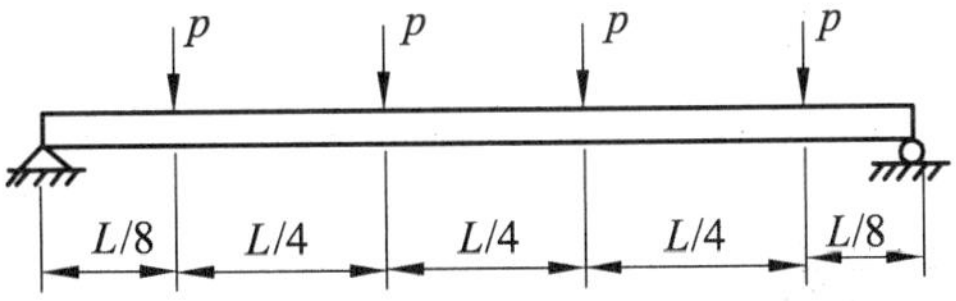	0.99
八集中力，十六分点，等效荷载	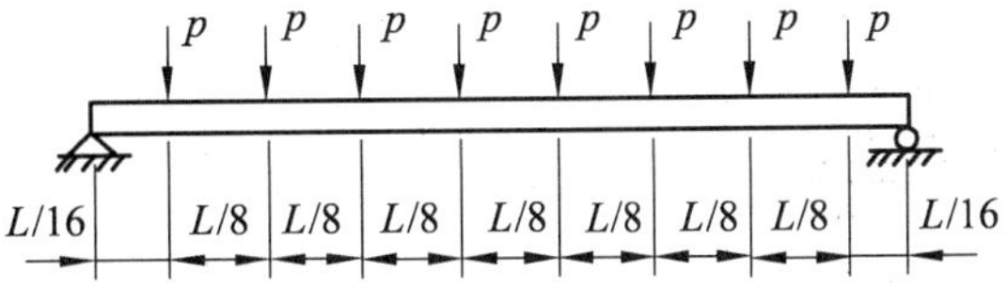	1.0

　　由于仪表初读数是在试件和试验装置安装后读取，加载后量测的挠度值中未包括试件本身自重所引起的挠度，因此在试件挠度值中应加上试件自重和设备自重产生的挠度 a_g^0，a_g^0 的值可近似地认为构件在开裂前是处在弹性工作阶段，弯矩-挠度为线性关系，如图6-19所示。

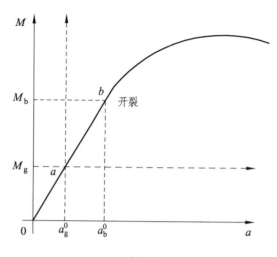

这个是a_g^0

图 6-19 自重挠度的计算

若等效集中荷载的加载图式不符合表 6-1 所列图式时,应根据内力图形用图乘法或积分法求出挠度,并与均布荷载下的挠度比较,从而求出加载图式修正系数 ψ。

如果支座处有障碍,在支座反力作用线上不能安装位移计时,可将仪表安装在离支座反力作用线内侧 d 距离处,在 d 处所测挠度比支座沉降大,因而跨中实测挠度将偏小,应对式(6-1)中的 a_g^0 乘以系数 ψ_a。ψ_a 为支座测点偏移修正系数,列于表 6-2 中。

表 6-2 加载图式修正系数 ψ_a

荷载图式	d/l									
	0.01	0.02	0.03	0.04	0.05	0.06	0.07	0.08	0.09	0.10
(图)	1.031	1.064	1.099	1.136	1.176	1.218	1.264	1.312	1.362	1.420
(图)	1.032	1.067	1.103	1.143	1.185	1.230	1.278	1.329	1.386	1.446
(图)	1.033	1.067	1.104	1.144	1.189	1.232	1.281	1.333	1.390	1.451
(图)	1.033	1.068	1.106	1.146	1.189	1.236	1.285	1.338	1.396	1.457

在预应力钢筋混凝土结构中,当预应力钢筋放松后,对混凝土产生了预压作用而使结构产生反拱,构件越长反拱值越大。因此实测挠度中应扣除预应力反拱值 a_p。此时,式(6-1)可改写为

$$a_{s,p}^0 = (a_q^0 + a_g^0 - a_p)\psi \qquad (6\text{-}3)$$

式中 a_p——预应力反拱值,对研究性试验取实测值 a_p^0,对检验性试验取计算值,不考虑超
        张拉对反拱的加大作用。

上述修正方法的基本假设认为构件刚度 EI 为常数。对于钢筋混凝土构件,裂缝出现后沿
全长各截面的刚度为变量,仍按上述图式修正将有一定误差。

2. 悬臂构件的挠度

计算悬臂构件自由端在各荷载作用下的短期挠度实测值,应考虑固定端的支座转角、支
座沉降、构件自重和加载设备重量的影响,如图 6-20 所示。在试验荷载作用下,经修正后的
悬臂构件自由端短期挠度实测值可表达为

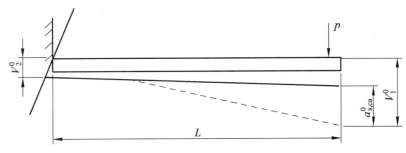

图 6-20   悬臂构件的挠度

$$a_{s,ca}^0 = (a_{q,ca}^0 + a_{g,ca}^0 - a_p)\psi_{ca} \qquad (6\text{-}4a)$$

$$a_{q,ca}^0 = v_1^0 - v_2^0 - l \cdot \tan\alpha \qquad (6\text{-}4b)$$

$$a_{g,ca}^0 = \frac{M_{g,ca}}{M_{b,ca}} a_{b,ca}^0 \qquad (6\text{-}5)$$

式中 $a_{q,ca}^0$——消除支座沉降后悬臂构件自由端短期挠度实测值;

v_1^0、v_2^0——悬臂端和固定端竖向位移;

$a_{g,ca}^0$、$M_{g,ca}$——悬臂构件自重和设备重量产生的挠度值和固端弯矩;

$a_{b,ca}^0$、$M_{b,ca}$——从试验荷载开始至悬臂构件出现裂缝前一级荷载为止的自由端挠度实测
                值和固端弯矩;

α——悬臂构件固定端的截面转角;

l——悬臂构件的外伸长度;

ψ_{ca}——加载图式修正系数,当在自由端用一个集中力做等效荷载时取 $\psi_{ca} = 0.75$,否则
        应按图乘法找出修正系数 ψ_{ca}。

6.4.2   应变测量结果分析

通过应变测量结果分析,可得到截面内力、平面应力状态。

1. 截面弹性内力计算

通过对轴向受力、拉弯、压弯等构件的实测应变分析，可以得到构件的截面弹性内力。

1）轴向拉、压构件

拉、压构件测点布置如图 6-21（a）所示。根据截面中和轴或最小惯性矩轴上布置的测点应变，截面轴向力可按式（6-6）计算：

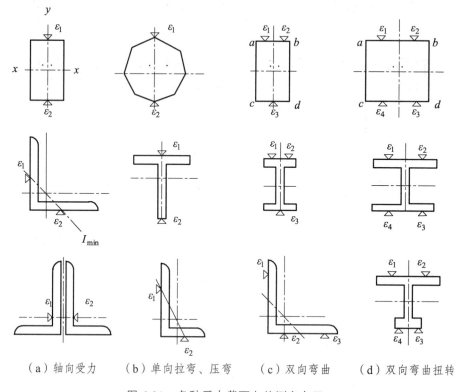

（a）轴向受力　（b）单向拉弯、压弯　（c）双向弯曲　（d）双向弯曲扭转

图 6-21　各种受力截面上的测点布置

$$N = \bar{\varepsilon} E \cdot A \qquad (6\text{-}6)$$

式中　E、A——材料的弹性模量和截面面积；

$\bar{\varepsilon}$——实测的截面平均应变，$\bar{\varepsilon} = \dfrac{1}{n} \sum\limits_{i=1}^{n} \varepsilon_i$。

由式（6-6）可知，受轴向拉伸或压缩构件的内力，不论截面形状如何，只要将测得轴向应变值代入式（6-6）即可求得内力；但由于绝对的轴向力几乎并不存在，因而常用两个以上应变计安装在轴向的对称位置上，取其平均值作为轴向应变。

2）单向压弯、拉弯构件

压弯或拉弯构件的内力有轴向力 N 和受力平面内的弯矩 M，应变计数量不得少于欲求内力的种类数，因而必须安装两个应变计。这类构件测点布置如图 6-21（b）所示。由材料力学知，截面边缘应力计算公式为

$$\sigma_1 = \frac{N}{A} \pm \frac{My_1}{I} \qquad (6\text{-}7)$$

$$\sigma_2 = \frac{N}{A} \pm \frac{My_2}{I} \qquad (6\text{-}8)$$

注意：$y_1 + y_2 = h$，$\sigma_1 = \varepsilon_1 E$，$\sigma_2 = \varepsilon_2 E$，则截面轴力及弯矩计算公式为

$$M = \frac{EI}{h}(\varepsilon_2 - \varepsilon_1) \qquad (6\text{-}9)$$

$$N = \frac{EA}{h}(\varepsilon_1 y_2 - \varepsilon_2 y_1) \qquad (6\text{-}10)$$

式中　A、I——构件截面面积和惯性矩；

　　　ε_1、ε_2——截面上、下边缘的实测应变值；

　　　y_1、y_2——截面中性轴至截面上、下边缘测点的距离。

3）双向弯曲构件

构件受轴力 N、双向弯矩 M_x 和 M_y 作用时，截面上的测点布置如图 6-21（d）所示。根据测得的四个应变 ε_1、ε_2、ε_3、ε_4，利用外插法求出截面相应四个角的应变值 ε_a、ε_b，ε_c、ε_d，再利用式（6-11）中的任意三个方程，即可求解 N、M_x 和 M_y。

$$\left.\begin{aligned}
\sigma_a &= \varepsilon_a E = \frac{N}{A} + \frac{M_x}{I_x}y_1 + \frac{M_y}{I_y}x_1 \\[2mm]
\sigma_b &= \varepsilon_b E = \frac{N}{A} + \frac{M_x}{I_x}y_1 + \frac{M_y}{I_y}x_2 \\[2mm]
\sigma_c &= \varepsilon_c E = \frac{N}{A} + \frac{M_x}{I_x}y_2 + \frac{M_y}{I_y}x_1 \\[2mm]
\sigma_d &= \varepsilon_d E = \frac{N}{A} + \frac{M_x}{I_x}y_2 + \frac{M_y}{I_y}x_2
\end{aligned}\right\} \qquad (6\text{-}11)$$

对于图 6-21（c）所示的测点布置，可利用式（6-11）中的前三个方程，取消 σ_c 中的最后一项，即可求出 N、M_x 和 M_y。

若构件除轴向力 N 和弯矩 M_x 及 M_y 作用外，还有扭转力矩 T 时，则在上述各式中再加上一项 $\sigma_\omega = T_\omega / I_\omega$。利用上述四式可同时解出 N、M_x、M_y 和 Y。关于型钢的各边缘点的扇形惯性矩 I_ω 和主扇形面积 ω 可查阅有关型钢表。

利用数值法求内力时，当内力多于两个时就比较困难，手工计算工作量较大。因而在结构试验中，对于中性轴位置不在截面高度 1/2 处的各种非对称截面，或应变测点多于 3 个以上时可以采用图解法来分析内力。

【例 6-1】已知 T 形截面形心 y_1=200 mm，高度 h=600 mm，实测上、下边缘的应变为 $\varepsilon_1 = 100 \times 10^{-6}$、$\varepsilon_2 = 400 \times 10^{-6}$，如图 6-22 所示。用图解法分析截面上存在的内力及其在各测点产生的应变值。

解：按比例画出截面几何形状及实测应变图，如图 6-22 所示。通过水平中和轴与应变图的交点 e 作一条垂线，得到轴向力产生的应变 ε_N 和弯曲产生的应变 ε_M，其值计算如下：

$$\varepsilon_0 = \left(\frac{\varepsilon_2 - \varepsilon_1}{h}\right)y_1 = \frac{(400-100)\times10^{-6}}{600}\times200 = 100\times10^{-6}$$

$$\varepsilon_N = \varepsilon_1 + \varepsilon_0 = (100 + 100) \times 10^{-6} = 200 \times 10^{-6}$$

$$\varepsilon_{1M} = \varepsilon_1 - \varepsilon_N = (100 - 200) \times 10^{-6} = -100 \times 10^{-6}$$

$$\varepsilon_{2M} = \varepsilon_2 - \varepsilon_N = (400 - 200) \times 10^{-6} = 200 \times 10^{-6}$$

通过本例分析可知，材料力学中的概念如弯曲应变符合平截面假定、截面形心处的应变不受双向弯曲的影响等，是图解法的基础。

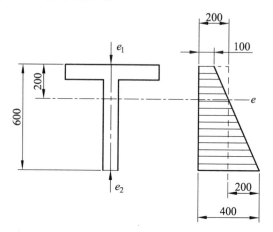

图 6-22 T 形截面应变分析

【**例** 6-2】一对称的矩形截面上布置 4 个测点，测得应变后换算成应力，画出应力图并延长至边缘，得边缘应力为 $\sigma_a = -44\,\text{MPa}$，$\sigma_b = -22\,\text{MPa}$，$\sigma_c = 24\,\text{MPa}$，$\sigma_d = 54\,\text{MPa}$，如图 6-23 所示。用图解法分析截面上的应力及其在各测点上的应力值。

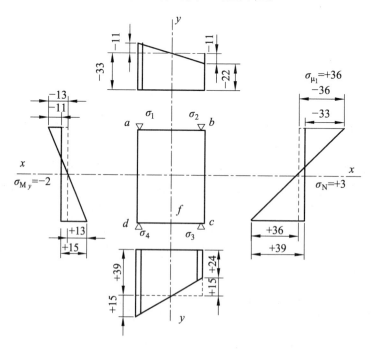

图 6-23 对称截面应变分析

解：求出上、下盖板中点处的应力，即

$$\sigma_e = \frac{\sigma_a + \sigma_b}{2} = \frac{-44 - 22}{2} \text{ MPa} = -33 \text{ MPa}$$

$$\sigma_f = \frac{\sigma_c + \sigma_d}{2} = \frac{24 + 54}{2} \text{ MPa} = 39 \text{ MPa}$$

由于 σ_e、σ_f 的符号不同，可知有轴向力 N 和垂直弯矩 M_x 共同作用。根据 σ_e、σ_f 进一步分解得右侧应力图，可知其轴向力为拉力，其值为

$$\sigma_N = \frac{\sigma_e + \sigma_f}{2} = \frac{-33 + 39}{2} \text{ MPa} = 3 \text{ MPa}$$

$$\sigma_{M_x} = \pm \frac{\sigma_f - \sigma_e}{2} = \pm \frac{39 + 33}{2} \text{ MPa} = \pm 36 \text{ MPa}$$

因为上、下盖板应力分布图呈两个梯形，说明除了有 N 和 M_x 外，还有其他内力作用，这时可通过沿水平盖板的应力图得左侧应力图。其值为

$$\frac{\sigma_a - \sigma_b}{2} = \pm \frac{-15 + 11}{2} \text{ MPa} = \mp 2 \text{ MPa}$$

$$\frac{\sigma_d - \sigma_c}{2} = \pm \frac{54 - 24}{2} \text{ MPa} = \pm 15 \text{ MPa}$$

由于截面上、下相应测点余下的应力绝对值及其符号均不同，说明它们是由水平弯矩 M_y 和扭矩 T 联合产生，其值为

$$\sigma_{M_y} = \pm \frac{-15 + 11}{2} \text{ MPa} = \mp 2 \text{ MPa}$$

$$\sigma_{M_T} = \mp \frac{-15 - 11}{2} \text{ MPa} = \pm 15 \text{ MPa}$$

现将计算结果列于表 6-3 中，求得四种应力后，根据截面几何性质，按材料力学公式，即可求得各项内力值。

表 6-3　应力分析结果

应力组成	符号	各点应力/MPa			
		σ_a	σ_b	σ_c	σ_d
垂直弯矩产生的应力	σ_{M_x}	−36	−36	+36	+36
轴向力产生的应力	σ_N	+3	+3	+3	+3
水平弯矩产生的应力	σ_{M_y}	+2	−2	−2	+2
扭矩产生的应力	σ_{M_T}	−13	+13	−13	+13
各点实测的应力	$\sum$	−44	−22	+24	+54

6.4.3 平面应力状态下的主应力计算

测试解决平面应力状态问题，应在布置应变测点时予以考虑。例如，当主应力方向已知时，只需量测两个方向的应变；当主应力方向未知时，一般需要量测三个方向的应变，以确定主应力的大小及方向。根据弹性理论得知其计算公式为

$$\left.\begin{aligned}\sigma_x &= \frac{E}{1-\mu^2}(\varepsilon_x + \mu\varepsilon_y) \\ \tau_{xy} &= G\gamma_{xy}\end{aligned}\right\} \tag{6-12}$$

式中　E、μ——材料的弹性模量和泊松比；

　　　ε_x、ε_y——x、y方向上的单位应变；

　　　G——切变模量，$G = E/[2(1+\mu)]$。

因而已知主应力方向（假定为 x，y 方向）时，可以测得 ε_1（x 方向）、ε_2（y 方向）。利用上述公式就可以确定主应力 σ_1、σ_2 和切应力 τ 值：

$$\left.\begin{aligned}\sigma_1 &= \frac{E}{1-\mu^2}(\varepsilon_1 + \mu\varepsilon_2) \\ \sigma_2 &= \frac{E}{1-\mu^2}(\varepsilon_2 + \mu\varepsilon_1) \\ \tau &= \frac{E}{1-\mu^2}(\varepsilon_1 - \varepsilon_2) = \frac{\sigma_1 - \sigma_2}{2}\end{aligned}\right\} \tag{6-13}$$

若主应力方向未知，则必须量测三个方向的应变。假定三个应变片与主轴的夹角分别为 θ_1、θ_2、θ_3，如图 6-24 所示，则在各 θ 方向上量测的应变值分别为 ε_{θ_1}、ε_{θ_2}、ε_{θ_3}。这些应变与正交应变 ε_x、ε_y 和切应变 γ_{xy} 之间的关系为

$$\varepsilon_{\theta_i} = \varepsilon_x \cos^2\theta_i + \varepsilon_y \sin^2\theta_i + \gamma_{xy}\cos\theta_i \cdot \sin\theta_i \tag{6-14}$$

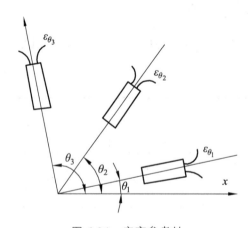

图 6-24　应变参考轴

式中　θ_i——应变片与主轴的夹角，i=1，2，3。

式（6-13）是由 θ_1、θ_2、θ_3 组成的联立方程组，解方程组即可求得 ε_x、ε_y 和 γ_{xy} 的值。再将之代入下列公式，即可求得主应变及其方向为

$$\left.\begin{array}{l} \varepsilon_1 \\ \varepsilon_2 \end{array}\right. = \frac{\varepsilon_x + \varepsilon_y}{2} \pm \sqrt{\left(\frac{\varepsilon_x - \varepsilon_y}{2}\right)^2 + \left(\frac{\gamma_{xy}}{2}\right)^2}$$

$$\left.\tan 2\theta_x = \frac{\gamma_{xy}}{\varepsilon_x - \varepsilon_y}\right\} \qquad (6\text{-}15a)$$

$$\gamma_{\max} = 2\sqrt{\left(\frac{\varepsilon_x - \varepsilon_y}{2}\right)^2 + \left(\frac{\gamma_{xy}}{2}\right)^2}$$

式中 θ_x——正应变 ε_1 与 x 轴的夹角。

令 $\dfrac{\varepsilon_x + \varepsilon_y}{2} = A$; $\dfrac{\varepsilon_x - \varepsilon_y}{2} = B$; $\dfrac{\gamma_{xy}}{2} = C$

$$\left.\begin{array}{l} \varepsilon_1 \\ \varepsilon_2 \end{array}\right. = A \pm \sqrt{B^2 + C^2}$$

$$\left.\tan 2\theta_x = \frac{C}{B}\right\} \qquad (6\text{-}15b)$$

$$\gamma_{\max} = 2\sqrt{B^2 + C^2}$$

式中，A、B 和 C 各参数随应变花的形式不同而异，如表 6-4 所示。

表 6-4　应力花及其形式参数

应变花名称	应变花形式	应变花形式参数		
		A	B	C
45°直角应变花		$\dfrac{\varepsilon_0 + \varepsilon_{90}}{2}$	$\dfrac{\varepsilon_0 - \varepsilon_{90}}{2}$	$\dfrac{2\varepsilon_{45} - \varepsilon_0 - \varepsilon_{90}}{2}$
60°等边三角形应变花		$\dfrac{2\varepsilon_0 + \varepsilon_{60} + \varepsilon_{120}}{3}$	$\varepsilon_0 - \dfrac{\varepsilon_0 + \varepsilon_{60} + \varepsilon_{120}}{3}$	$\dfrac{\varepsilon_{60} - \varepsilon_{120}}{\sqrt{3}}$
伞形应变花		$\dfrac{\varepsilon_0 + \varepsilon_{90}}{2}$	$\dfrac{\varepsilon_0 - \varepsilon_{90}}{2}$	$\dfrac{\varepsilon_{60} - \varepsilon_{120}}{\sqrt{3}}$

应变花名称	应变花形式	应变花形式参数		
		A	B	C
扇形应变花		$\dfrac{\varepsilon_0 + \varepsilon_{45} + \varepsilon_{90} + \varepsilon_{135}}{4}$	$\dfrac{\varepsilon_0 - \varepsilon_{90}}{2}$	$\dfrac{\varepsilon_{135} - \varepsilon_{45}}{2}$

将应变值代入式（6-13），得主应力的计算式为

$$\left.\begin{aligned} \begin{matrix}\sigma_1\\ \sigma_2\end{matrix} &= \left(\frac{E}{1-\mu}\right)A \pm \left(\frac{E}{1+\mu}\right)\sqrt{B^2+C^2}\\ \tan 2\theta_x &= \frac{C}{B}\\ \tau_{max} &= \left(\frac{E}{1+\mu}\right)\sqrt{B^2+C^2} \end{aligned}\right\} \tag{6-16}$$

6.4.4 试验曲线与图表绘制

为了方便分析，试验数据常用表格、图像或函数表达。同一组数据可以同时用这三种方法表达，目的就是使分析简单、直观。建立函数关系的方法主要有回归分析、系统识别等方法，这里介绍表格和图像。

1. 表格

表格是最基本的数据表达方法，无论绘制图像还是建立函数表达式，都需要数据表。表格分为汇总表格和关系表格两大类。汇总表格是把试验结果中的主要内容或试验中的某些重要数据汇集于一个表格中，起着类似于摘要和结论的作用，表中的行与行、列与列之间没有必然的关系；关系表格是把相互有关的数据按一定的格式列于表中，表中行与行、列与列之间有一定的关系，它的作用是使有一定关系的若干变量的数据更加清楚地表示出变量之间的关系和规律。

表格的形式不拘一格，关键在于完整、清楚地显示数据内容。对于工程检测试验记录表格，表格内容除了记录数据外，还应适当包括工程名称、委托单位、检测单位、检测日期、气象环境条件、仪器名称、仪器编号及试验、测读、记录、校核、项目负责人的签字等项内容。

2. 图像

表格的直观性不强，试验数据经常用图像表达，图像表达方式有曲线图、形态图、直方图和馅饼图等。试验中常用曲线图表达数据关系，用形态图表达试件破坏形态和裂缝扩展形态。

1）曲线图

对于定性分析和整体分析来说，曲线图是最合适的方法，它可以直观地反映数据的最大

值、最小值、走势、转折。

（1）坐标的选择与试验曲线的绘制。选择适当的坐标系、坐标参数和坐标比例，有时对于反映数据规律是相当重要的。试验分析中常用直角坐标反映试验参数间的关系。直角坐标系只能反映两个变量间的关系，有时会遇到变量不止两个的情况，这时可采用"无量纲变量"作为坐标来表达。例如，为了验证钢筋混凝土矩形单筋梁的截面承载力公式 $M_u = A_s \sigma_s \left(h_0 - \dfrac{A_s \sigma_s}{2 b f_{cn}} \right)$，需要进行大量的试验研究，而每一个试件的配筋率 $\rho = \dfrac{A_s}{b h_0}$、混凝土强度等级 f_{cu}、截面形状和尺寸 $b h_0$ 都有差别，若以每一试件的实测极限弯矩 M_u^0 和计算极限弯矩 M_u^c 逐一比较，就无法用曲线表示。但若将纵坐标改为无量纲，以 $\dfrac{M_u^0}{M_u^c}$ 等来表示，横坐标分别以 ρ 和 f_{cu} 表示，如图 6-25 所示，则即使截面相差较大的梁，也能反映其共同的规律。图 6-25 说明，当配筋率超过某一临界值或混凝土等级低于某一临界值时，则按上述公式算得的极限弯矩将偏于不安全。

上面的例子告诉我们，如何组合试验参数作为坐标轴，应根据分析目标而定，同时还要有专业的知识并仔细地考虑。不同的坐标比例和坐标原点会使曲线变形、平移，应选择适当的坐标比例和坐标原点，使曲线特征突出并占满整个坐标系。

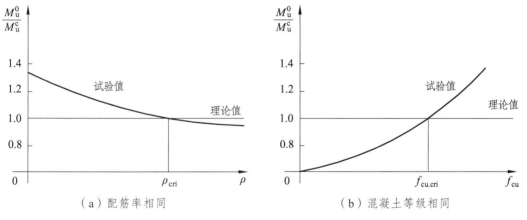

（a）配筋率相同　　　　　　　　　（b）混凝土等级相同

图 6-25　混凝土梁承载力试验曲线

绘制曲线时，运用回归分析的基本概念，使曲线通过较多的试验点，并使曲线两旁的试验点大致相等。

（2）常用试验曲线。常用的试验曲线有荷载-变形、荷载-应变、荷载-应力曲线等。荷载变形曲线有很多，如结构或构件的整体变形曲线；控制点或最大挠度点的荷载变形曲线；截面的荷载变形（转角）曲线；铰支座与滚动支座的荷载侧移曲线；变形时间曲线、反复荷载作用下的结构构件的延性曲线；滞回曲线等。

图 6-26 所示是三条荷载挠度曲线。曲线 1 及曲线 2 的 OA 段说明结构处于弹性状态。曲线 2 整体表现出结构的弹性和弹塑性性质，这是钢筋混凝土结构的典型现象。钢筋混凝土结构由于结构裂缝、钢筋屈服会在曲线上先后出现两个转折点。结构变形曲线反映出的这种特性可以在整体挠曲曲线和支座侧移曲线中得到验证。对于加载过程，曲线 3 属于反常现象，说明试验存在问题。

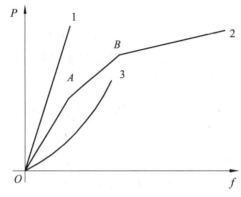

图 6-26　荷载变形曲线特征

荷载变形曲线可反映出结构工作的弹塑性性质；反复荷载作用下的结构延性曲线可反映出结构的软化性质；滞回曲线可反映出结构的恢复力性质；变形时间曲线可反映出结构长期工作性能，等等。这些曲线还包含了什么信息、反映了结构工作的什么问题、什么时候需要绘制，可以从相关专业知识中得到了解。

2）形态图

试验过程中，应在构件上按裂缝展开面和主侧面绘出其开展过程并注上出现裂缝的荷载值及宽度、长度，直至破坏，待试验结束后照相或用坐标纸按比例做描绘记录。

此外，结构破坏形态、截面应变图都可以采用绘图方式记录。

除上述的试验曲线和图形外，根据试验研究的结构类型、荷载性质、变形特点等，还可以绘出一些其他结构特性曲线，如超静定结构的荷载反力曲线、节点局部变形曲线、节点主应力轨迹图等。

第7章 结构非破损检测技术

7.1 概 述

结构非破损检测技术（无损检测方法）是指在不影响结构或构件受力性能或使用功能的前提下，直接在构件或结构上通过测定某些适当的物理量，并由这些物理量与材料强度等指标的相关性，进而推定材料强度或评估其缺陷。有些检测方法以结构局部破损为前提，但这些局部破损对结构构件的受力性能影响很小，因此，也将这些方法归入非破损检测方法。结构类型不同，非破损检测的方法也不同。对于混凝土结构，非破损检测包括混凝土强度与内部缺陷的检测、钢筋直径和混凝土保护层厚度检测、钢筋锈蚀检测等内容。对于砌体结构，主要是砌体抗压强度检测。对于钢结构，主要是焊缝缺陷检测。

结构非破损检测与鉴定的对象为已建工程结构，根据已建结构的性质，可分为新建结构和服役结构。对于新建结构，非破损检测和鉴定的目的包括验证工程质量，处理工程质量事故，评估新结构、新材料和新工艺的应用等。对于服役结构，通常用结构可靠性鉴定涵盖非破损检测与鉴定的内容，其目的主要是评估已建结构的安全性和可靠性，为结构的维修改造和加固处理提供依据。

按照结构设计理论以及设计规范的指导思想，工程结构是有使用寿命的。例如，《混凝土结构设计规范》从结构耐久性的角度规定了混凝土结构的设计寿命为 50 年或 100 年。使用中的工程结构由于各方面的原因，其性能可能发生变化，结构的承载能力随时间推移而逐渐下降。即使是新建的结构，也可能出现各种各样的工程质量事故，对结构的可靠性造成影响。

不论是新建结构还是服役结构，通过试验检测的方法来获取表征结构性能的相关参数时，都不应对结构造成损伤，影响结构的使用和安全。这就是结构非破损检测技术不断发展的工程背景。

另一方面，已建结构的可靠性鉴定与采用可靠度理论进行结构设计有着完全不同的意义。结构设计时，我们假定结构的承载能力和结构承受的荷载为随机变量，并通过一定的统计分析对这些随机变量的统计特征做出规定，再将相关的规定转化为设计中的分项系数，工程师就可以采用这些分项系数进行结构设计，按照概率极限状态设计理论，这样设计的结构的可靠度应该不低于期望的目标可靠度。在这个过程中，我们并不关心我们所设计的结构具体将会有多大的失效概率，设计规范也没有提供这方面的信息，我们只关心结构的最大失效概率是否会小于规定的失效概率。对于已建结构，情况发生变化。第一，已建结构是一个具体的对象，它的材料强度、几何尺寸、使用荷载、环境条件已经客观存在，这些变量的随机性不同于设计变量的随机性；第二，可以采用非破损检测方法获取部分相关变量的数据，但信息不完整，例如，结构基础的有关数据就很难得到；第三，实际已建结构的状态可能不同于设计期望的状态，结构可靠性鉴定通常要求对结构可靠性做出较为准确的评价，而不是只满足于简单的界限值。

对工程结构进行非破损检测和可靠性鉴定，要通过各种手段得到结构的相关参数，捕捉反映结构当前状态的特征信息，对结构作用和结构抗力的关系进行分析，并根据实践经验给出综合判断。结构非破损检测与鉴定涉及结构理论、概率统计、测试技术、工程材料、工程地质、力学分析等基础理论和专业知识，具有多学科交叉的特点。特别是近年来，测试方法以及相应的仪器仪表不断更新，使这一领域的技术不断发展。

7.2 回弹法检测混凝土强度

7.2.1 回弹法基本原理

回弹法是采用回弹仪进行混凝土强度测定，属于表面硬度法的一种，其原理是回弹仪中运动的重锤以一定冲击动能撞击顶在混凝土表面的冲击杆后，测出重锤被反弹回来的距离，以回弹值（反弹距离与弹簧初始长度之比）作为与强度相关的指标，来推定混凝土强度的一种方法。混凝土表面硬度是一个与混凝土强度有关的量，表面硬度值是随强度的增大而提高的，采用具有一定动能的钢锤冲击混凝土表面时，其回弹值与混凝土表面硬度也有相关关系。所以，混凝土强度与回弹值存在相关关系。回弹法由于其操作简便、经济、快速，在国内外得到广泛的应用。

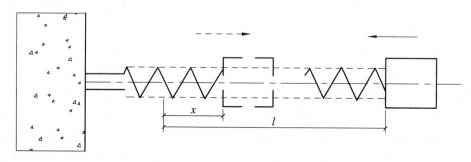

图 7-1   回弹法原理示意图

图 7-1 为回弹法的原理示意图。当重锤被拉到冲击前的起始状态时，若重锤的质量等于 1，则这时重锤所具有的势能 e 为

$$e = \frac{1}{2} E_s l^2 \qquad (7\text{-}1)$$

式中 E_s——拉力弹簧的刚度系数；

　　　　l——拉力弹簧起始拉伸长度。

混凝土受冲击后产生瞬时弹性变形，其恢复力使重锤回弹，重锤被弹回到 x 位置时所具有的势能 e_x 为

$$e_x = \frac{1}{2} E_s x^2 \qquad (7\text{-}2)$$

式中 x——重锤反弹位置或重锤回弹时弹簧的拉伸长度。

重锤在弹击过程中所消耗的能量 Δe 为

$$\Delta e = e - e_x \qquad (7\text{-}3)$$

将式（7-1）、式（7-2）代入式（7-3）得

$$\Delta e = \frac{E_s l^2}{2} - \frac{E_s x^2}{2} = e\left[1 - \left(\frac{x}{l}\right)^2\right] \qquad (7\text{-}4)$$

令

$$R = \frac{x}{l} \qquad (7\text{-}5)$$

在回弹仪中，l 为定值，故 R 与 x 成正比，称为回弹值。将 R 代入式（7-4）得

$$R = \sqrt{1 - \frac{\Delta e}{e}} = \sqrt{\frac{e_x}{e}} \qquad (7\text{-}6)$$

从式（7-6）可知，回弹值 R 是重锤冲击混凝土表面后剩余的势能与原有势能之比的平方根。简言之，回弹值是重锤冲击过程中能量损失的反映。能量损失越小，说明混凝土表面硬度越大，其相应的回弹值也就越高。由于混凝土表面硬度与其抗压强度有一致性的变化关系，因此，回弹值 R 的大小也反映了混凝土抗压强度的大小。

7.2.2 回弹仪

1. 回弹仪的类型、构造及工作原理

回弹仪分类见表 7-1，按照冲击能量的大小，可分为小型、中型与大型回弹仪，其中，中型（N 型）回弹仪主要用于混凝土构件，应用最为广泛，这种中型回弹仪是一种指针直读的直射锤击式仪器，其构造如图 7-2 所示。使用时，先对回弹仪施压，弹击杆 1 徐徐向机壳内推进，弹击拉簧 2 被拉伸，使连接弹击拉簧的弹击锤 4 获得恒定的冲击能量，如图 7-3 所示，当仪器处于水平状态工作时，其冲击能量可由式（7-7）计算：

$$e = \frac{1}{2}E_s l^2 = 2.207 \qquad (7\text{-}7)$$

式中 E_s——弹击拉簧的刚度为 0.784 N/mm；

l——弹击拉簧工作时拉伸长度为 75 mm。

表 7-1 回弹仪分类

类别	名称	冲击能量	主要用途	备注
L 型 （小型）	L 型	0.735J	小型构件或刚度较差的混凝土	
	LR 型	0.735J	小型构件或刚度较差的混凝土	有回弹值自动画线装置
	LB 型	0.735J	烧结材料和陶瓷	
N 型 （中型）	N 型	2.207J	普通混凝土构件	
	NA 型	2.207J	水下混凝土构件	
	NR 型	2.207J	普通混凝土构件	有回弹值自动画线装置

类别	名称	冲击能量	主要用途	备注
N 型 （中型）	ND-740 型	2.207J	普通混凝土构件	高精度数显式
	NP-750 型	2.207J	普通混凝土构件	数字处理式
	MTC-850 型	2.207J	普通混凝土构件	有专用计算机自动记录处理
	WS-200 型	2.207J	普通混凝土构件	远程自动显示记录
P 型 （摆式）	P 型	0.883J	轻质建材、砂浆、饰面等	
	PT 型	0.883J	用于低强度胶凝制品	冲击面较大
M 型 （大型）	M 型	29.40J	大型实心块体、机场跑道及 公路路面的混凝土	

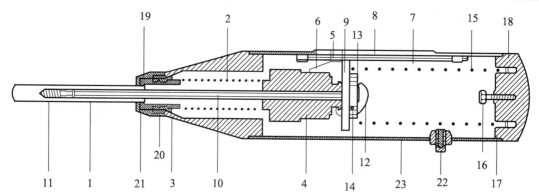

1—弹击杆；2—弹击拉簧；3—拉簧座；4—弹击锤；5—指针块；6—指针片；7—指针轴；8—刻度尺；9—导向法兰；
10—中心导杆；11—缓冲压簧；12—挂钩；13—挂钩压簧；14—挂钩销子；15—压簧；16—调零螺钉；
17—紧固螺母；18—尾盖；19—盖帽；20—卡环；21—密封毡帽；22—按钮；23—外壳。

图 7-2　回弹仪的构造

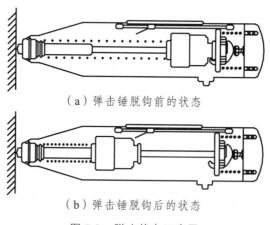

（a）弹击锤脱钩前的状态

（b）弹击锤脱钩后的状态

图 7-3　弹击状态示意图

当挂钩 12 与调零螺钉 16 互相挤压时，弹击锤脱钩，弹击锤的冲击面与弹击杆的后端平面相碰撞，如图 7-3 所示。此时弹击锤释放出来的能量借助弹击杆传递给混凝土构件，混凝土弹性反应的能量又通过弹击杆传递给弹击锤，使弹击锤获得回弹的能量后向后弹回，弹击锤回弹的距离 l' 与弹击锤脱钩前往弹击杆后端平面的距离 l 之比即为回弹值 R，它由仪器外壳上的刻度尺 8 示出，如图 7-4 所示。

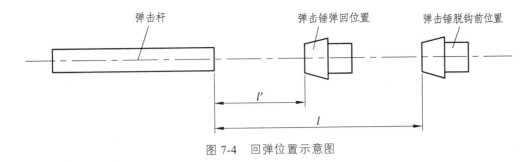

图 7-4　回弹位置示意图

2. 回弹仪的率定

回弹仪使用性能的检验方法，一般采用钢砧率定法，即在洛氏硬度 HRC 为 60±2 的钢砧上，将仪器垂直向下弹击，每个方向的回弹平均值均应为 80±2，以此作为使用过程中是否需要调整的标准。

《回弹法检测混凝土抗压强度技术规程》（JGJ/T 23—2011）规定，如率定值不在 80±2 范围内，应对仪器进行保养后再率定，如仍不合格应送校验单位校验。钢砧率定值不在 80±2 范围内的仪器，不得用于测试。回弹仪率定试验所用的钢砧应每两年送授权计量检定机构检定或校准。

3. 回弹仪的操作、保养及校验

（1）操作。将弹击杆顶住混凝土的表面，轻压仪器，松开按钮，弹击杆徐徐伸出。使仪器对混凝土表面均匀施压，待弹击锤脱钩冲击弹击杆后即回弹，带动指针向后移动并停留在某一位置上，即为回弹值。继续顶住混凝土表面并在读取和记录回弹值后，逐渐对仪器减压，使弹击杆自仪器内伸出，重复进行上述操作，即可测得被测构件或结构的回弹值。操作中注意仪器的轴线应始终垂直于构件混凝土的表面。

（2）保养。仪器使用完毕后，要及时清除伸出仪器外壳的弹击杆、刻度尺表面及外壳上的污垢和尘土，当测试次数较多，对测试值有怀疑时，应将仪器拆卸，并用清洗剂清洗机芯的主要零件及其内孔，然后在中心导杆上抹一层薄薄的钟表油，其他零部件不得抹油。要注意检查尾盖的调零螺丝有无松动；注意弹击拉簧前端是否钩入拉簧座的原孔位内，否则应送校验单位校验。

（3）校验。目前，国内外生产的中型回弹仪，不一定能保证出厂时为标准状态，因此即使是新的有出厂合格证的仪器，也需送校验单位校验。此外，当仪器超过检定有效期限（半年），数字回弹仪数字显示的回弹值与指针直读示值相差大于 1，经保养后在钢砧上率定值不合格，或仪器遭受撞击、损害等情况均应送校验单位进行校验。

7.2.3　回弹法测强曲线

我国地域辽阔，各地区材料、生产工艺及气候等均有差异，影响混凝土的抗压强度 f_{cu} 与回弹值 R 的因素非常广泛，如水泥品种、粗骨料、细骨料、外加剂的影响，混凝土的成型方法、养护方法的影响，环境湿度的影响，混凝土碳化及龄期的影响，等等。回弹法测定混凝土的抗压强度，是建立在混凝土的抗压强度与回弹值之间具有一定的相关性的基础上的，这种相关性可用"$f_{cu}\text{-}R$"相关曲线（或公式）来表示，通常称之为测强曲线。在我国，回弹法测强曲线分为全国统一测强曲线、地区曲线和专用曲线三种，以方便测试、提高测试精度，充分考虑各地区的材料差异。三种曲线制订的技术条件及适用范围见表 7-2。

表 7-2　回弹法测强相关曲线

名称	统一曲线	地区曲线	专用曲线
定义	由全国有代表性的材料、成型、养护工艺配制的混凝土试块，通过大量的破损与非破损试验所建立的曲线	由本地区有代表性的材料、成型、养护工艺配制的混凝土试块，通过较多的破损与非破损试验所建立的曲线	由与构件混凝土相同的材料、成型、养护工艺配制的混凝土试块，通过一定数量的破损与非破损试验所建立的曲线
适用范围	适用于无地区曲线或专用曲线时检测符合规定条件的构件或结构混凝土强度	适用于无专用曲线时检测符合规定条件的构件或结构混凝土强度	适用于检测与该构件相同条件的混凝土强度
误差	测强度曲线的平均相对误差 15%，相对标准差 18%	测强度曲线的平均相对误差 14%，相对标准差 17%	测强度曲线的平均相对误差 12%，相对标准差 14%

测强相关曲线一般可用回归方程来表示。对于未碳化混凝土或在一定条件下成型养护的混凝土，可用回归方程表示：

$$f_{cu}^c = f(R) \tag{7-8}$$

式中　f_{cu}^c——回弹法测区混凝土强度值。

对于已经炭化的混凝土或龄期较长的混凝土，可由式（7-9）、式（7-10）所示函数关系表示：

$$f_{cu}^c = f(R,d) \tag{7-9}$$

$$f_{cu}^c = f(R,d,t) \tag{7-10}$$

式中　d——混凝土的碳化深度；

　　　t——混凝土的龄期。

如果定量测出已硬化的混凝土构件的含水率，可以采用式（7-11）所示函数式：

$$f_{cu}^c = f(R,d,t,w) \tag{7-11}$$

式中　w——混凝土的含水率。

目前我国应用最广泛的是式（7-9），即采用回弹值和碳化深度两个指标来推定混凝土强度。按全国统一曲线制的测区混凝土强度换算表见有关规程。

7.2.4　检测方法与数据处理

1. 检测准备

检测前，一般需要了解工程名称，设计、施工和建设单位名称；构件名称、编号、施工图及混凝土设计强度等级；水泥品种、强度等级、出厂厂名；砂石品种、粒径，外加剂或掺合料品种、掺量，以及混凝土配合比等；模板类型，混凝土灌注和养护情况、成型日期；构件存在的质量问题、混凝土试块抗压强度等。

一般地，检测构件的混凝土强度有两类方法：一类是逐个检测被测构件，另一类是抽样检测。逐个检测方法主要用于对混凝土强度质量有怀疑的独立结构或有明显质量问题的构件。抽样检测主要用于在相同的生产工艺条件下，强度等级相同，原材料、配合比、养护条件基本一致且龄期相近的同类混凝土构件。被检测的试样应随机抽取不宜少于同批构件总数的30%且不宜少于10件，当检验批构件数量大于30个时，抽样数量可适当调整，并不得少于国家现行有关标准规定的最少抽样数量。

2. 检测方法

当了解了被检测的混凝土构件情况后，需要在构件上选择及布置测区。所谓"测区"，是指每一试样的测试区域。每一测区相当于试样同条件混凝土的一组试块。行业标准《回弹法检测混凝土抗压强度技术规程》（JGJ/T 23—2011）规定，取一个构件混凝土作为评定混凝土强度的最小单元，至少取 10 个测区。当受检构件某一方向尺寸不大于 4.5 m 且另一方向尺寸不大于 0.3 m 时，每个构件的测区数量可适当减少，但不应少于 5 个。测区的大小以能容纳16 个回弹测点为宜。测区表面应清洁、平整、干燥，不应有接缝、饰面层、粉刷层、浮浆、油垢、蜂窝麻面等。必要时可采用砂轮清除表面杂物和不平整处。测区宜均匀布置在构件或结构的检测面上，相邻测区间距不宜过大，当混凝土浇筑质量比较均匀时可酌情增大间距，但不宜大于 2 m；构件或结构的受力部位及易产生缺陷部位（如梁与柱相接的节点处）需布置测区；测区优先考虑布置在混凝土浇筑的侧面（与混凝土浇筑方向相垂直的贴模板的一面），如不能满足这一要求时，可选在混凝土浇筑的表面或底面；测区须避开位于混凝土内保护层附近设置的钢筋和预埋钢板。对于体积小、刚度差以及测试部位的厚度小于 100 mm 的构件，应设置支撑加以固定。

按上述方法选取试样和布置测区后，先测量回弹值。测试时回弹仪应始终与测面相垂直，并不得打在气孔和外露石子上。每一测区的两个测面用回弹仪各弹击 8 点，如一个测区只有一个测面，则需测 16 个点。同一测点只允许弹击一次，测点宜在测面范围内均匀分布，每一测点的回弹值读数准确至 1 度，相邻两测点之间的净距一般不小于 20 mm，测点距构件边缘或外露钢筋、钢板的间距不得小于 30 mm。

回弹完后即测量构件的碳化深度，用冲击钻在测区表面开直径为 15 mm 的孔洞，其深度应大于混凝土的碳化深度。清除洞中的粉末和碎屑后（注意不能用液体冲洗孔洞），立即用1%~2%的酚酞酒精溶液滴在孔洞内壁的边缘处，碳化部分的混凝土不变色，而未碳化部分的混凝土会变成紫红色，然后用碳化深度测量仪测量出碳化深度值，应准确至 0.25 mm。

一般一个测区选择 1~3 处测量混凝土的碳化深度值，当相邻测区的混凝土质量或回弹值与它基本相同时，那么该测区的碳化深度值也可代表相邻测区的碳化深度值，一般应选不少于构件的30%测区数测量碳化深度值。当碳化深度值相差大于 2.0 mm 时，应在每一个测区分别测量碳化深度值。

3. 回弹值计算

回弹仪水平方向测试混凝土浇筑侧面时，应从每一测区的 16 个回弹值中剔除 3 个最大值和 3 个最小值，取余下的 10 个回弹值的平均值作为该测区的平均回弹值，计算公式为

$$R_{m} = \frac{\sum_{i=1}^{10} R_{i}}{10} \qquad\qquad (7\text{-}12)$$

式中　R_{m}——测区平均回弹值，精确至 0.1；

　　　R_{i}——第 i 个测点的回弹值。

回弹法测强曲线是根据回弹仪水平方向测试混凝土试件侧面的试验数据计算得出的，当回弹仪非水平方向检测混凝土浇筑侧面时，应按式（7-13）修正：

$$R_{m} = R_{ma} + R_{a\alpha} \qquad\qquad (7\text{-}13)$$

式中　R_{ma}——非水平方向检测时测区的平均回弹值；

　　　$R_{a\alpha}$——测试角度为 α 的回弹修正值，按表 7-3 采用。

表 7-3　测试角度为 α 的回弹修正值

R_{ma}	测试角度							
	+90	+60	+45	+30	−30	−45	−60	−90
20	−6.0	−5.0	−4.0	−3.0	+2.5	+3.0	+3.5	+4.0
30	−5.0	−4.0	−3.5	−2.5	+2.0	+2.5	+3.0	+3.5
40	−4.0	−3.5	−3.0	−2.0	+1.5	+2.0	+2.5	+3.0
50	−3.5	−3.0	−2.5	−1.5	+1.0	+1.5	+2.0	+2.5

当水平方向检测混凝土浇筑表面时，应按式（7-14）、式（7-15）修正：

$$R_{m} = R_{m}^{t} + R_{a}^{t} \qquad\qquad (7\text{-}14)$$

$$R_{m} = R_{m}^{b} + R_{a}^{b} \qquad\qquad (7\text{-}15)$$

式中　R_{m}^{t}、R_{m}^{b}——水平方向检测混凝土浇筑表面、底面时，测区的平均回弹值，精确至 0.1；

　　　R_{a}^{t}、R_{a}^{b}——混凝土浇筑表面、底面回弹值的修正值，按表 7-4 采用。

表 7-4　混凝土浇筑表面、底面回弹值的修正值

R_{m}^{t}、R_{m}^{b}	测试面	
	表面修正值（R_{a}^{t}）	底面修正值（R_{a}^{b}）
20	+2.5	−3.0
25	+2.0	−2.5
30	+1.5	−2.0
35	+1.0	−1.5
40	+0.5	−1.0
45	0	−0.5
50	0	0

在测试时，如仪器处于非水平状态，同时构建测区又非混凝土的浇灌侧面，则应对测得的回弹值先进行角度修正，再进行表面或底面修正。

7.2.5 混凝土强度的计算

根据行业标准《回弹法检测混凝土抗压强度技术规程》（JGJ/T 23—2011）的规定，用回弹法检测混凝土强度时，除给出强度推定值外，对于测区数小于 10 个的构件，还要给出平均强度值、测区最小强度值；测区数大于等于 10 个的构件还要给出标准差。

1. 测区混凝土强度值换算值

测区混凝土强度换算值是指将测得的回弹值和碳化深度值换算成被测构件的测区的混凝土抗压强度值。构件第 i 个测区混凝土强度换算值（f_{cu}, i），根据每一测区的平均回弹值（R_m）及平均碳化深度值（d_m），查阅由统一曲线编制的"测区混凝土强度换算表"得出；有地区或专用测强曲线时，混凝土强度换算值应按地区或专用测强曲线换算得出。

2. 构件混凝土强度的计算

（1）构件混凝土强度平均值及标准差。

结构或构件的测区混凝土强度平均值可根据各测区的混凝土强度换算值计算。当测区数为 10 个及以上时，应计算强度标准差。平均值和标准差应按式（7-16）、式（7-17）计算：

$$mf_{cu}^c = \frac{\sum_{i=1}^{n} f_{cu}^c, i}{n} \tag{7-16}$$

$$Sf_{cu}^c = \sqrt{\frac{\sum_{i=1}^{n} (f_{cu}^c, i)^2 - n(mf_{cu}^c)^2}{n-1}} \tag{7-17}$$

式中　mf_{cu}^c——构件测区混凝土强度换算值的平均值（MPa），精确至 0.1 MPa。

　　　n——对于单个检测的构件，取一个构件的测区数；对批量检测的构件，取被抽检构件测区数之和。

　　　Sf_{cu}^c——构件测区混凝土强度换算值的标准差（MPa），精确至 0.01 MPa。

（2）构件混凝土强度推定值。

结构或构件的混凝土强度推定值（$f_{cu,e}$）是指相应于强度换算值总体分布中保证率不低于 95% 的结构或构件中的混凝土抗压强度值，应按式（7-18）～式（7-20）确定：

① 当该构件测区数少于 10 个时：

$$f_{cu,e} = f_{cu,min}^c \tag{7-18}$$

式中　$f_{cu,e}$——构件中最小的测区混凝土强度换算值。

② 当构件测区混凝土强度值中出现小于 10 MPa 时：

$$f_{cu,e} < 10.0 \text{ MPa} \tag{7-19}$$

③ 当该构件测区数不少于 10 个或按批量检测时，应按式（7-20）计算：

$$f_{cu,e} = mf_{cu}^c - 1.645 Sf_{cu}^c \tag{7-20}$$

（3）对于按批量检测的构件，当该批构件混凝土强度标准差出现下列情况之一时，则该批构件应全部按单个构件检测，即

① 当该批构件混凝土强度平均值小于 25 MPa 时：$Sf_{cu}^c > 4.5$ MPa；

② 当该批构件混凝土强度平均值不小于 25 MPa 时：$Sf_{cu}^c > 5.5$ MPa。

7.3 超声-回弹综合法检测混凝土强度

7.3.1 概述

波动是自然界中普遍存在的一种物质运动形式，机械振动在物体中的传播即为机械波。当机械波的频率在人耳可闻的范围内（20 ~ 20 000 Hz）时，称为可闻声波，低于此范围的称为次声波，而超过 20 000 Hz 的称为超声波。超声波用于非破损检测，就是以超声波为媒介，获得物体内部信息的一种方法。目前超声波检测方法已应用于医疗诊断、钢材探伤、混凝土检测等许多领域。

混凝土超声检测应用主要有两个方面：一是推定混凝土强度，二是测定混凝土内部缺陷。我国自 20 世纪 50 年代开始这项技术的研究，在 60 年代初即应用于工程检测，发展极为迅速，目前已应用于建筑、水电、交通、铁道等各类工程中，从上部结构的检测发展到地下结构的检测，从一般小构件的检测发展到大体积混凝土的检测，从单一测强发展到测裂缝、测缺陷的全面检测等。随着计算机广泛应用与超声检测技术、仪器设备的发展，混凝土超声检测逐步实现了数据处理、分析自动化，提高了检测技术的准确性和可靠性，将会在土木工程中发挥更大作用。

混凝土超声检测目前主要是采用"穿透法"，其基本原理是用一发射换能器重复发射一定频率的超声脉冲波，让超声波在所检测的混凝土中传播，然后由接收换能器将信号传递给超声仪，由超声仪测量接收到的超声波信号的各种声学参数，并转化为电信号显示在示波屏上。研究表明：在混凝土中传播的超声波的波速、振幅、频率和波形等波动参数与所测混凝土的力学参数如弹性模量、泊松比、剪切模量以及内部应力分布状态有直接的关系，也与混凝土内部缺陷如断裂面、孔洞的大小及形状的分布有关。因此，当超声波在混凝土中传播后，它携带了有关混凝土的材料性能、内部结构及其组成的信息，准确测定这些声学参数的大小及变化，可以推断混凝土的强度和内部缺陷等情况。

超声仪是超声检测的基本装置。它的作用是产生重复的电脉冲去激励发射换能器，发射换能器发射的超声波在混凝土中传播后被接收换能器接收，并转换成电信号放大后显示在示波屏上。超声仪除了产生、接收、显示超声波外，还具有量测超声波有关参数，如声传播时间、接收波振幅和频率等功能。超声仪可分为非金属超声检测仪和金属超声检测仪两大类。

应用超声波检测混凝土性能时，需要将电信号转换成发射探头的机械振动，再向被测介质发送超声波。超声波在被测介质中传播一定距离后由接收探头接收，并将其转换成电信号后再送入仪器进行处理。这种将声能与电能相互转换的器具称为换能器。上述发射探头和接收探头即为超声换能器。常用换能器按波形不同分为纵波换能器与横波换能器，分别用于纵波与横波的测量。目前，一般检测中所用的多是纵波换能器，其中又分为平面换能器、径向换能器等。在混凝土超声检测中，应根据结构的尺寸及检测目的来选择换能器。平面换能器用于一般结构的表面对测和平测；径向换能器（增压式、圆环式、一发双收式）则用在需钻孔检测或灌注桩声测管中检测等场合以及水下检测。由于超声波在混凝土中衰减较大，为了使其传播距离较远，混凝土超声检测时多使用频率在 200 kHz 以下的低频超声波。

7.3.2　混凝土主要声学参数

目前在混凝土超声检测中所常用的声学参数为声速、波形、频率及振幅，简介如下。

1. 声速

声速即超声波在混凝土中传播的速度，它是混凝土超声检测中的一个主要参数。混凝土的声速与混凝土弹性性质有关，也与混凝土内部结构（孔隙、材料组成等）有关。一般来说，弹性模量越高，密实性越好，声速也越高。同时，混凝土的强度与它的弹性模量和孔隙率（密实性）有密切关系，因此，对于同种材料与配合比的混凝土，强度越高，声速也越高。当混凝土内部有缺陷时（孔洞、蜂窝等），则该处混凝土的声速将比正常部位低。当超声波穿过裂缝传播时，所测得的声速也将比无裂缝处的声速有所降低。

2. 波形

波形是指在示波屏上显示的接收波波形。当超声波在传播过程中碰到混凝土内部缺陷、裂缝或异物时，由于超声波的绕射、反射和传播路径的复杂化，直达波、反射波、绕射波相继到达接收换能器，它们的频率和相位各不相同。这些波的叠加有时会使波形畸变。因此，对接收波波形的分析研究，有助于对混凝土内部质量及缺陷的判断。

3. 频率和振幅

在超声检测中，由电脉冲激发出的声脉冲信号是复频超声脉冲波，它包含了一系列不同成分的余弦波分量。这种含有各种频率成分的超声波在传播过程中，高频成分首先衰减。因此，可以把混凝土看作是一种类似高频滤波器的介质，超声波越往前传播，其所包含的高频分量越少，则主频率也逐渐下降。主频率下降的量值除与传播距离有关外，主要取决于混凝土本身的性质和内部是否存在缺陷等。因此，测量超声波通过混凝土后频率的变化可以判断混凝土质量和内部缺陷、裂缝等情况。

接收波振幅通常指首波，即第一个波前半周的幅值，接收波振幅值反映了接收到的声波的强弱。对于内部有缺陷或裂缝的混凝土，由于缺陷使超声波反射或绕射，振幅也将明显减小。因此，振幅值也是判断混凝土缺陷的重要指标。

7.3.3　超声-回弹综合法测强的特点

超声波检测混凝土强度的基本依据是超声波传播速度与混凝土弹性性质有密切关系，而混凝土弹性性质与其力学强度存在内在联系。因此，在实际检测中，可以建立超声声速与混凝土抗压强度相关关系，推定混凝土强度。超声测强以混凝土立方体试块 28 d 龄期抗压强度为基准，通过大量试验研究原材料品种、配合比、施工工艺等因素对超声检测参数的影响，建立超声测强的经验公式，这样，通过测量超声波声速便可得出混凝土的抗压强度。目前，国内外按统计方法建立的" f_{cu}-v "相关曲线基本上采用以下两种非线性的数学表达式：

$$f_{cu} = Av^B \tag{7-21}$$

$$f_{cu} = Ae^{Bv} \tag{7-22}$$

式中　　f_{cu}——混凝土抗压强度；

　　　　v——超声波声速；

　　　　A、B——经验系数。

混凝土强度的综合法检测，就是采用两种或两种以上的单一方法或参数（力学的、物理的或声学的等）联合测试混凝土强度的方法。由于综合法比单一法测试误差小、适用范围广，因此在混凝土的质量控制与检测中的应用越来越多。目前已被采用的综合法有超声-回弹综合法、超声钻芯综合法、超声衰减综合法等，最常用的综合测试方法是超声-回弹综合法。

1. 特点

超声-回弹综合法是指采用超声仪和回弹仪，在结构混凝土同一测区分别测量声时值和回弹值，然后利用已建立起来的测强公式推算该测区混凝土强度的一种方法。与单一的回弹或超声法相比，综合法具有以下特点：

（1）减少混凝土龄期和含水率的影响。混凝土的龄期和含水率对超声波声速和回弹值的影响有着本质的不同：混凝土含水率越大，超声声速偏高而回弹值偏低；混凝土龄期长，超声声速的增长率下降，而回弹值则因混凝土碳化程度增大而提高。因此，两者综合起来测定混凝土强度就可以部分减少龄期和含水率的影响。

（2）可以弥补相互间的不足。一个物理参数只能从某一方面、在一定范围内反映混凝土的力学性能，超过一定范围，它可能不很敏感或不起作用。例如回弹值 R 主要以表层的弹性性能来反映混凝土强度，当构件截面尺寸较大或内外质量有较大差异时，就很难反映混凝土的实际强度。超声声速主要反映材料的弹性性质，同时，由于超声波穿过材料，因而也反映材料内部的信息，但对于强度较高的混凝土（一般认为大于 35 MPa），其"f_{cu}-v"相关性较差。因此，采用回弹法和超声法综合测定混凝土强度，既可内外结合，又能在较低或较高的强度区间相互弥补各自的不足，能够较确切地反映混凝土强度。

（3）提高测试精度。由于综合法能减少一些因素的影响程度，较全面地反映整体混凝土质量，所以对提高无损检测混凝土强度的精度，具有明显的效果。

2. 影响因素

超声-回弹综合法测定混凝土强度的影响因素，比单一的超声法或回弹法要小。现将各影响因素及其修正方法汇总列于表 7-5 中。

表 7-5　超声-回弹综合法测定混凝土强度的影响因素及其修正方法

因素	试验验证范围	影响程度	修正方法
水泥品种及用量	普通水泥、矿渣水泥、粉煤灰水泥，250～450 kg/m³	不显著	不修正
细骨料品种及砂率	山砂、特细砂、中砂，28%～40%	不显著	不修正
粗骨料品种及用量	卵石、碎石；骨灰比：1∶4.6～1∶5.5	显著	必须修正或制订不同的测强曲线
粗骨料粒径	0.6～2 cm；0.6～3.2 cm；0.6～4 cm	不显著	>4 cm 应修正

因素	试验验证范围	影响程度	修正方法
外加剂	木钙减水剂、硫酸钠、三乙醇胺	不显著	不修正
碳化深度		不显著	不修正
含水率		有影响	尽可能干燥状态
测试面	浇筑侧面与浇筑上表面混凝土及底面	有影响	对 v、R 分别进行修正

3. 测强曲线

用混凝土试块的抗压强度与非破损参数之间建立起来的相关关系曲线即为测强曲线。对于超声-回弹综合法来说，即先对试块进行超声测试，然后进行回弹测试，最后将试块抗压破坏，当取得超声声速值 v、回弹值 R 和混凝土强度值 f_{cu} 之后，选择相应的数学模型来拟合它们之间的关系。综合法测强曲线按其适用范围分为以下三类。

1）统一测强曲线（全国曲线）

统一测强曲线的建立是以全国许多地区曲线为基础，经过大量的分析研究和计算汇总而成。该曲线以全国经常使用的有代表性的混凝土原材料、成型养护工艺和龄期为基本条件，适用于无地区测强曲线和专用测强曲线的单位。对全国大多数地区来说，其具有一定的现场适应性，因此使用范围广，但精度稍差。超声-回弹综合法测区混凝土强度换算表见相关规程。

2）地区（部门）测强曲线

以本地区或本部门通常使用的有代表性的混凝土原材料、成型养护工艺和龄期作为基本条件，制作相当数量的试块进行试验从而建立的测强曲线。这类曲线适用于无专用测强曲线的工程测试，充分反映了我国地域辽阔、各地材料差别较大的特点。因此，对本地区或本部门来说，其现场适应性和测试精度均优于统一测强曲线。

3）专用测强曲线

以某一个具体工程为对象，采用与被测工程相同的原材料、配合比、成型养护工艺和龄期，制作一定数量的试块，通过非破损和破损试验建立的测强曲线。这类曲线针对性较强，测试精度较地区（部门）曲线高。

7.3.4 检测方法

综合法检测混凝土强度技术，实质上就是超声法和回弹法两种单一测强的综合测试，因此，有关检测方法及规定与前述相同。

1. 检测准备

采用超声波检测时，要使从换能器发出的超声波进入被测体，还必须解决换能器与被测体之间声耦合的问题。由于被测混凝土表面粗糙不平，不论压得多紧，在换能器与被测对象之间仍会有空气夹层存在，固体与空气的特性阻抗相差悬殊，当超声波由换能器传播到空气夹层时，超声能量绝大部分被反射而难以进入混凝土。为此，需要在换能器与混凝土之间加上耦合剂。耦合剂一般是液体或膏体，它们充填于二者之间时，排掉了空气，形成耦合剂层，这样就会使大部分超声波进入混凝土。平面换能器的耦合剂一般采用膏体，如黄油、凡士林等。采用径向换能器在测试孔中测量时，通常用水作耦合剂。

检测构件时布置测区应符合下列规定：① 按单个构件检测时，应在构件上均匀布置不少于10个测区；② 当对同批构件抽样检测时，构件抽样数应不少于同批构件的30%，且不少于4件，每个构件测区数不少于10个；③ 对长度小于或等于2 m的构件，其测区数量可适当减少，但不应少于3个。

当按批抽样检测时，凡符合下列条件的构件，才可作为同批构件：① 混凝土强度等级相同；② 混凝土原材料、配合比、成型工艺、养护条件及龄期基本相同；③ 构件种类相同；④ 在施工阶段所处状态相同。

每个构件的测区，应满足以下的要求：① 测区的布置应在混凝土浇筑方向的侧面。② 测区应均匀布置，相邻两测区的间距不宜大于2 m。③ 测区应避开钢筋密集区和预埋钢板。④ 测区尺寸为200 mm×200 mm；相对应的两个200 mm×200 mm区域应视为一个测区；测试面应清洁和平整；测区应标明编号。⑤ 测试面应清洁、平整、干燥，不应有接缝、饰面层、浮浆和油垢，并避开蜂窝、麻面部位，必要时可用砂轮片磨平不平整处。

每一测区宜先进行回弹测试，然后进行超声测试。对非同一测区的回弹值和超声声速值，不能按综合法计算混凝土强度。

2. 测试方法

回弹值的测量与计算在本章第二节已详述，这里不再重复。以下简要介绍超声声速值的测量与计算。

1）超声声时值的测量

超声测点应布置在回弹测试的同测区内。测量超声声时值时，应保证换能器与混凝土耦合良好，测试的声时超声测点值应精确至0.1 μs，声速值应精确至0.01 km/s，超声波传播距离的测量误差应不大于1%。在每个测区内的相对测试面上，应各布置3个超声测点，且发射和接收换能器的轴线应在同一直线上，如图7-5所示。

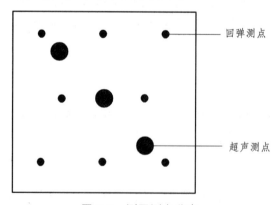

图7-5 测区测点分布

2）声速值的计算

测区声速值应按式（7-23）计算：

$$v = \frac{l}{t_m}$$
（7-23）

$$t_m = (t_1 + t_2 + t_3)/3 \qquad (7\text{-}24)$$

式中　v——测区声速值（km/s）；

l——超声波检测距离（mm）；

t_m——测区平均声时值（μs）；

t_1、t_2、t_3——测区中 3 个测点的声时值。

当在混凝土浇筑的顶面与底面测试时，由于上表面砂浆较多，强度偏低，底面粗骨料较多，强度偏高，综合起来与成型侧面是有区别的。此外，浇筑表面不平整会使声速偏低，所以进行上表面与底面测试时声速应进行修正：

$$v_\alpha = 1.034 v_i \qquad (7\text{-}25)$$

式中　v_α——修正后的测区声速值（km/s）。

3. 混凝土强度的推定

用综合法检测构件混凝土强度时，构件第 i 个测区的混凝土强度换算值 $f_{cu,i}$，应根据修正后的测区回弹值 R_{ai} 及修正后的测区声速值 v_{ai}，按已确定的综合法相关测强曲线计算。当结构所用材料与制订的测强曲线所用材料有较大差异时，须用同条件试块或从结构构件测区钻取的混凝土芯样进行修正，试件数量应不少于 3 个。此时，得到的测区混凝土强度换算值应乘以修正系数。修正系数可按式（7-26）、式（7-27）计算：

有同条件立方体试块时

$$\eta = \frac{1}{n} \sum_{i=1}^{n} \frac{f_{cu,i}}{f_{cu,i}^c} \qquad (7\text{-}26)$$

有混凝土芯样试件时

$$\eta = \frac{1}{n} \sum_{i=1}^{n} \frac{f_{cor,i}}{f_{cu,i}^c} \qquad (7\text{-}27)$$

式中　η——修正系数；

$f_{cu,i}$——第 i 个混凝土立方体试块抗压强度值；

$f_{cu,i}^c$——对应于第 i 个立方体试块或芯样试件的混凝土强度换算值；

$f_{cor,i}$——第 i 个混凝土芯样试件抗压强度值；

n——试件数。

7.4　钢筋混凝土结构缺陷检测

7.4.1　概述

钢筋混凝土结构的缺陷，是指那些在宏观材质不连续、性能参数有明显变异，而且对结构的承载能力和使用性能产生影响的区域。混凝土结构由于设计、施工等原因或受使用环境、自然灾害的影响，在内部可能会存在不密实区域或空洞、钢筋锈蚀等，在外部可能形成蜂窝、麻面、裂缝或损伤层等缺陷，这些缺陷的存在会严重影响结构的承载能力和耐久性能。采用简便有效的方法查明混凝土各种缺陷的性质、范围及大小，以便进行技术处理，是工程建设、运营养护过程中一个重要问题。目前，在诸多混凝土缺陷的无损检测方法中，应用最广泛、最有效的是超声波检测。

1. 超声波检测混凝土缺陷的基本原理

采用超声波检测混凝土缺陷的基本依据是：利用超声波在技术条件相同（指混凝土原材料、配合比、龄期和测试距离一致）的混凝土中传播的时间（或速度）、接收波的振幅和频率等声学参数的变化，来判定混凝土的缺陷。首先，因为超声波传播速度的快慢与混凝土的密实程度有直接关系，对于技术条件相同的混凝土来说，声速高则混凝土密实，相反则混凝土不密实。当有空洞、裂缝等缺陷存在时，破坏了混凝土的整体性，由于空气的声阻抗率远小于混凝土的声阻抗率，超声波遇到蜂窝、空洞或裂缝等缺陷时，会在缺陷界面发生反射和散射，因此传播的路程会增大，测得的声时会延长，声速会降低。其次，在缺陷界面超声波的声能被衰减，其中频率较高的部分衰减更快，因此接收信号的波幅明显降低，频率明显减小或频率谱中高频成分明显减少。最后，经缺陷反射或绕过缺陷传播的超声波信号与直达波信号之间存在相位差，叠加后互相干扰，致使接收信号的波形发生畸变。根据上述原理，在实际测试中，可以利用混凝土声学参数测量值和相对变化综合分析，判别混凝土缺陷的位置和范围，或者估算缺陷的尺寸。

2. 超声波检测混凝土缺陷的方法

超声波检测混凝土缺陷技术一般根据被测结构的形状、尺寸及所处环境，确定具体测试方法。常用的测试方法大致分为以下几种。

1）平面测试（用厚度振动式换能器）

对测法：将发射（T）和接收（R）换能器分别置于被测结构相互平行的两个表面，且两个换能器的轴线位于同一直线上。

斜测法：将发射和接收换能器分别置于被测结构的两个表面，但两个换能器的轴线不在同一直线上。

单面平测法：一对发射和接收换能器分别置于被测结构同一表面上进行测试。

2）测试孔测试（采用径向振动式换能器）

孔中对测：一对换能器分别置于两个对应测试孔中，位于同一高度进行测试。

孔中斜测：一对换能器分别置于两个对应测试孔中，但不在同高度进行而是在保持一定高程差的条件下进行测试。

孔中平测：一对换能器分别置于同测试孔中，以一定的高程差同步移动进行测试。

本节将简述混凝土浅裂缝、深裂缝、混凝土匀质性、不密实和空洞区域、两次浇灌混凝土结合面等缺陷的超声波检测方法。

7.4.2 混凝土浅裂缝检测

所谓浅裂缝，是指局限于结构表层，深度不大于 500 mm 的裂缝。实际检测时一般可根据结构物的断面尺寸和裂缝在结构表面的宽度，大致估计被测的是浅裂缝还是深裂缝。一般工程结构中的梁、柱、板和机场跑道等出现的裂缝，都属于浅裂缝。在测试时，根据被测结构的实际情况，浅裂缝可分为单面平测法和对穿斜测法。

1. 平测法

当结构的裂缝部位只具有一个表面可供检测时，可采用平测法进行裂缝深度检测。平测时应在裂缝的被测部位以不同的测距同时按跨缝和不跨缝布置测点进行声时测量。如图 7-6 所示，首先将发射换能器 T 和接收换能器 R 置于被测裂缝的同一侧，并将 T 耦合好保持不动，以 T、R 两个换能器内边缘间距 l' 为 100 mm、150 mm、200 mm……依次移动 R 并读取相应的声时值 t_i。以 l' 为纵轴、t 为横轴绘制 l'-t 坐标图，如图 7-7 所示。也可用统计方法求 l' 与 t 之间的回归直线式 $l'=a+bt$，式中 a、b 为待求的回归系数。

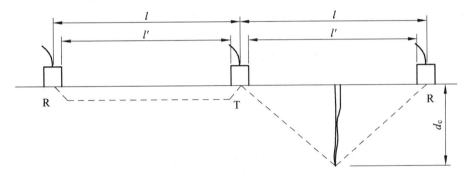

图 7-6　单面平测裂缝示意图

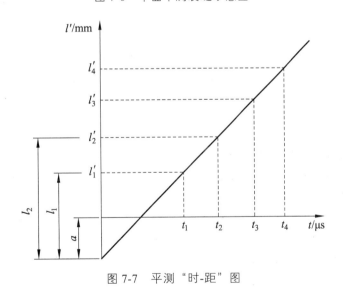

图 7-7　平测"时-距"图

每一个测点的超声实际传播距离为

$$l_i = l'_i + a \tag{7-28}$$

式中　l_i——第 i 点的超声波实际传播距离（mm）；

　　　l'_i——第 i 点的 T、R 换能器内边缘间距（mm）；

　　　a——"时-距"图中 l' 轴的截距或回归所得的常数项（mm）。

其次，进行跨缝的声时测量。将 T、R 换能器分别置于以裂缝为轴线的对称两侧，两换能器中心连线垂直于裂缝走向，以l'=100 mm、150 mm、200 mm……分别读取声时值t_i^0。该声时值便是超声波绕过裂缝末端传播的时间。根据几何关系，可推算出裂缝深度的计算式为

$$d_{ci} = \frac{l_i}{2}\sqrt{\left(\frac{t_i^0}{t_i}\right)^2 - 1} \qquad (7\text{-}29)$$

式中　d_{ci}——裂缝深度（mm）；

　　　t_i、t_i^0——分别代表测距为l_i时不跨缝、跨缝平测的声时值（μs）。

将不同测距取得的d_{ci}的平均值作为该裂缝的深度值d_c，如所得的d_c值大于原测距中任一个l_i，则应该把该l_i距离的d_{ci}舍弃后重新计算d_c值。

以声时推算浅裂缝深度，是假定裂缝中充满空气，声波绕过裂缝末端传播。若裂缝中有水或泥浆，则声波经水介质耦合穿裂缝而过，不能反映裂缝的真实深度。因此检测时，裂缝中不得有填充水和泥浆。当有钢筋穿过裂缝且与T、R换能器的连线大致平行靠近时，则沿钢筋传播的超声波首先到达接收换能器，测试结果也不能反映裂缝的深度。因此，布置测点时应注意使T、R换能器的连线至少与该钢筋的轴线相距1.5倍的裂缝预计深度，如图7-8所示，应使$a \geqslant 1.5d_c$。

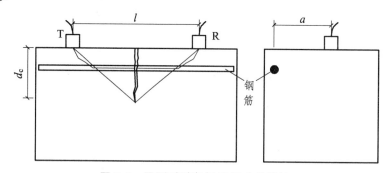

图7-8　平测时避免钢筋影响的措施

2. 斜测法

当结构物的裂缝部位具有两个相互平行的测试表面时，可采用斜测法检测。可按图7-9所示方法布置换能器，保持T、R换能器的连线通过缝和不通过缝的测试距离相等、倾斜角一致的条件下，读取相应的声时、波幅和频率值。当T、R换能器的连线通过裂缝时，由于混凝土不连续性，超声波在裂缝界面上产生很大衰减，接收到的首波信号很微弱，其波幅和频率与不过缝的测点值比较有很大差异。据此便可判断裂缝的深度及是否在水平方向贯通。斜测法检测裂缝深度具有直观、可靠的特点，若条件许可宜优先选用。

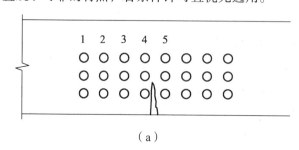

（a）

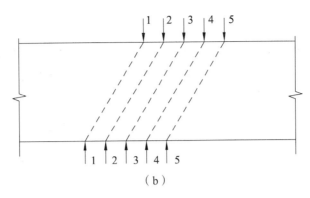

（b）

图 7-9　斜侧裂缝深度示意图

7.4.3　混凝土深裂缝检测

所谓深裂缝，是指混凝土结构物表面开裂深度在 500 mm 以上的裂缝。对于水坝、桥墩、大型设备基础等大体积混凝土结构，在浇筑混凝土过程中，由于水泥的水化热散失较慢，混凝土的内部温度比表面高，使结构断面形成较大的温差，当由此产生的拉应力大于混凝土抗拉强度时，便会在混凝土中产生裂缝。

1. 测试方法

深裂缝的检测一般是在裂缝两侧钻测试孔，用径向振动式换能器置于测试孔中进行测试。如图 7-10 所示，在裂缝两侧分别钻测试孔 A、B，应在裂缝一侧多钻一个较浅的孔 C，测试无缝混凝土的声学参数，供对比判别之用。测试孔应满足下列要求：孔径应比换能器直径大 5 ~ 10 mm；孔深应至少比裂缝预计深度深 700 mm，经试测如其深度浅于裂缝深度，则应加深测试孔；对应的两个测试孔，必须始终位于裂缝两侧，其轴线应保持平行；两个对应测试孔的间距宜为 2 m，同一结构的各对应测孔间距应相同；孔中粉末碎屑应清理干净。

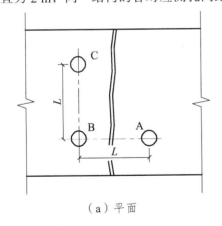

（a）平面

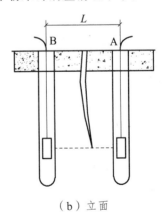

（b）立面

图 7-10　测试孔测裂缝深度

检测时应选用频率为 20 ~ 40 kHz 的径向振动式换能器，并在其接线上做出等距离标志（一般间隔 100 ~ 500 mm）。测试前要先向测试孔中注满清水作为耦合剂，然后将 T、R 换能器分别置于裂缝两侧的对应孔中，以相同高程等间距从上至下同步移动，逐点读取声时、波幅和换能器所处的深度。

2. 裂缝深度判定

以换能器所处深度（d）与对应的波幅值（A）绘制 d-A 坐标图，如图 7-11 所示，随着换能器位置的下移，波幅逐渐增大，当换能器下移至某位置后，波幅达到最大并基本稳定，该位置所对应的深度便是裂缝深度 d_c。

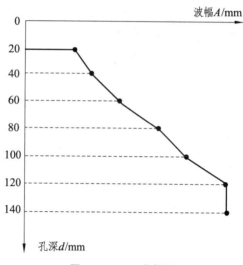

图 7-11 d-A 坐标图

7.4.4   混凝土不密实区和空洞检测

混凝土和钢筋混凝土结构物在施工过程中，有时因漏振、漏浆或因石子架空在钢筋骨架上，导致混凝土内部形成蜂窝状不密实区或空洞。这种结构物内部的隐蔽缺陷，应及时检查出并进行技术处理。

1. 测试方法

混凝土内部的隐蔽缺陷情况，无法凭直觉判断，因此这类缺陷的测试区域，一般总要大于所怀疑的有缺陷区域，或者首先做大范围的粗测，根据粗测情况再着重对可疑区域进行细测。根据被测结构实际情况，可按下列方法布置换能器进行检测。

1）平面对测

当结构被测部位具有两对平行表面时，可采用对测法。如图 7-12 所示，在测区的两对相互平行的测试面上，分别画出间距为 200～300 mm 的网格，并编号确定对应的测点位置，然后将 T、R 换能器分别置于对应测点上，逐点读取相应的声时（t_i）、波幅（A_i）和频率（f_i），并量取测试距离（l_i）。

2）平面斜测

结构中只有一对相互平行的测试面或被测部位处于结构的特殊位置，可采用斜测法进行检测。测点布置如图 7-13 所示。

3）测试孔检测法

当结构的测试距离较大时，为了提高测试灵敏度，可在测区适当位置钻一个或多个平行于侧面的测试孔。测孔的直径一般为 45～50 mm，测孔深度视检测需要而定。结构侧面采用厚度振动式换能器，一般用黄油耦合，测孔中用径向振动式换能器，用清水作耦合剂。换能器布置如图 7-14 所示。检测时根据需要，可以将孔中和侧面的换能器置于同一高度，也可将两者保持一定的高度差，同步上下移动，逐点读取声时、波幅和频率值，并记下孔中换能器的位置。

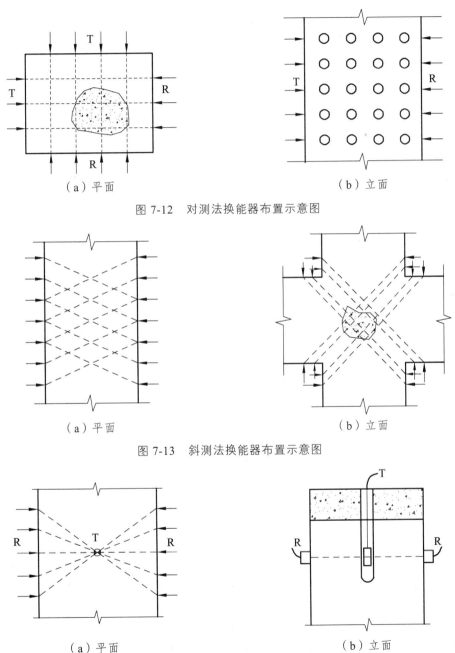

（a）平面　　　　　　　　　　　　（b）立面

图 7-12　对测法换能器布置示意图

（a）平面　　　　　　　　　　　　（b）立面

图 7-13　斜测法换能器布置示意图

（a）平面　　　　　　　　　　　　（b）立面

图 7-14　测试孔检测法换能器布置示意图

2. 不密实区和空洞的判定

由于混凝土本身的不均匀性，即使是没有缺陷的混凝土，测得的声时、波幅等参数值也在一定范围内波动。因此，不可能有一个固定的临界指标作为判断缺陷的标准，一般都利用统计方法进行判别。一个测区的混凝土如果不存在空洞、蜂窝区或其他缺陷，则可认为这个测区的混凝土质量基本符合正态分布。虽因混凝土质量的不均匀性，使声学参数测量值产生一定离散，但一般服从统计规律。若混凝土内部存在缺陷，则这部分混凝土与周围的正常混凝土的声学参数必然存在明显差异。

1）混凝土声学参数的统计计算

测区混凝土声时（或声速）、波幅、频率测量值的平均值（m_X）和标准差（S_X）应按式（7-30）计算：

$$m_X = \frac{1}{n}\sum_{i=1}^{n}X_i \tag{7-30}$$

$$S_X = \sqrt{\left(\sum_{i=1}^{n}X_i^2 - nm_X^2\right)/(n-1)} \tag{7-31}$$

式中　X_i——第 i 点的声时（或声速）、波幅、频率的测量值；

　　　n——一个测区测点数。

2）测区中异常数据的判别

将一测区中各测点的声时值由小到大按顺序排列，即 $t_1 \leqslant t_2 \leqslant \cdots \leqslant t_n \leqslant t_{n+1}$，将排在后面明显大的数据视为可疑，再将这些可疑数据中最小的一个（假定为 t_n）连同其前面的数据按式（7-30）、式（7-31）计算出 m_t 及 S_t 并代入式（7-32），算出异常情况的判断值（X_0）为

$$X_0 = m_t + \lambda_1 S_t \tag{7-32}$$

式中　λ_1——异常值判定系数，应按表 7-6 取值。

表 7-6　异常值判定系数

n	14	16	18	20	22	24	26	28	30
λ_1	1.47	1.53	1.59	1.64	1.69	1.73	1.77	1.80	1.83
n	32	34	36	38	40	42	44	46	48
λ_1	1.89	1.89	1.92	1.94	1.96	1.98	2.00	2.02	2.04
n	50	52	54	56	58	60	62	64	66
λ_1	2.05	2.07	2.09	2.10	2.12	2.13	2.14	2.16	2.17
n	68	70	72	74	76	78	80	82	84
λ_1	2.18	2.19	2.20	2.21	2.22	2.23	2.24	2.25	2.26
n	86	88	90	92	94	96	98	100	102
λ_1	2.27	2.28	2.29	2.30	2.30	2.31	2.32	2.32	2.33

把 X_0 值与可疑数据中的最小值 t_n 相比较，若 t_n 大于或等于 X_0，则 t_n 及排在其后的声时值均为异常值；当 t_n 小于 X_0 时，应再将 t_{n+1} 放进去重新进行统计计算和判别。

同样，将一测区测点的波幅、频率或由声时计算的声速值按由大到小的顺序排列，即 $X_1 \geqslant X_2 \geqslant \cdots X_n \geqslant X_{n+1}$，将排在后面明显小的数据视为可疑，再将这些可疑数据中最大的一个（假定为 X_n）连同其前面的数据按式（7-30）、式（7-31）计算出 m_t 及 S_t，并代入式（7-33），

算出异常情况的判断值 X_0 为

$$X_0 = m_X - \lambda_1 S_t \qquad (7\text{-}33)$$

把判断值 X_0 与可疑数据中的最大值 X_n 相比较，若 X_n 小于或等于 X_0，则 X_n 及排在其后的各数据均为异常值；当 X_n 大于 X_0，应再将 X_{n+1} 放进去重新进行统计计算和判别。

3）不密实区和空洞范围的判定

一个构件或一个测区中，某些测点的声时（或声速）、波幅或频率被判为异常值时，可结合异常测点的分布及波形状况，判定混凝土内部存在不密实区和空洞的范围。当判定缺陷是空洞时，其尺寸可按下面的方法估算。

如图 7-15 所示，设检测距离为 l，空洞中心（在另一对测试面上，声时最长的测点位置）距一个测试面的垂直距离为 l_1，声波在空洞附近无缺陷混凝土中传播的时间平均值为 m_{ta}，绕空洞传播的时间（空洞处的最大声时）为 t_1，空洞半径为 r。根据 l_1/l 值和 $(t_1 - m_{ta})/m_{ta} \times 100\%$ 值，可由表 7-7 查得空洞半径 r 与测距 l 的比值，再计算空洞的大致尺寸 r。

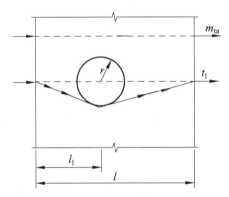

图 7-15　空洞尺寸估算原理示意图

表 7-7　空洞半径 r 与测区 l 的比值

x y z	0.05	0.08	0.10	0.12	0.14	0.16	0.18	0.20	0.22	0.24	0.26	0.28	0.30
0.10（0.9）	1.42	3.77	6.26										
0.15（0.85）	1.00	2.56	4.06	5.96	8.39								
0.2（0.8）	0.78	2.02	3.17	4.62	6.36	8.44	10.9	13.9					
0.25（0.75）	0.67	1.72	2.69	3.90	5.34	7.03	8.98	11.2	13.8	16.8			
0.3（0.7）	0.60	1.53	2.40	3.46	4.73	6.21	7.91	9.38	12	14.4	17.1	20.1	23.6
0.35（0.65）	0.55	1.41	2.21	3.19	4.35	5.70	7.25	9	10.9	13.1	15.5	18.1	21
0.4（0.6）	0.52	1.34	2.09	3.02	4.12	5.39	6.84	10.3	12.3	14.5	16.9	19.6	19.8
0.45（0.55）	0.50	1.3	2.03	2.92	3.99	5.22	6.62	8.20	9.95	11.9	14	16.3	18.8
0.5	0.50	1.28	2.00	2.89	3.94	5.16	6.55	8.11	9.84	11.8	13.8	16.1	18.6

注：表中 $x = (t_h - t_m)/t_m \times 100\%$；$y = l_h/l$；$z = r/l$。

如被测部位只有一对可供测试表面，空洞尺寸可用式（7-37）计算：

$$r = \frac{l}{2}\sqrt{\left(\frac{t_1}{m_{ta}}\right)^2 - 1} \qquad (7\text{-}34)$$

式中　r ——空洞半径（mm）；

　　　l ——T、R 换能器之间的距离（mm）；

　　　t_1 ——缺陷处的最大声时值（μs）；

　　　m_{ta} ——无缺陷区的平均声时值（μs）。

7.4.5　两次浇筑的混凝土结合面质量检测

对于一些重要的混凝土和钢筋混凝土结构物，为保证其整体性，应该连续不间断地一次浇筑完混凝土。但有时因施工工艺的需要或意外因素，在混凝土浇筑的中途停顿的间歇时间超过 3 h 后再继续浇筑；既有的混凝土结构因某些原因需加固补强，进行第二次混凝土浇筑等。在同一构件上，两次浇筑的混凝土之间，应保持良好的结合，使其形成一个整体，方能确保结构的安全使用。因此，对一些结构构件新旧混凝土结合面质量的检测就非常必要，超声波检测技术的应用为其提供了有效途径。

1. 检测方法

超声波检测两次浇筑的混凝土结合面质量一般采用斜测法，通过穿过与不穿过结合面的超声波声速、波幅和频率等声学参数相比较进行判断。超声测点的布置方法如图 7-16 所示。布置测点时应注意以下几点：

（1）测试前应查明结合面的位置及走向，以正确确定被测部位及布置测点。

（2）所布置的测点应避开平行超声波传播方向的主钢筋或预埋钢板。

（3）使测试范围覆盖全部结合面或有怀疑的部位。

（4）为保证各测点具有一定的可比性，每一对测点应保持其测线的倾斜度一致、测距相等。

（5）测点间距应根据被测结构尺寸和结合面外观质量情况而定，一般为 100 ~ 300 mm，间距过大易造成缺陷漏检的危险。

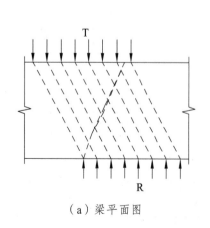

（a）梁平面图

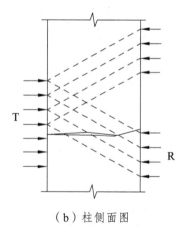

（b）柱侧面图

图 7-16　检测混凝土结合面时换能器布置示意图

2. 数据处理及判定

两次浇筑的混凝土结合面质量的判定与混凝土不密实区和空洞的判定方法基本相同。把超声波跨缝与不跨缝的声时（或声速）、波幅或频率的测量值放在一起，分别进行排列统计。当混凝土结合面中有局部地方存在缺陷时，该部位的混凝土失去连续性，超声脉冲波通过时，其波幅和频率会明显降低，声时也有不同程度增大。因此，凡被判为异常值的测点，查明无其他原因影响时，可以判定这些部位结合面质量不良。

7.4.6 混凝土表面损伤层检测

混凝土和钢筋混凝土结构物，在施工和使用过程中，其表面层会在物理和化学因素的作用下受到损害，如火灾、冻害和化学侵蚀等。从工程实测结果来看，一般总是最外层损伤程度较为严重，越向内部深入，损伤程度越轻。在这种情况下，混凝土强度和超声声速的分布应该是连续的，但为了计算方便，在进行混凝土表面损伤层厚度的超声波检测时，把损伤层与未损伤部分简单地分为两层来考虑。

1. 测试方法

超声脉冲法检测混凝土表面损伤层厚度宜选用频率较低的厚度振动式换能器，采用平测法检测，如图 7-17 所示。将发射换能器 T 置于测试面某一点保持不动，再将接收换能器 R 以测距 $l_i=100$ mm、150 mm、200 mm……依次置于各点，读取相应的声时值 t_i。R 换能器每次移动的距离不宜大于 100 mm，每一测区的测点数不得少于 5 个。检测时测区测点的布置应满足以下要求：

（1）根据结构的损伤情况和外观质量选取有代表性的部位布置测区。

（2）结构被测表面应平整并处于自然干燥状态，且无接缝和饰面层。

（3）测点布置时应避免 T、R 换能器的连线方向与附近主钢筋的轴线平行。

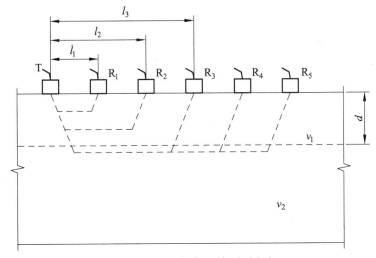

图 7-17　混凝土损伤层检测测点布置

2. 损伤层厚度判定

以各测点的声时值 t_i 和相应测距值 l_i，绘制"时-距"坐标图，如图 7-18 所示。两条直线

的交点 B 所对应的测距定为 l_0，直线 AB 的斜率便是损伤层混凝土的声速 v_1，直线 BC 的斜率便是未损伤层混凝土的声速 v_2，则损伤层厚度可按式（7-35）计算：

$$d = \frac{l_0}{2}\sqrt{\frac{v_2 - v_1}{v_2 + v_1}} \tag{7-35}$$

式中　　d——损伤层厚度（mm）；

　　　　l_0——声速产生突变时的测距（mm）；

　　　　v_1——损伤层混凝土的声速（km/s）；

　　　　v_2——未损伤层混凝土的声速（km/s）。

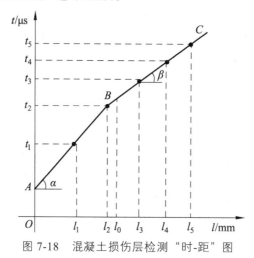

图 7-18　混凝土损伤层检测"时-距"图

7.4.7　混凝土匀质性检测

所谓混凝土匀质性检测，是对整个结构物或同一批构件的混凝土质量均匀性的检测。混凝土匀质性检测的传统方法是，在结构物浇筑混凝土现场取样制作混凝土标准试块，以其破坏强度的统计值来评价混凝土的匀质性。应该指出这种方法存在一些局限性，例如试块的数量有限，或因结构的几何尺寸、成型方法等不同，结构物混凝土的密实程度与标准试块会存在较大差异，可以说标准试块的强度很难全面反映结构混凝土质量均匀性。为克服这些缺点，通常采用超声脉冲法检测混凝土的匀质性。超声脉冲法直接在结构上进行检测，具有全面、直接、方便、数据代表性强的优点，是检测混凝土匀质性的一种有效的方法。

1. 测试方法

一般采用厚度振动式换能器进行穿透对测法检测结构混凝土的匀质性。要求被测结构应具备相互平行的测试表面，并保持平整、干净。先在两个测试面上分别画出等间距的网格，并编上对应的测点序号。网格的间距大小取决于结构的种类和测试要求，一般为 200～500 mm。对于测距较小、质量要求较高的结构，测点间距宜小些。测点布置时，应避开与超声波传播方向一致的钢筋。

测试时，应使 T、R 换能器在对应的测点上保持良好耦合状态，逐点读取声时值 t_i 并测量对应测点的距离 l_i 值。

2. 计算和分析

混凝土的声速值、混凝土声速的平均值、标准差及离差系数分别按式（7-36）、（7-37）计算：

$$S_v = \sqrt{\left(\sum_{i=1}^{n} v_i^2 - n \cdot m_v^2\right)/(n-1)} \tag{7-36}$$

$$C_v = \frac{S_v}{m_v} \tag{7-37}$$

式中　　v_i——第 i 点混凝土声速（km/s）；

n——测点数；

m_v——混凝土声速平均值（km/s）；

S_v——混凝土声速的标准差（km/s）；

C_v——混凝土声速的离差系数。

根据声速的标准差和离差系数（变异系数），可以相对比较相同测距的同类结构或各部位混凝土质量均匀性的优劣。

7.4.8　钢筋锈蚀检测

钢筋混凝土在建造过程以及其后的使用过程中，将受到周围环境的荷载、温度、湿度、冻融、海水侵蚀、空气中有害化学物质的影响，使材料的性能衰退减弱、钢筋有效截面面积减小，引起结构性能的变化和承载力降低，最终使结构或构件失效，造成严重的经济损失。

目前主要的钢筋锈蚀无损检测方法有分析法、物理法和电化学法等三类。分析法根据现场实测的钢筋直径、保护层厚度、混凝土强度、碳化深度、氯离子侵入深度及其含量、裂缝数量及宽度等数据，综合考虑构件所处的环境情况，推断钢筋锈蚀程度；物理方法主要是通过测定钢筋锈蚀引起电阻、电磁、热传导、声波传播等物理特性的变化来反映钢筋锈蚀情况；电化学方法是通过测定钢筋/混凝土腐蚀体系的电化学特性来确定混凝土中钢筋锈蚀程度或速率。电化学方法具有测试速度快、灵敏度高、可连续跟踪测量等优点，是目前采用较多的检测方法。

半电池电位法是电化学方法之一，其基本原理是钢筋混凝土阳极区和阴极区存在着电位差，此电位差使电子流动并导致钢筋腐蚀，因此，可通过测量钢筋和一个放在混凝土表面的半电池（参比电极）之间的电位差来预测钢筋可能的锈蚀程度。标准半电池电位法测量钢筋腐蚀电位的原理如图 7-19 所示。钢筋锈蚀检测，就是通过测量混凝土构件表面的电势分布来判断，如果出现某种电势梯度（电阻率值变化），则可探明锈蚀钢筋的位置及锈蚀程度。根据这一原理，研制了专门的钢筋锈蚀检测仪。

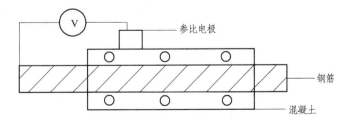

图 7-19　标准半电池电位法测量钢筋腐蚀电位的原理

1. 测试方法

检测时，先在混凝土结构及构件上布置若干测区，测区面积不宜大于 5 m×5 m，并应按照确定的位置编号，每个测区应采用组矩阵式（行、列）布置测点，依据被测结构及构件的尺寸，宜用 10 cm×10 cm～50 cm×50 cm 划分网格，网格的节点即为电位测点。实际操作中，可在结构上选取 50 cm×50 cm 的区域进行检测，每 10 cm 为一个测点，一个区域设 36 个测点。当测区混凝土有绝缘涂层介质隔离时，应清除绝缘涂层介质，使测点处混凝土表面平整、清洁。必要时应采用砂轮或钢丝刷打磨，并应将粉尘等杂物清除。

2. 钢筋锈蚀检测结果判定

半电池电位检测结果可采用电位等值线图表示被测结构及构件中钢筋的锈蚀情况性状，其可以较直观地反映不同锈蚀性状的钢筋分布。当采用半电池电位值评价钢筋锈蚀性状时，应根据表 7-8 进行判断。

表 7-8　半电池电位值评价钢筋锈蚀性状

电位水平/mV	电位水平/mV
>-200	不发生锈蚀的概率>90%
-200～-350	钢筋锈蚀性状不确定
<-350	发生锈蚀的概率>90%

7.4.9　钢筋间距和保护层厚度检测

混凝土中钢筋保护层，是指包裹在构件受力主筋外侧、具有一定厚度的混凝土层。保护层厚度，是指从受力主筋的外边缘到混凝土构件外边缘的最短距离，也就是受力主筋外表面到构件表面的最小距离。钢筋保护层对结构的可靠性和耐久性都有很重要的作用，既可以保护钢筋在自然环境因素和各种复杂的使用条件下不受介质侵蚀，防止锈蚀，增强结构耐久性，也可以保护构件不因高温影响而急剧丧失承载力。

1. 测试方法

目前，所使用的钢筋保护层厚度检测仪器多依据电磁感应原理，即采用仪器在混凝土构件表面发射电磁波，形成电磁场，混凝土内部的钢筋会切割磁力线，产生感应电磁场，而感应电磁场的强度及空间梯度变化会受到既有钢筋位置、直径、保护层厚度的影响。因此，通过测量感应电磁场的梯度变化，并通过技术分析处理，就能确定钢筋位置、保护层厚度和钢筋直径等参数。针对钢筋保护层厚度的现行检测标准主要有《混凝土结构工程施工质量验收规范》（GB 50204—2021）、《混凝土中钢筋检测技术规程》（JGJ/T 152—2008），比较细致地规定了钢筋保护层厚检测方法，具体检测步骤如下：

（1）检测前，应对钢筋探测仪进行调零，并结合设计资料了解钢筋布置状况。检测时，应避开钢筋接头和绑丝，先对被测钢筋进行初步定位。将探头有规律地在检测面上移动，直至仪器显示接收信号最强或保护厚度值最小时，此时探头中心线与钢筋轴线基本重合，在相应位置做好标记。然后，按上述步骤将相邻的其他钢筋逐一标出。

（2）钢筋位置确定后，设定钢筋探测仪量程范围及钢筋公称直径，沿被测钢筋轴线选择相邻影响较小的位置，并应避开钢筋接头和绑丝，读取第 1 次检测指示保护层厚度值 c_1^t。在被测钢筋的同一个位置应重复 1 次，读取第 2 次检测指示保护层厚度值 c_2^t。

（3）当同一处读取的 2 个混凝土保护层厚度值相差大于 1 mm 时，该组检测数据无效，并查明原因，在该处重新进行检测。仍不满足要求时，应更换钢筋探测仪或采用局部开槽（局部破损法）方法验证。

（4）当实际混凝土保护层厚度值小于钢筋探测仪最小示值时，应采用在探头下附加垫块的方法进行检测。在采用附加垫块的方法进行检测前，宜优先选用仪器所配备的垫块；如选用自制垫块，应确保对仪器不产生电磁干扰，表面光滑平整，其各方向厚度值偏差不大于 0.1 mm。在计算 c 值时，所加垫块厚度应予扣除，并在原始记录中明确反映。

（5）检测时应该注意以下事项：

① 检测前应根据检测构件所采用的混凝土，对电磁感应法钢筋探测仪进行校准。

② 在检测过程中，应经常检查仪器是否偏离初始状态并及时进行调零。

③ 检测时，检测结果通常受邻近的钢筋影响，因此要正确地设置各项参数。

2. 钢筋间距及混凝土保护层厚度结果判定

钢筋的混凝土保护层厚度结果平均检测值应按式（7-38）计算：

$$c_{m,i}^t = (c_1^t + c_2^t + 2c_c - 2c_0)/2 \qquad (7\text{-}38)$$

式中　$c_{m,i}^t$——第 i 测点混凝土保护层厚度平均检测值，精确至 1 mm；

　　　$c_1^t + c_2^t$——第 1、2 次监测的混凝土保护层厚度检测值，精确至 1 mm；

　　　c_c——混凝土保护层厚度修正值，为同一规格钢筋的混凝土保护层厚度实测验证值减去检测值，精确至 0.1 mm；

　　　c_0——探头垫块厚度，精确至 0.1 mm，不加垫块时 $c_0 = 0$。

检测钢筋间距时，可根据实际需要采用绘图方式给出结果。当同一构件钢筋检测不少于 7 根钢筋（6 个间隔）时，也可给出被测钢筋的最大间距、最小间距，并按照式（7-39）计算钢筋的平均间距：

$$s_{m,i} = \frac{\sum_{i=1}^{n} s_i}{n} \qquad (7\text{-}39)$$

式中　$s_{m,i}$——钢筋平均间距，精确至 1 mm；

　　　s_i——第 i 个钢筋间距，精确至 1 mm。

7.4.10　钢筋直径检测

目前，国内外的测量效果比较好的钢筋检测仪基本上都是利用电磁感应法的原理而设计的，受物理方法的限制，这类仪器并不能检测混凝土结构物中的多层网状钢筋，一般只是以最外层的钢筋（混凝土表面附近）为检测对象。

1. 测试方法

当探头走向沿垂直钢筋由左向右移动，探头的轴线与钢筋平行，由远及近然后越过钢筋后慢慢远离，如图 7-20 所示。在这个过程中，由于距离钢筋越近，线圈中的电压变化越大，产生的结果如图 7-21 所示。

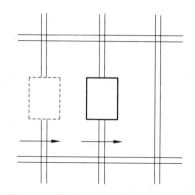

图 7-20 探头垂直于钢筋方向移动

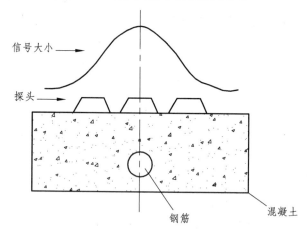

图 7-21 钢筋位置与信号大小的变化示意图

在检测过程中，应注意以下可能对检测结果产生影响的因素：

（1）避开钢筋之间的相互影响。选择好检测区域后，测试前将探头远离铁磁物复位，用定位功能找到钢筋的走向和分布，用粉笔画出钢筋的位置和走向，测试点尽量避开箍筋。

（2）探头移动的方向和钢筋的走向要垂直。当探头轴线和钢筋轴线平行时灵敏度最高，当探头轴线和钢筋轴线垂直时灵敏度最低，测试时要保证探头轴线平行于被测钢筋，沿着被测钢筋轴线垂直的方向移动探头。

（3）注意被测构件表面的光滑。为保证测试精度，在测试过程中，应选择平整的测试面，当表面不平整或者保护层很薄时，可以放一个已知厚度的非金属薄板，在测量结果中减去该值。

（4）测试过程中每隔 10 min 应复位一次，精确测量时，先复位再测量。

（5）复位需远离铁磁性物质。由于仪器运用的是电磁原理，所以复位时要远离磁性物质和电磁干扰。

2. 钢筋直径检测结果判定

接收信号大小和钢筋位置的相对关系如图 7-22 所示。其中信号值 E 可以表达为

$$E = f[D, x, y] \tag{7-40}$$

式中　E——信号值；

　　　D——钢筋直径；

　　　x——传感器到钢筋中心的平行距离；

　　　y——传感器到钢筋中心的垂直距离。

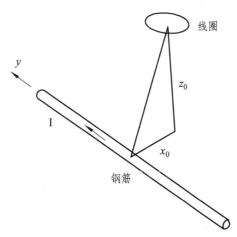

图 7-22　钢筋直径检测原理示意图

当传感器处于钢筋正上方时，$x=0$，由式（7-40）可知：

$$E = f[D, y] \tag{7-41}$$

由式（7-41）可知，测试时须测量两种状态下的信号值大小，建立以下方程组，就可求解出钢筋直径 D：

$$\begin{cases} E_1 = f[D_1, y_1] \\ E_2 = f[D_2, y_2] \end{cases} \tag{7-42}$$

当然，如果在测量时探头轴线与钢筋某一个角度由左向右移动时，测出的结果就会使峰值变得平缓，信号区域也会变宽，因此，测量的时候要尽量保持仪器和钢筋在互相垂直的方向上。即便如此，由于现场的情况比较复杂，有时会测出一些并不清晰的图像。比如两根钢筋离得很近不易分辨，那么就需要根据测得的图像来具体分析、判断实际的情况。

7.4.11　氯离子含量的测定

统计表明，多数提前失效的混凝土结构是由于结构的耐久性不足导致的，而影响沿海或近海地区的混凝土耐久性问题主要是氯离子侵蚀。侵蚀情况大致可分为两类：一类是海洋中的氯离子以海水、海雾等形式渗入混凝土中，影响混凝土结构的性能和使用寿命；另一类是以海水、海砂等形式在拌制混凝土时掺入其中。

氯离子半径小、活性大，具有很强的穿透能力，即使混凝土尚未碳化，也能进入其中并到达钢筋表面。当氯离子吸附于钢筋表面的钝化膜处时，可使该处的 pH 值迅速降低。研究表明，钢筋锈蚀的危害性随混凝土中氯离子含量的增加而增加。当氯离子的浓度超过临界浓度时（通常认为是 0.6 kg/m³），只要形成腐蚀电池的其他条件具备，即水和氧能保证供应，就可以发生严重的钢筋锈蚀。

1. 测试方法

当控制水样中总离子强度为定值时，电池的电动势与待测溶液中氯离子的浓度关系符合能斯特定律：

$$E = E^0 - \frac{RT}{nF} \ln a_{Cl^-}$$ （7-43）

式中　E——平衡电池电位（mV）；

E^0——标准电位（mV）；

R——气体常数；

F——法拉第常数；

T——热力学温度；

n——电极反应式中参加反应的电子数目；

a_{Cl^-}——溶液氯离子的活度。

根据能斯特方程的原理，原电池电动势 E 与 $\log[Cl^-]$ 呈线性关系，所以只要测定未知试液所组成的原电池的电动势，根据回归分析公式即可求得氯离子（Cl^-）的浓度。在实际测试中，尚应按照有关试验检测规程，采用相应测试手段，才能得出氯离子（Cl^-）的浓度。

2. 混凝土中氯离子含量的检测结果判定

应根据混凝土中钢筋处氯离子含量，按表 7-9 评判其诱发钢筋锈蚀的可能性，并应按照测区最高氯离子含量值，确定混凝土氯离子含量评定等级。

表 7-9　根据氯离子含量评判其诱发钢筋锈蚀的可能性

氯离子含量（占水泥含量的百分比）/%	诱发钢筋锈蚀的可能性	评定标准
<0.15	很小	1
[0.15, 0.40]	不确定	2
[0.40, 0.70]	有可能诱发钢筋锈蚀	3
[0.70, 1.00]	会诱发钢筋锈蚀	4
≥1.00	钢筋锈蚀活化	5

7.5　钢结构焊缝缺陷检测

目前，采用全焊接的钢结构比较普遍，焊缝质量的好坏直接影响着构件的受力性能，进而影响钢结构的安全性与耐久性。因此，钢结构构件焊接质量的检验工作是确保桥梁施工质量的重要措施，钢结构焊缝的无损探伤方法有超声波探伤、射线探伤、磁粉探伤、浸透探伤、声发射探伤等。下面介绍目前常用的超声波探伤和射线探伤两种方法。

7.5.1　超声波探伤

1. 探伤原理

超声波脉冲（通常为 1.5 MHz）从探头射入被检测物体，如果其内部有缺陷，缺陷与材料之间便存在界面，则一部分入射的超声波在缺陷处被反射或折射，原来单方向传播的超声能量有一部分被反射，通过此界面的能量就相应减少。这时，在反射方向可以接到此缺陷处的反射波；在传播方向接收到的超声能量会小于正常值。这两种情况的出现都能证明缺陷的存在。在探伤时，观测声脉冲在材料中反射情况的方法称之为反射法，观测穿过材料后的入射声波振幅变化的方法称为穿透法。

2. 探伤方法

1）脉冲反射法

图 7-23 所示为用单探头（一个探头兼作反射和接收）探伤的原理图。图中工件可以是单个零件，也可以是固定在一起的几个零件的组合体。脉冲发生器所产生的超声波垂直入射到工件中，当通过界面 A、缺陷 F 和底面 B 时，均有部分超声波反射回来，这些反射波各自经历了不同的往返路程回到探头上，探头又重新将其转变为电脉冲，经接收放大器放大后，即可在荧光屏上显现出来。其对应各点的波形分别称为始波（A'）、缺陷波（F'）和底波（B'）。当被测工件中无缺陷存在时，则在荧光屏上只能见到始波 A' 和底波 B'。缺陷的位置（深度 AF）可根据各波型之间的间距之比等于所对应的工件中的长度之比求出，即

$$AF = \frac{AB}{A'B'} \times A'F' \qquad (7\text{-}44)$$

其中 AB 是工件的厚度，可以测出；$A'B'$ 和 $A'F'$ 可从荧光屏上读出。缺陷的大小可用当量法确定。这种探伤方法叫纵波探伤或直探头探伤。振动方向与传播方向相同的波称为纵波，振动方向与传播方向相垂直的波称为横波。

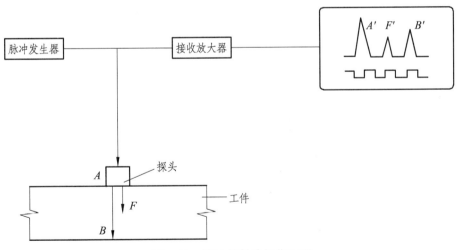

图 7-23　脉冲反射法探伤原理

当入射角不为零的超声波入射到固体介质中，且超声波在此介质中的纵波和横波的传播速度均大于在入射介质中的传播速度时，则同时产生纵波和横波。又由于材料的弹性模量总是大于其剪切模量，因而纵波传播速度总是大于横波的传播速度。根据几何光学的折射规律，纵波折射角也总是大于横波折射角。当入射角取得足够大时，可以使纵波折射角等于或大于90°，从而使纵波在工件中消失，这时工件中就得到了单一的横波。横波入射工件后，遇到缺陷时便有一部分被反射回来，即可以从荧光屏上见到脉冲信号，如图 7-24 所示。横波探伤的

定位可采用标准试块调节或三角试块比较法，缺陷的大小可用当量法确定。

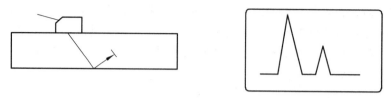

图 7-24　脉冲反射法（横波）波型示意图

2）穿透法

穿透法是根据超声波能量变化情况来判断工件内部状况，它是将发射探头和接收探头分别置于工件的两相对表面。发射探头发射的超声波能量是一定的，当工件不存在缺陷时，超声波穿透一定工件厚度后，在接收探头上所接收到的能量也是一定的。而工件存在缺陷时，由于缺陷的反射使接收到的能量减小，从而断定工件存在缺陷。

根据发射波的不同种类，穿透法有脉冲波探伤法和连续波探伤法两种，如图 7-25 和图 7-26 所示。

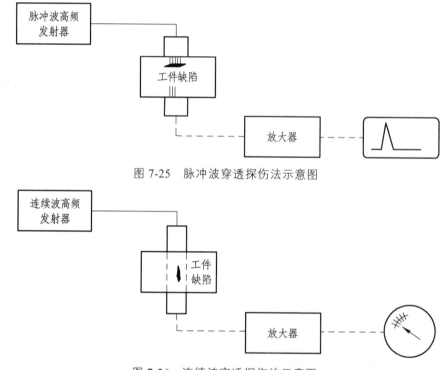

图 7-25　脉冲波穿透探伤法示意图

图 7-26　连续波穿透探伤法示意图

穿透法探伤的灵敏度不如脉冲反射法高，且受工件形状的影响较大，但较适宜检查成批生产的工件，如板材一类的工件，可以通过接收能量的精确对比而得到高的精度，易于实现自动化。

7.5.2　射线探伤

射线探伤是利用射线可穿透物质和在物质中有衰减的特性来发现缺陷的一种探伤方法。

按探伤所用的射线不同，射线探伤可以分为 X 射线、γ 射线和高能射线探伤三种。由于显示缺陷的方法不同，每种射线探伤又有电离法、荧光屏观察照相法和工业电视法几种。运用最广的是 X 射线照相法，下面介绍其探伤原理和工序。

1. X 射线照相法的探伤原理

照相法探伤是利用射线在物质中的衰减规律和对某些物质产生的光化及荧光作用为基础进行探伤的。如图 7-27（a）所示为平行射线束透过工件的情况。从射线强度的角度看，当照射在工件上的射线强度为 J_0，由于工件材料对射线的衰减，穿过工件的射线被减弱至 J_C。若工件存在缺陷时，见图 7-27（a）的 A、B 点，因该点的射线透过的工件实际厚度减少，则穿过的射线强度 J_A、J_B 比没有缺陷的 C 点的射线强度大一些。从射线对底片的光化作用角度看，射线强的部分对底片的光化作用强烈，即感光量大。感光量较大的底片经暗室处理后变得较黑，如图 7-27（b）中 A、B 点比 C 点黑。因此，工件中的缺陷通过射线在底片上产生黑色的影迹，这就是射线探伤照相法的探伤原理。

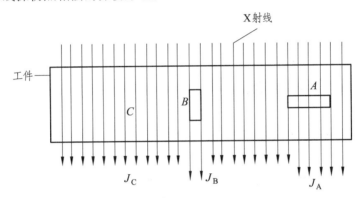

（a）射线透视有缺陷的工件的强度变化情况

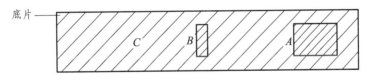

（b）不同射线强度对底片作用的黑度变化情况

图 7-27　射线透过工件的情况和与底片作用的情况

2. X 射线照相法探伤的工序

（1）确定产品的探伤位置并对探伤位置进行编号。在探伤工作中，抽查的焊缝位置一般选在：① 可能或常出现缺陷的位置；② 危险断面或受力最大的焊缝部位；③ 应力集中的位置。对选定的焊缝探伤位置必须按一定的顺序和规律进行编号，以便容易找出翻修位置。

（2）选取软片、增感屏和增感方式。探伤用的软片一般要求反差高、清晰度高和灰雾少，增感屏和增感方式可根据软片或探伤要求选择。

（3）选取焦点、焦距和照射方向。照射方向尤其重要，通过多个方向的比较，以选择最佳的投照角度。

（4）处理后按照相关规程进行焊缝质量的评定。

7.5.3　钢结构涂层厚度测试

钢结构涂装施工中，按涂装设计要求保证涂层厚度非常重要，如果涂层厚度低于设计要求，钢结构表面就不能被涂层有效覆盖，钢结构就会产生锈蚀，使用寿命就会缩短。但如果涂层厚度过大，除造成材料的浪费外，还存在涂层固化过程中发生开裂的危险。

不同类型涂料的涂层厚度，应分别采用下列方法检测，并按《钢结构工程施工质量验收规范》（GB 50205—2020）的规定进行评定。

（1）漆膜厚度，用漆膜测厚仪检测，抽检构件的数量不应少于《建筑结构检测技术标准》（GB/T 50344—2019）表 3.3.13 中 A 类检测样本的最小容量，也不应少于 3 件；每检测 5 处，每处的数值为 3 个相距 50 mm 的测点干燥漆膜厚度的平均值。

（2）对薄型防火涂料涂层厚度，采用涂层厚度测定仪检测，检测方法应符合《钢结构防火涂料应用技术规程》（T/CECS 24—2020）的规定，按同类构件抽查 10%，且不应少于 3 件。

（3）对厚型防火涂料涂层厚度，采用测针和钢尺检测，量测方法应符合《钢结构防火涂料应用技术规程》（T/CECS 24—2020）的规定。

7.6　局部破损检测方法

局部破损检测方法，是以不影响构件的承载能力为前提，在构件上直接进行局部破坏性试验，或采取直接钻取芯样、拔出混凝土锥体等手段检测混凝土强度或缺陷的方法。属于这类方法的有钻芯法、拔出法、射击法、拔脱法、就地嵌注试件法等。这类方法的优点是以局部破坏性试验获得混凝土性能指标，因而较为直观可靠；缺点是造成结构物的局部破坏，需进行修补，因而不宜用于大面积的检测。

在我国，钻取芯样法应用已比较广泛，已经成为超声-回弹法最有效的补充检测手段；拔出法近几年发展较快；射击法的研究也已取得较大进展。本节仅对这三种方法进行介绍。

7.6.1　钻芯法

1. 钻芯法的特点

钻芯法是利用专用钻机，从结构混凝土中钻取芯样以检测混凝土强度或观察混凝土内部质量的方法。用钻芯法检测混凝土的强度、裂缝、接缝、分层、孔洞或离析等缺陷，具有直观、精度高等特点，因而广泛应用于房建、大坝、桥梁、公路、机场跑道等混凝土结构或构筑物的质量检测。但这种方法对构件的损伤较大、检测成本较高，只有在下列情况下才进行钻取芯样以检测其强度：

（1）需要对试块抗压强度的测试结果进行核查时。

（2）因材料、施工或养护不良而发生混凝土质量问题时。

（3）混凝土遭受冻害、火灾、化学侵蚀或其他损害时。

（4）需检测经多年使用的建筑结构或构筑物中混凝土强度时。

（5）对施工有特殊要求的构件，如机场跑道测量厚度。

另外，对混凝土立方体抗压强度低于 10 MPa 的结构，不宜采用钻芯法检测。因为当混凝土强度低于 10 MPa 时，在钻取芯样的过程中容易破坏砂浆与粗骨料之间的黏结力，钻出的芯样表面变得较粗糙，甚至很难取出完整芯样。

2. 混凝土芯样选取

1）钻芯位置的选择

钻芯时会对结构混凝土造成局部损伤，因此在选择钻芯位置时要特别慎重。芯样应考虑以下几个因素综合确定：构件受力较小部位；混凝土强度质量具有代表性的部位；便于钻芯机安装与操作的部位。芯样钻取应避开主筋、预埋件和管线的位置，并尽量避开其他钢筋。另外，在使用回弹、超声或综合等非破损方法与钻芯法共同检测结构混凝土强度时，取芯位置应选择在具有代表性的非破损检测区内。

2）芯样尺寸

应根据检测的目的选取适宜尺寸的钻头，当钻取的芯样是为了进行抗压试验时，则芯样的直径与混凝土粗骨料粒径之间应保持一定的比例关系，一般情况芯样直径为粗骨料粒径的 3 倍。在钢筋过密因或取芯位置不允许钻取较大芯样的特殊情况下，芯样直径可为粗骨料直径的 2 倍。为了减少结构构件的损伤程度，确保结构安全，在粗骨料最大粒径限制范围内，应尽量选取小直径钻头。如取芯是为了检测混凝土的内部缺陷或受冻害、腐蚀层的深度等，则芯样直径的选择可不受粗骨料最大粒径的限制。

3）钻芯数量的确定

取芯的数量应根据检测要求而定。按单个构件检测时，每个构件的钻芯数量不应少于 3 个，取芯位置应尽量分散，以减少对构件的影响；对于较小构件，钻芯数量可取 2 个。

3. 混凝土强度推定

芯样试件的抗压强度等于试件破坏时的最大压力除以截面积，截面积用平均直径计算。我国是以边长 150 mm 的立方体试块作为标准试块，因此，由非标准尺寸圆柱体（芯样）测得的试件强度应换算成标准尺寸立方体试件强度。

芯样试件的混凝土换算强度可按式（7-45）计算：

$$f_{cu}^{c} = \alpha \frac{4F}{\pi d^2} \tag{7-45}$$

式中　f_{cu}^{c}——芯样试件混凝土强度换算值（MPa），精确至 0.1 MPa；

　　　F——芯样试件抗压试验得到的最大压力（N）；

　　　d——芯样试件的平均直径（mm）；

　　　α——不同高径比的芯样试件混凝土强度换算系数，可按表 7-10 选用。

表 7-10　不同高径比的芯样试件混凝土强度换算系数

高径比（h/d）	1.0	1.1	1.2	1.3	1.4	1.5	1.6	1.7	1.8	1.9	2.0
系数（α）	1.00	1.04	1.07	1.10	1.13	1.15	1.17	1.19	1.21	1.22	1.24

7.6.2 拔出法

拔出法是使用拔出仪器拉拔在混凝土表层内的锚件，将混凝土拔出一锥形体，根据混凝土抗拔力推算其抗压强度的方法。该法分为两类：一类是预埋拔出法，是浇筑混凝土时预先将锚杆埋入，混凝土硬化后需测定其强度时拔出；另一类是后装拔出法，即在硬化后的混凝土上钻孔，装入（黏结或胀嵌）锚固件进行拔出。拔出法是一种测试结果可靠、适用范围广泛的微破损检测方法。我国从 1985 年开始进行后装拔出法的研究工作，并已制订了相关的行业规范《拔出法检测混凝土强度技术规程》（CECS 69—2011）。

1. 预埋拔出法

预埋拔出法是在混凝土表层以下一定距离处预先埋入一个钢制锚固件，混凝土硬化后，通过锚固件施加拔出力。当拔出力增至一定限度时，混凝土将沿着一个与轴线呈一定角度的圆锥面破裂，并拔出一个圆锥体。预埋拔出装置包括锚头、拉杆和拔出试验仪的支承环，如图 7-28 所示。锚头直径为 d_2，锚头埋深为 h，承力环内径为 d_3，拔出夹角为 2α。统计表明：当 d_2、h 和 2α 值在一定范围时，混凝土的抗压强度与极限拉拔力之间具有良好的线性关系。

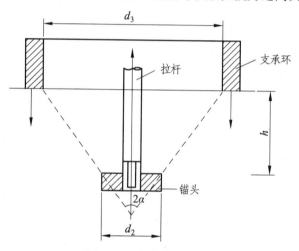

图 7-28　拔出试验简图

预埋拔出试验的操作步骤可分为：安装预埋件、浇筑混凝土、拆除连接件、用拔出仪拉拔锚头，如图 7-29 所示。当拔出试验达到拉拔力时，混凝土将大致沿 2α 的圆锥面产生开裂破坏，最终有一个截头圆锥体脱离母体。

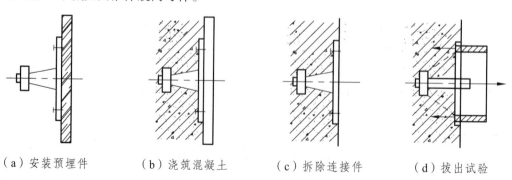

（a）安装预埋件　　　（b）浇筑混凝土　　　（c）拆除连接件　　　（d）拔出试验

图 7-29　预埋拔出试验的操作步骤

预埋拔出法必须在浇灌混凝土前预先埋设锚头，主要用于混凝土施工控制和特殊混凝土的强度检测，如用于确定拆除模板支架、施加或放松预应力、停止湿热养护、终止保温的适当时间，也可用于喷射混凝土等特种混凝土的强度检测。

2. 后装拔出法

后装拔出法是在硬化后的混凝土上钻孔，装入（黏结或胀嵌）锚固件进行拔出。这种方法不需要预先埋设锚固件，使用时只要避开钢筋或预埋钢板位置即可。因此，后装拔出法在新旧混凝土的各种构件上都可以使用，适应性较强，检测结果的可靠性也较高。后装拔出法可分为几种，如丹麦的 CAPO 试验法、日本的安装经过改进的膨胀螺栓试验、我国的 TYL 型拔出仪等。各种试验方法虽然并不完全相同，但差异不大。以丹麦的 CAPO 拔出试验为例，试验步骤如图 7-30 所示。试验时先在混凝土检测部位钻一直径 18 mm、深 50 mm 的孔，在孔深 25 mm 处用特制的带金刚石磨头的扩孔装置磨出一环形沟槽，将可以伸张的金属胀环送入孔中沟槽，并使其张开嵌入沟槽内，再将千斤顶与锚固件连接，并施加拉力直至拔出一混凝土圆锥体，用测力计测读其极限抗拔力。

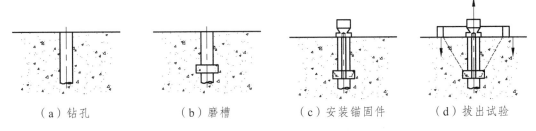

（a）钻孔　　　　（b）磨槽　　　　（c）安装锚固件　　　　（d）拔出试验

图 7-30　后装拔出试验的操作步骤

3. 混凝土强度推定

拔出法检测混凝土强度，一个重要的前提就是预先建立混凝土极限拔出力和抗压强度的相关关系，即测强曲线。在建立测强曲线时，一般是通过大量的试验，将试验所得的拔出力和抗压强度按最小二乘法原理进行回归分析。回归分析一般是采用直线回归方程，即

$$f_{cu} = A + B \cdot F_p \tag{7-46}$$

式中　A、B——回归系数；

　　　f_{cu}——混凝土立方体试块抗压强度（MPa）；

　　　E_p——极限拔出力（kN）。

直线回归方程使用方便、回归简单、相关性好，是国内外普遍采用的方程形式。有了回归方程后，混凝土强度推定值就可按前述测强方法（如回弹法）进行计算，详见有关技术规程。

7.6.3　射击法

射击法又名射钉法或贯入阻力法，其测试仪器最早是美国于 1964 年研制出来的。这种方法是用一个被称作温泽探针（Windorprode）的射击装置，将一硬质合金钉击入混凝土中，根据钉的外露长度作为混凝土贯入阻力的度量并以此推算混凝土强度。钉的外露长度越多，表明其混凝土强度越高。这种方法主要用于测定混凝土早期强度发展情况，也适用于同一结构

不同部位混凝土强度的相对比较。该法的优点是测量迅速简便，由于有一定的射入深度（20～70 mm），受混凝土表面状况及碳化层影响较小，但受混凝土粗骨料的影响十分明显。

1. 基本原理

射击法检测混凝土强度是通过精确控制的动力将一根特制的钢钉射入混凝土中，根据贯入阻力推定其强度。由于被测试的混凝土在射钉的冲击作用下产生综合压缩、拉伸、剪切和摩擦等复杂应力状态，要在理论上建立贯入深度与混凝土强度的相关关系是很困难的，一般均借助于试验方法来确定。

射击检测法的基本原理是：发射枪对准混凝土表面发射子弹，弹内火药燃烧释放出来的能量推动钢钉高速进入混凝土中，一部分能量消耗于射钉与混凝土之间的摩擦，另一部分能量由于混凝土受挤压、破碎而被消耗。如果发射枪引发的子弹初始动能固定，射钉的尺寸不变，则射钉贯入混凝土中的深度取决于混凝土的力学性质。因此测出钢钉外露部分的长度，即可确定混凝土的贯入阻力。通过试验，建立贯入阻力与混凝土强度的试验相关关系，便可据此推定混凝土强度。

2. 主要设备及操作

射击法检测混凝土强度所用设备如下：

（1）发射枪：是引发火药实现射击的装置。火药燃烧后产生气体作用在活塞上，活塞推动射钉射击。

（2）子弹：与发射枪配套使用。按装药量不同分几种型号，应根据需要选用。

（3）射钉：是用淬火的合金钢制成的钉，尖端锋利，顶端平整并带有金属垫圈，便于量测和试验后拔出。钉身上带塑料垫圈，发射时起导向作用。

（4）其他辅助工具：如钉锤、挠棍、游标卡尺等，以量测射入深度，将射进混凝土中的钢钉拔出。操作步骤如下：由发射管口将射钉装入，用送钉器推至发射管底部；拉出送弹器装上子弹，再推回原位；将发射枪对准预定的射击点，把钢钉射入混凝土中；然后用游标卡尺量出钢钉外露部分的长度。量测前应检查钢钉嵌入混凝土中的情况，嵌入不牢的应予废弃，再补充发射。最后利用混凝土抗压强度与射钉外露长度的相关关系式，推算混凝土强度。

第8章　建筑结构试验指导书

试验一　钢筋混凝土受弯构件正截面破坏试验

一、试验目的

（1）通过钢筋混凝土简支梁破坏试验，熟悉钢筋混凝土结构静载试验的全过程。

（2）进一步学习静载试验中常用仪器设备的使用方法。

二、试验内容和要求

（1）量测试件在各级荷载下的跨中挠度值，绘制梁跨中的弯矩-挠度图。

（2）量测试件在纯弯曲段沿截面高度的平均应变、受拉钢筋的应变，绘制沿梁高的应变分布图。

（3）观察试件在纯弯曲段的裂缝出现和开展过程，记下开裂荷载 P_{cr}^t（M_{cr}^t），并与理论值比较。

（4）观察和描绘梁的破坏情况和特征，记下破坏荷载 P_u（M_u），并与理论值比较。

三、主要试验设备及仪表

（1）加载设备。

（2）压力传感器及位移传感器。

（3）百分表及磁性表座。

（5）电阻应变片。

（4）静态电阻应变仪。

四、试件和试验方法

（1）试件。

钢筋混凝土适筋梁：C20，尺寸、配筋如图 8-1 所示。

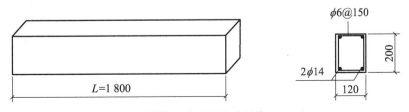

图 8-1　试件尺寸及配筋（单位：mm）

（2）试验方法。

①用千斤顶和反力架在试验机上进行两点式加载，如图 8-2 所示。

②用百分表量测挠度，用应变仪量测应变。

③用裂缝测量仪或放大镜观察裂缝。

④仪表及加载点布置如图 8-2 所示。

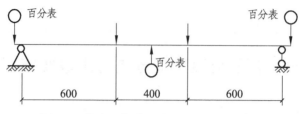

图 8-2　仪表及加载点布置（单位：mm）

（3）试验步骤。

①安装试件、安装仪器仪表并联线调试。

②加载前读百分表和应变仪，用放大镜检查有无初始裂缝并记录。

③在估计的开裂荷载前分三级加载，每级荷载下认真读取应变仪读数，以确定沿截面高度的应变分布。在加第三级荷载时应仔细观察梁受拉区有无裂缝出现，并随时记下开裂荷载 P_{cr}^{t}。每次加载后 5 min 读百分表，以确定梁跨中及支座的位移值。

④开裂荷载至标准荷载分两级加载，加至标准荷载后 10 min 读百分表和应变仪，并用读数放大镜测读最大裂缝宽度。

⑤标准荷载至计算破坏荷载 P_{u}（M_{u}）之间分三级加载，加第三级荷载时拆除百分表，至完全破坏时，记下破坏荷载值 P_{u}^{t}（M_{u}^{t}）。

五、试验报告（见表 8-1、表 8-2）

表 8-1　百分表记录表

荷载/kN		位移/mm								
		表 1			表 2			表 3		
P	M	读数	$\triangle$	$\sum\triangle$	读数	$\triangle$	$\sum\triangle$	读数	$\triangle$	$\sum\triangle$

表 8-2 应变仪记录表

荷载/kN		测点弯矩/（kN·m）							
		1（混凝土）上部		2（混凝土）中部		3（混凝土）下部		4（钢筋）	
P	M	正面	背面	正面	背面	正面	背面	读数 1	读数 2

1. 绘制试验装置及测点布置简图。

2. 绘制弯矩-挠度图。

3. 绘制混凝土截面应变分布图。

4. 判断破坏时钢筋是否屈服，绘制破坏时的裂缝分布图并描述破坏形态。

5. 描述梁正截面破坏特征，按理论公式计算 M_u 值，并求出 M_u/M_u^t（理论值/实测值）。分析理论值与实测值的误差原因。

试验二 钢筋混凝土受弯构件斜截面破坏试验

一、试验目的

通过钢筋混凝土梁的斜截面破坏试验，了解梁的斜截面破坏形态，并观察构件的裂缝发展过程，验证斜截面抗剪强度计算公式。

二、试验内容和要求

（1）量测纵向受拉钢筋及箍筋的应变，分析其应力情况。
（2）观察裂缝出现时的荷载及裂缝开展的过程。
（3）量测剪压区混凝土的应变。
（4）确定破坏荷载值，验证理论值和试验值并进行比较。
（5）测量构件的挠度值，并画出挠度图。

三、试件、试验仪器设备

（1）试件。
试件尺寸及配筋如图 8-3 所示。

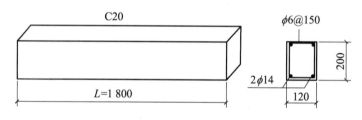

图 8-3　试件尺寸及配筋（单位：mm）

（2）设备。
① 竖向加载架；② 分配梁；③ 油压千斤顶；④ 压力传感器；⑤ 百分表；⑥ 静态电阻应变仪；⑦ 应变片。
（3）试验方法。
用竖向反力架、分配梁和油压千斤顶施加荷载，利用静态电阻应变仪和应变片量测钢筋的应变和混凝土的应变，用百分表量测构件的变形。

四、试验步骤

（1）试验准备。
① 试件设计、制作。
② 进行混凝土和钢筋力学性能试验。
③ 用稀石灰水刷白试件。

（2）安装试件。

试件安装就位，要求试件稳定、加载着力点的位置正确、接触良好。

（3）安装仪器仪表并检查。

① 粘贴钢筋应变片和混凝土应变片。② 安装百分表、支架，百分表布置见图 8-4。③ 将已贴好的电阻应变片的引线焊好连线，编好号，并连接到电阻应变仪上，预调平衡，使其进入工作状态。

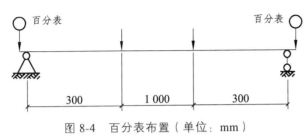

图 8-4 百分表布置（单位：mm）

（4）加载。

在正式施加荷载前应进行预载，即在就位好的试件上施加少量的荷载（相当于一级荷载）以检查各仪表的工作情况及试验测读人员的操作和读数能力，并消除试件的构造变形。发现不正常情况，应立即解决，如全部正常，即可开始正式试验。

（5）正式试验。

读好"0"荷载时各仪表及各测点的读数，然后分级加载，每级荷载_____kN，每级加载后 3 min 测读各仪表读数，并观察裂缝。临近开裂荷载时，荷载减半，直至开裂，记下开裂荷载，开裂后逐级加荷，直至破坏，记下破坏荷载。

五、试验报告（见表 8-3～表 8-5）

表 8-3　混凝土应变

荷载	测点 1	测点 2	测点 3	测点 4	备注

表 8-4　钢筋应变读数

荷载 /kN	测点 5		测点 6		平均	测点 7		测点 8		平均
	ε	σ	ε	σ		ε	σ	ε	σ	

表 8-5　百分表读数及挠度

荷载/kN	位移/mm		
	表 1	表 2	表 3
P	读数	读数	读数

1. 绘制试验装置及测点布置简图。

2. 绘制荷载-挠度曲线。

3. 绘制荷载-箍筋应力曲线，并判断破坏时箍筋是否屈服。

4. 绘制试件破坏形态图，简述破坏程度。

5. 验算试件抗剪强度。
根据材料实际强度，按教材中生成计算截面抗剪强度，并与试验值比较分析。

试验三　普通砖砌体轴心受压试验

一、试验目的

（1）通过对普通砖砌体进行轴心受压试验，了解其破坏过程，验证其承载力公式。
（2）进一步学习静载试验中常用仪器设备的使用方法。

二、试验内容和要求

（1）了解砌体从受荷到破坏时所经历的三个阶段，观察不同阶段所形成的裂缝的特点及破坏时砌体的形状变化特点。
（2）量测破坏时砌体承受的最大破坏荷载。
（3）记录破坏荷载，验证理论公式，并与理论值比较。

三、试验设备及仪表

（1）加载设备。
（2）导线若干及静态电阻应变仪一台。

四、试件和试验方法

（1）试件（Mu10+M7.5）。
试件尺寸为 240 mm×370 mm×720 mm，如图 8-5 所示。

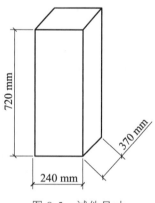

图 8-5　试件尺寸

（2）试验方法。
① 采用 2 000 kN 液压万能试验机对试件进行加载。
② 采用静态电阻应变仪测量破坏时砖砌体的变形。
（3）试验步骤。
① 安装试件、安装仪器仪表并联线调试。

②启动试验机拉伸试件，加载速度控制在 500 N/s 左右，直到试件破坏为止。

③试验过程中注意读取静态电阻应变仪的读数。

五、试验报告

1. 试验数据参数。

（1）普通砖强度等级：

（2）砂浆强度等级：

2. 根据试验数据，计算试件的理论承载力。

3. 描述破坏过程及最终破坏形态。

4. 分析比较理论值与实际值的误差原因。

试验四　钢板对接焊缝及剪力螺栓受拉试验

一、试验目的

（1）通过钢板对接焊缝受拉试验，了解其破坏过程，验证其承载力公式。

（2）观测剪力螺栓的工作性能、破坏形式；量测破坏荷载，验证理论公式，并将实测值与理论值相比较。

（3）进一步学习静载试验中常用仪器设备的使用方法。

二、试验内容和要求

（1）观察破坏过程中焊缝及邻近区域钢板的变形情况。

（2）观察破坏过程中螺栓及邻近区域钢板的变形情况。

（3）量测破坏时焊缝和螺栓承受的最大破坏荷载。

（4）记录破坏荷载，验证理论公式，并与理论值比较。

三、试验设备及仪表

（1）加载设备；

（2）游标卡尺。

四、试件和试验方法

（1）试件。

① 焊缝试件为两块 6 mm 厚钢板，采用对接焊缝连接，尺寸如图 8-6、图 8-7 所示。

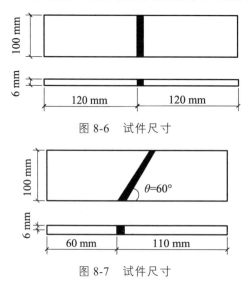

图 8-6　试件尺寸

图 8-7　试件尺寸

② 螺栓试件：采用 3 mm 厚热轧钢板，C 级普通螺栓，螺杆直径为 8 mm。

（2）试验方法。

① 采用屏显液压万能试验机对试件进行拉伸。

② 采用电子引伸计测量破坏时钢材的变形。

（3）试验步骤。

① 安装试件、安装仪器仪表并联线调试。

② 记录钢材的抗拉强度。

③ 启动试验机拉伸试件，加载速度控制在 500 N/s 左右，直到试件破坏为止。

④ 试验过程中注意读取电子引伸计的读数。

五、试验报告

1. 焊缝试验

（1）试验数据参数。

① 钢材强度设计值：

② 焊缝强度设计值：

（2）根据试验数据分别计算焊缝轴心受拉和斜向受拉时的理论承载力。

（3）分析焊缝承载力实测值与理论值的误差原因。

2. 剪力螺栓试验

（1）试验数据参数。

① 钢材强度设计值：

② 一个剪力螺栓的承载力：

（2）画出连接节点示意图。

（3）计算螺栓的理论承载力与实际承载力，将两者相比较。

试验五　桁架模型静力试验

一、试验目的

（1）使学生掌握在车辆荷载作用下桁架梁桥任意截面上各点的应变和挠度计算方法。

（2）掌握以模拟工程实际的桁架结构为对象，分析改变桁架桥支座约束特性为前提，通过测量各杆件在加载条件下的内力值，并能通过测量与按平面桁架简化后的计算比较，正确认识这一简化的联系与差别。并能通过实际的测量，认识到约束性质的改变对结构的受力分布产生的影响。

二、试验仪表及器材

① 钢桥桥梁模型；② 3816 静态应变仪；③ 应变片；④ 位移计。

三、试验方案

（1）桁架梁桥模型，如图 8-8 所示。

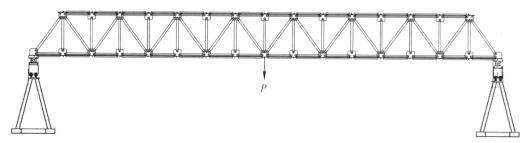

图 8-8　桁架梁桥模型

（2）试验荷载。

简支钢桁架静载试验加载方案如图 8-9 所示，沿着跨度方向在桁架的 $L/2$ 和 $L/4$ 的下弦杆位置布置位移测点，在桁架的 17、18、19、21、22、23、25、26、27 截面布置应变测点。

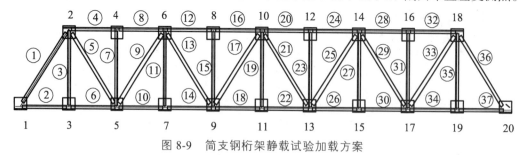

图 8-9　简支钢桁架静载试验加载方案

① 工况 1：横向均布线性分布作用于 $L/2$ 截面，用砝码横向均匀码放在桥面 $L/2$ 处。

② 工况 2：横向均布线性分布作用于 $L/4$ 和 $3L/4$ 截面，用砝码横向均匀码放在桥面 $L/2$ 处。

（3）试验步骤。

① 测量钢桁架尺寸并进行记录。

② 检查钢桁架加载设备和支座情况。

③ 检查所有测点的位置、应变片的粘贴质量等。

④ 按要求安装测量仪器并进行导线连接。

⑤ 对所有测点的测量仪器进行调试。

将数据填入表 8-6 ~ 表 8-9 中。

表 8-6　跨中下弦节点位移与各控制截面应变（理论值）

试验项目	控制点	P=20 kg	P=40 kg	P=60 kg	P=80 kg
杆件截面应变（με）					
桁梁挠度 f/mm	下弦中点				
备　注	桁架外形尺寸：5 m×0.5 m×0.5 m（桁架桥模型），支座 0.5 m×0.5 m×0.5 m； 最大载荷：100 kg； 杆件表观弹性模量：E=70 GPa； 杆件截面积：A=66 mm^2（外径 22 mm，内径 20 mm，壁厚 1 mm）； 下弦中点挠度计算公式：$f_{\frac{L}{2}}=\sum \dfrac{\overline{N}N_P L}{EA}$（mm）				

表 8-7　截面应变记录　　　　　　　　　　　　　　（单位：με）

截面点号	截面应变	荷载 P							
		20 kg	20 kg 平均	40 kg	40 kg 平均	60 kg	60 kg 平均	80 kg	80 kg 平均
	ε 前								
	ε 后								
	ε 前								
	ε 后								
	ε 前								
	ε 后								
	ε 前								
	ε 后								
	ε 前								
	ε 后								
	ε 前								
	ε 后								
	ε 前								
	ε 后								
	ε 前								
	ε 后								
	ε 前								
	ε 后								

表 8-8　百分表读数记录　　　　　　　　　（单位：mm）

项目	部位	荷载			
		20 kg	40 kg	60 kg	80 kg
跨中实际值	½				
跨中理论值	½				

表 8-9　截面内力

截面点号	项目 P/kg	20 kg 平均	40 kg 平均	60 kg 平均	80 kg 平均
	理论值				
	实际值				
	理论值				
	实际值				
	理论值				
	实际值				
	理论值				
	实际值				
	理论值				
	实际值				
	理论值				
	实际值				
	理论值				
	实际值				
	理论值				
	实际值				

试验六   混凝土静弹性模量测定试验

混凝土弹性模量是指当有力施加于混凝土上时，其弹性变形（非永久变形）趋势的数学描述。物体的弹性模量定义为弹性变形区的应力-应变曲线的斜率。

一、试验目的

（1）熟悉混凝土弹性模量的测定方法和原理。
（2）掌握弹性模量测定仪的结构和操作方法。

二、试件及试验设备

（1）试件：150 mm×150 mm×150 mm 标准立方体试件（标准养护，规定龄期）。
（2）压力实验机。
（3）混凝土弹性模量测定仪。

三、混凝土弹性模量测定仪的结构及操作方法

测定仪由上框架、下框架、顶杆、千分表和托架等部分组成，如图 8-10 所示。试验开始前，将混凝土试块放置于平整的下压板上，混凝土试块的侧面上需事先绘制出标距线（有附带两个托架，可通过托架调整标距距离，后期可不用绘制标距线，直接放于托架上固定即可），旋出测定仪锁紧螺母，将框架套上混凝土试块，测定仪上有小刀片，小刀片对准标距线后锁紧。装上千分表和顶杆并调整距离，然后旋紧紧定螺钉，完成测定仪在试块上定位。

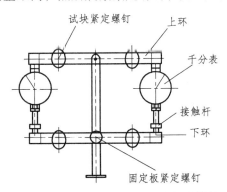

图 8-10   混凝土弹性模量测定仪的结构

四、混凝土弹性模量测定试验步骤

（1）加荷至基准应力为 0.5 MPa 的初始荷载值 F_0=0.5×150×150/1 000=11.3 kN，保持恒载 60 s 并在以后的 30 s 内记录每测点的变形读数 ε_0（单位：μm），应立即连续均匀地加荷至应力为轴心抗压强度 f_{cp} 的 1/3 的荷载值 F_a，保持恒载 60 s 并在以后的 30 s 内记录每一测点的变形读数 ε_a。

（2）当以上这些变形值之差与它们平均值之比大于20%时，应重新安装测定仪。

（3）在确认试件对中符合规定后，以与加荷速度相同的速度卸荷至基准应力 0.5 MPa(F_0)，恒载 60 s；然后用同样的加荷和卸荷速度以及 60 s 的保持恒载（ F_0 及 F_a ）至少进行两次反复预压。在最后一次预压完成后，在基准应力 0.5 MPa（ F_0 ）持荷 60 s 并在以后的 30 s 内记录每一测点的变形读数 ε_0 ；再用同样的加荷速度加荷至 F_a ，持荷 60 s 并在以后的 30 s 内记录每一测点的变形读数 ε_a （见图 8-11）。

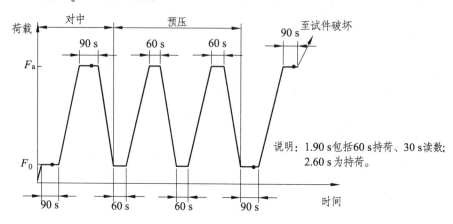

图 8-11　弹性模量加荷方法示意图

（4）卸除变形测量仪，以同样的速度加荷至破坏，记录破坏荷载；如果试件的抗压强度与 f_{cp} 之差超过 f_{cp} 的 20%时，则应在报告中注明。

五、混凝土弹性模量测定仪试验结果计算

混凝土弹性模量值应按下式计算：

$$E_c = \frac{F_a - F_0}{A} \times \frac{L}{\Delta n}$$

式中　　E_c ——混凝土弹性模量（MPa）；

F_a ——应力为 1/3 轴心抗压强度时的荷载（N）；

F_0 ——应力为 0.5 MPa 时的初始荷载（N）；

A ——试件承压面积（ mm^2 ）；

L ——测量标距（mm）；

$$\Delta n = \varepsilon_a - \varepsilon_0$$

式中　　Δn ——最后一次从 F_0 加荷至 F_a 时试件两侧变形的平均值（mm）；

ε_a —— F_a 时试件两侧变形的平均值（mm）；

ε_0 —— F_0 时试件两侧变形的平均值（mm）。

混凝土受压弹性模量计算精确至 100 MPa。

弹性模量按 3 个试件测值的算术平均值计算。如果其中有一个试件的轴心抗压强度值与用以确定检验控制荷载的轴心抗压强度值相差超过后者的 20%时，则弹性模量值按另两个试件测值的算术平均值计算；如有两个试件超过上述规定时，则此次试验无效。

六、使用混凝土弹性模量测定仪的注意事项

试验时要轻拿轻放，特别是在运输时，避免碰撞，以免影响测试精度。千分表使用一定周期后，建议重复校准，以保持测量的精度。试验结果记录在表8-10中。

表8-10　混凝土静力抗压弹性模量试验记录表

班级				组				
试件	混凝土试样 150 mm×150 mm			试验日期				
轴心抗压强度 R_0/MPa		初荷载 P_0: 11.25（kN）			终荷载 P_a/kN			
变形仪名称及编号：弹性模量仪					变形单位 $\triangle$/μm（千分表读数微米）			
试件		第一根			第二根			第三根	
荷载/kN		F_0		F_a		F_0		F_a		F_0		F_a
变形仪		左	右	左	右	左	右	左	右	左	右	左	右
变形值	读数												
	平均值												
	$\triangle_4=\triangle_a-\triangle_0$												
	读数												
	平均值												
	$\triangle_5=\triangle_a-\triangle_0$												
	读数												
	平均值												
	$\triangle_6=\triangle_a-\triangle_0$												
	读数												
	平均值												
	$\triangle_n=\triangle_a-\triangle_0$												
循环后轴心极限荷载/kN													
循环后轴心抗压强度/MPa													
E_c/MPa													

试验七　回弹法检测混凝土抗压强度

一、目的与适用范围

（1）本方法适用于在现场对水泥混凝土路面及其他构筑物的普通混凝土抗压强度的快速评定，所试验的水泥混凝土厚度不得小于 100 mm，温度应不低于 10 ℃。

（2）回弹法试验可作为试块强度的参考，不得用于代替混凝土的强度评定，不适于作为仲裁试验或工程验收的最终依据。

二、仪器与材料

本方法需用下列仪器和材料：① 混凝土回弹仪（见图 8-12）；② 酚酞酒精溶液，浓度为 1%。

三、方法与步骤

（1）对混凝土构造物，测区应避开位于混凝土内保护层附近设置的钢筋，测区宜在试样的两相对表面上有两个基本对称的测试面，如不能满足这一要求时，一个测区允许有一个测试面。

（2）测区表面应清洁、干燥、平整，不应有接缝、饰面层、粉刷层、浮浆、油垢等以及蜂窝、麻面，必要时可用砂轮清除表面的杂物和不平整处，磨光的表面不应有残留粉尘或碎屑。

（3）一个测区的面积应不小于 200 mm × 200 mm，每一测区应测定 16 个测点，相邻两测点的间距应不小于 3 cm。测点距路面边缘或接缝的距离应不小于 5 cm。

（4）对龄期超过 3 个月的硬化混凝土，应测定混凝土表层的碳化深度进行回弹值修正（略）。

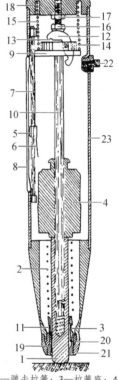

1—弹击杆；2—弹击拉簧；3—拉簧座；4—弹击重锤；
5—指针块；6—指针片；7—指针轴；8—刻度尺；
9—导向法兰；10—中心导杆；11—缓冲压簧；
12—挂钩；13—挂钩压簧；14—挂钩销子；
15—压簧；16—调零螺丝；17—紧固螺母；
18—尾盖；19—盖帽；20—卡环；
21—密封毡圈；22—按钮；23—外壳。

图 8-12　混凝土回弹仪的结构

四、计算

（1）将一个测区的 16 个测点的回弹值，去掉 3 个较大值及 3 个较小值，将其余 10 个回弹值按式（8-1）计算测区平均回弹值：

$$\bar{N}_s = \frac{\sum N_i}{10} \tag{8-1}$$

式中　$\bar{N}_s$——测区平均回弹值，准确至 0.1；

　　　N_i——第 i 个测点的回弹值。

（2）当回弹仪非水平方向测试混凝土浇筑侧面时，应根据回弹仪轴线与水平方向的角度将测得的数据按公式（8-2）进行修正，计算非水平方向测定的修正回弹值。当测定水泥混凝土面为向下垂直方向时，测试角度为-90°，回弹修正值 ΔN 如表 8-11 所示。

$$\overline{N} = \overline{N}_s + \Delta N \qquad （8-2）$$

式中　$\overline{N}$——经非水平测定修正的测区平均回弹值；

　　　$\overline{N}_s$——回弹仪实测的测区平均回弹值；

　　　ΔN——非水平测量的回弹值修正值，由表 8-11 或内插法求得，准确至 0.1。

表 8-11　非水平测量的修正回弹值

$\overline{N}_s$	与水平方向所成的角度							
	+90°	+60°	+45°	+30°	−30°	−45°	−60°	−90°
20	−6.0	−5.0	−4.0	−3.0	+2.5	+3.0	+3.5	+4.0
30	−5.0	−4.0	−3.5	−2.5	+2.0	+2.5	+3.0	+3.5
40	−4.0	−3.5	−3.0	−2.0	+1.5	+2.0	+2.5	+3.0
50	−3.5	−3.0	−2.5	−1.5	+1.0	+1.5	+2.0	+2.5

（3）混凝土强度推算。

① 当需要将回弹值换算为混凝土强度时，宜采用下列方法：

A. 有试验条件时，宜通过试验建立实际的测强曲线，但测强曲线仅适用于材料质量、成型、养护和龄期等条件基本相同的混凝土。

B. 当无足够的试验数据或相关关系的推定式不够满意时，可按式（8-3）推算混凝土抗压强度。

$$R_n = 0.025 \overline{N}^2 \qquad （8-3）$$

式中　R_n——水泥混凝土的抗压强度（MPa）；

　　　$\overline{N}$——测区混凝土平均回弹值。

② 在没有条件通过试验建立实际的测强曲线时，每个测区混凝土的抗压强度值 R_{ni} 可按平均回弹值 $\overline{N}$ 及平均碳化深度值 $\overline{L}$ 根据表 8-11 查出。

③ 混凝土强度的评定。

本次测定 6 个测区，可初步按下述条件进行评定：

$$R_n \geqslant 1.15R$$

$$R_{min} \geqslant 0.95R$$

其中：R_n 为测区混凝土强度的平均值，R_{min} 为测区混凝土强度的最小值，R 为混凝土设计强度。

五、试 验 报 告

（1）测区混凝土平均回弹值。

（2）各测区的抗压强度推定结果。

（3）混凝土强度评定结论，将数值填写在表 8-12、表 8-13 中。

表 8-12　回弹值原始记录

测区	1	2	3	4	5	6	7	8	9	10	11	12	13	14	15	16
1 区																
2 区																
3 区																
4 区																
5 区																
6 区																

表 8-13　各测区平均回弹值及强度评定

测区	回弹弯沉计算值 N	强度推定值 R_n	强度评定 R
1 区			
2 区			
3 区			
4 区			
5 区			
6 区			

试验八 超声回弹法检测混凝土抗压强度

超声回弹综合法适用于以中型回弹仪、低频超声仪按综合法检测建筑结构和构筑物中的普通混凝土抗压强度值，其中混凝土强度换算值 f_{cu}^c 是根据用综合法取得的测值换算成相当于被测结构物所处条件及龄期下长 150 mm 立方体试块的抗压强度值，混凝土强度推定值 $f_{cu,e}$ 是相应于强度换算值总体分布中保证率不低于 95% 的强度值。本方法不适用于下列情况的结构混凝土：① 遭受冻害、化学侵蚀、火灾以及高温损失；② 被测构件的混凝土厚度小于 100 mm；③ 结构表面温度小于-4 ℃ 或大于 60 ℃。

一、实验目的

通过该试验应达到以下目的：
（1）了解回弹仪的基本构造，掌握回弹仪的正确使用方法。
（2）熟练掌握非金属超声仪的使用方法。
（3）处理回弹值及超声声时值结果，掌握对被测混凝土构件的抗压强度综合评定方法。
（4）培养结构试验与量测的动手能力和科学研究的分析能力。

二、主要仪器与设备

（1）HT-225 混凝土回弹仪。
（2）DJUS-05 非金属超声波仪。
（3）打磨工具、耦合剂以及计算器等。

三、实验步骤

（1）回弹仪的使用及率定操作。
（2）选取构件及构件测区处理。
① 测区布置应符合：当按单个构件检测时，应在构件上均匀布置测区，每个构件上的测区数不应少于 10 个；对长度小于或等于 2 m 的构件，其测区数量可适当减少，但不应少于 3 个。
② 测区布置在构件混凝土浇灌方向的侧面；测区均匀分布，相邻两测区的间距不宜大于 2 m；测区避开钢筋密集区和预埋件；测区尺寸为 200 mm×200 mm；测试面应清洁、平整、干燥，不应有接缝饰面层浮浆和油垢，并避开蜂窝麻面部位，必要时可用砂轮片清除杂物和磨平不平整处，并去除残留粉尘。
③ 结构或构件上的测区应注明编号并记录测区位置和外观质量情况；结构或构件的每一测区宜先进行回弹测试，后进行超声测试，且回弹值和超声声速值必须一一对应。
（3）回弹值的测量（见回弹仪测量章节）。
（4）超声声时值的测量。
超声测点应布置在回弹测试的同一测区内。测量超声声时时应保证换能器与混凝土耦合良好。测试的声时值应精确至 0.1 μs，声速值应精确至 0.01 km/s。在每个测区内的相对测试面上应各布置 3 个测点，且发射和接收换能器的轴线应在同一轴线上。测区声速值应按式（8-4）、式（8-5）计算：

$$v = l / t_{\mathrm{m}} \tag{8-4}$$

$$t_{\mathrm{m}} = (t_1 + t_2 + t_3) / 3 \tag{8-5}$$

式中：v 为测区声速值（km/s）；l 为超声测距（mm）；t_{m} 为测区平均声时值（μs）；t_1、t_2 以及 t_3 分别为测区中 3 个测点的声时值。

当在混凝土浇灌的顶面与底面测试时，测区声速值应按式（8-6）修正：

$$v_{\mathrm{a}} = \beta v \tag{8-6}$$

式中：v_{a} 为测区修正后的声速值（km/s）；β 为测区不同浇灌面的声速值修正系数，当在混凝土浇灌顶面及底面测试时取 1.034，当在混凝土浇灌侧面时取 1。

（5）混凝土强度的推定。

构件第 i 个测区的混凝土强度换算值 $f_{\mathrm{cu},i}^{\mathrm{c}}$，应根据修正后的测区回弹值 R_{ai} 及修正后的测区声速值 v_{ai}，优先采用专用或地区测强曲线推定，当无该类测强曲线时，经验证后也可按式（8-7）、式（8-8）计算：

① 粗骨料为卵石时： $$f_{\mathrm{cu},i}^{\mathrm{c}} = 0.038(v_{ai})^{1.23}(R_{ai})^{1.95} \tag{8-7}$$

② 粗骨料为碎石时： $$f_{\mathrm{cu},i}^{\mathrm{c}} = 0.008(v_{ai})^{1.72}(R_{ai})^{1.57} \tag{8-8}$$

式中：$f_{\mathrm{cu},i}^{\mathrm{c}}$ 为第 i 个测区的混凝土强度换算值（MPa，精确到 0.1 MPa）；v_{ai} 为第 i 个测区修正后的声速值（km/s，精确到 0.01 km/s）；R_{ai} 为第 i 个测区修正后的回弹值（精确到 0.1）。

结构或构件的混凝土强度推定值 $f_{\mathrm{cu,e}}^{\mathrm{c}}$ 可按下列条件确定：① 当按单个构件检测时，单个构件的混凝土强度推定值取该构件各测区中最小的混凝土强度换算值；② 当按批抽样检测时，该批构件的混凝土强度推定值应按式（8-9）计算：

$$f_{\mathrm{cu,e}}^{\mathrm{c}} = {}^{m}f_{\mathrm{cu}}^{\mathrm{c}} - 1.645^{s}f_{\mathrm{cu}}^{\mathrm{c}} \tag{8-9}$$

式中：${}^{m}f_{\mathrm{cu}}^{\mathrm{c}}$ 为混凝土强度换算值的平均值（MPa）；${}^{s}f_{\mathrm{cu}}^{\mathrm{c}}$ 为混凝土强度换算值的标准差（MPa）。其中：

$$^{m}f_{\mathrm{cu}}^{\mathrm{c}} = \frac{1}{n}\sum_{i=1}^{n} f_{\mathrm{cu},i}^{\mathrm{c}} \tag{8-10}$$

$$^{s}f_{\mathrm{cu}}^{\mathrm{c}} = \frac{1}{n-1}\sqrt{\sum_{i=1}^{n}(f_{\mathrm{cu},i}^{\mathrm{c}})^2 - n({}^{m}f_{\mathrm{cu}}^{\mathrm{c}})^2} \tag{8-11}$$

四、试验结果

将试验结果填入表 8-14、表 8-15 中。

表 8-14　混凝土超声声速值的测试结果

测试项目		测区									
		1	2	3	4	5	6	7	8	9	10
测距 l/mm											
声时值 t_i/μs	t_1										
	t_2										
	t_3										
	t_m										
声速值 v_i/（km/s）											
修正后的声速值 v_i/（km/s）											
测试面：　　　　　　　　　　　　　　　声时修正值：											

表 8-15　超声回弹综合法测试混凝土强度的测试结果

测试项目		测区									
		1	2	3	4	5	6	7	8	9	10
修正后的声速值 v_a/（km/s）											
修正后的回弹值 R_a											
混凝土强度换算值/MPa	仪器推荐曲线结果										
	计算公式结果										
声速值 v_i/（km/s）											
测试面：　　　　　　　　　　　　　　　声时修正值：											

试验九　钻芯法检测结构混凝土强度试验

钻芯法是利用专用钻机，从结构混凝土中钻取芯样以检测混凝土强度或观察混凝土内部质量的方法。由于它对结构混凝土造成局部损伤，因此是一种半破损的现场检测手段。用钻芯法检测混凝土的强度、裂缝、接缝、分层、孔洞或离析等缺陷，具有直观、精度高等特点，因而广泛应用于工业与民用建筑、水工大坝、桥梁、公路、机场跑道等混凝土结构或构筑物的质量检测。

一、试验目的

（1）了解结构混凝土的强度半破损测定方法。
（2）了解钻芯法测定混凝土强度的原理和操作规程。
（3）会使用钻芯法对结构混凝土强度进行评定。

二、试件及试验设备

（1）压力实验机；
（2）混凝土钻芯机（见图 8-13）；
（3）自动岩石切片机型；
（4）混凝土磨平机型；

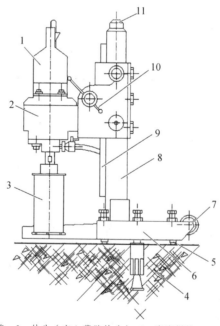

1—电动机；2—变速箱；3—钻头（空心薄壁钻头）；4—膨胀螺栓；5—支承螺丝；6—底座；
7—行走轮；8—立柱；9—升降齿条；10—进钻手柄；11—堵盖。

图 8-13　混凝土钻芯机

（5）钢直尺（0~300 mm）；

（6）游标卡尺（量程：0~200 mm）。

（7）试件：标准芯样（取芯质量符合要求且芯样公称直径为 100 mm、高径比为 1:1 的混凝土圆柱体试件叫作标准芯样）：单个构件，取芯个数不少于 3 个；构件体积或截面积较小时，可取 2 个。

三、实验步骤

（1）芯样宜在结构或构件的下列部位钻取：

① 结构或构件受力较小的部位。

② 混凝土强度质量具有代表性的部位。

③ 便于钻芯机安放与操作的部位。

④ 避开主筋、预埋件和管线的位置，并尽量避开其他钢筋。

⑤ 当采用钻芯法修正无损检测方法时，位置应与无损检测法相应的测区重合。

（2）芯样钻取。

① 钻芯机就位并安放平稳后，应将钻芯机固定。

② 芯样应进行标记，当所取芯样高度和质量不能满足要求时，应重新钻取。

③ 钻芯后留下的孔洞应及时进行修补。

④ 钻取芯样时应控制进钻的速度。

⑤ 在钻芯工作完毕后，应对钻芯机和芯样加工设备进行维修保养。

（3）芯样加工及测量。

① 抗压芯样试件的高度与直径之比（H/d）为 1.00。

② 锯切后的芯样应进行端面处理，宜采取在磨平机上磨平端面的处理方法。

③ 承受轴向压力芯样试件端面，也可采取下列处理方法：

A. 用环氧胶泥或聚合物水泥砂浆补平。

B. 抗压强度低于 40 MPa 的芯样试件，可采用水泥砂浆、水泥净浆或聚合物水泥砂浆补平，补平层厚度不宜大于 5 mm；也可采用硫黄胶泥补平，补平层厚度不宜大于 1.5 mm。

在试验前应按下列规定测量芯样试件尺寸：

① 平均直径用游标卡尺在芯样试件中部相互垂直的两个位置上测量，取测量的算术平均值作为芯样试件的直径，精确至 0.5 mm。

② 芯样试件高度用钢卷尺或钢板尺进行测量，精确至 1 mm。

③ 垂直度用游标量角器测量芯样试件两个端面与母线的夹角，精确至 0.1°。

④ 平整度用钢板尺或角尺紧靠在芯样试件端面上，一面转动钢板尺，一面用塞尺测量钢板尺与芯样试件端面之间的缝隙；也可采用其他专用设备量测。

（4）试验。

压力机精度不低于 ±2%。试件的破坏荷载为压力机量程的 20%~80%。加载速率一般控制在 0.3~0.8 MPa/s。

芯样试件的混凝土强度换算值，应按式（8-12）计算：

$$f_{cu}^c = \alpha \frac{4F}{\pi d^2} \tag{8-12}$$

式中　f_{cu}^c——芯样试件混凝土强度换算值（MPa），精确至 0.1 MPa；

　　　F——芯样试件抗压试验测得的最大压力（N）；

　　　d——芯样试件的平均直径（mm）；

　　　α——不同高径比的芯样试件混凝土强度修正系数（见表 8-16）。

将数据填入表 8-17 中。

表 8-16　不同高径比的芯样试件混凝土强度修正系数

长度与直径比（L/d）	修正系数	说明
2.00	1.00	当 L/d 为表列中间值时，修正系数可用插入法求得
1.75	0.98	
1.50	0.96	
1.25	0.93	
1.00	0.87	

表 8-17　芯样试件强度测试结果

序号	构件编号	设计强度等级	龄期/d	单个芯样强度值/MPa	强度推定值/MPa

试验十　钢筋扫描检测试验

一、试验目的

（1）掌握钢筋扫描仪的使用方法。

（2）测试钢筋位置、数量，并绘图。

二、试验内容

用钢筋扫描仪扫描出混凝土构件内的钢筋排布。

三、仪器名称及主要规格

（1）混凝土构件模型。

（2）钢筋扫描仪。

（3）直尺。

四、试验步骤

1. 确定检测区

根据需要在被测构件上选择一块区域作为检测区，尽量选择表面光滑的区域，以便提高检测精度。

2. 确定主筋（或上层筋）位置

选择一个起始点，沿主筋垂向（对于梁、柱等构件）或上层筋垂向（对于网状布筋的板、墙等）进行扫描，以确定主筋或上层筋的位置。然后平移　定距离，进行另一次扫描，将两次扫描到的点用直线连起来。注意：如果扫描线恰好在箍筋或下层筋上方，则有可能出现找不到钢筋或钢筋位置判定不准确的情况，表现为重复扫描时钢筋位置判定偏差较大。此时应将该扫描线平移两个钢筋直径的距离，再次扫描。

3. 确定箍筋（或下层筋）位置

在已经确定的两根钢筋的中间位置沿箍筋（或下层筋）垂向进行扫描，以确定箍筋（或下层筋）的位置，然后选择另两根的中间位置进行扫描，将两次扫描到的点用直线连接起来。

五、试验结果及分析

（1）简述钢筋扫描仪的原理。

根据电磁场理论，线圈是一个磁偶极子，当信号源供给交变电流时，它向外界辐射出电磁场；钢筋是一个电偶极子，它接收外界电场，从而产生大小沿钢筋分布的感应电流。钢筋的感应电流重新向外界辐射出电磁场（即二次场），使原激励线圈产生感生电动势，从而使线圈的输出电压产生变化，钢筋位置测定仪正是根据这一变化来确定钢筋所在的位置及其保护层厚度。而且在钢筋的正上方时，线圈的输出电压受钢筋所产生的二次磁场的影响最大。根据这一特点，在测试时，探头移动的过程中可以自动锁定这个受影响最大的点，即信号值最大的点，根据保护层厚度和信号之间的对应关系可得出厚度值。

（2）绘制所测构件钢筋分布图。

（3）试分析影响测量精度的因素。

① 钢筋材质的变化。

② 钢筋直径的变化：椭圆、螺纹、月牙纹。

③ 钢筋分布的影响：密集的相邻钢筋、密集的双层（多层）钢筋。

④ 混凝土中的磁性介质。

参考文献

［1］中华人民共和国住房和城乡建设部. 混凝土结构设计规范：GB 50010—2010（2015 年修订版）[S]. 北京：中国建筑工业出版社，2010.

［2］中华人民共和国住房和城乡建设部. 工程结构可靠性设计统一标准：GB 50153—2008[S]. 北京：中国建筑工业出版社，2008.

［3］中华人民共和国住房和城乡建设部. 建筑结构荷载规范：GB 50009—2012[S]. 北京：中国建筑工业出版社，2012.

［4］中华人民共和国住房和城乡建设部. 建筑结构设计术语和符号标准：GB/T 50083—1997[S]. 北京：中国建筑工业出版社，1997.

［5］中华人民共和国住房和城乡建设部. 工程结构设计基本术语标准：GB/T 50083—2014[S]. 北京：中国建筑工业出版社，2014.

［6］中华人民共和国住房和城乡建设部. 建筑结构制图标准：GB/T 50105—2010[S]. 北京：中国计划出版社，2011.

［7］中华人民共和国住房和城乡建设部. 钢结构设计标准：GB 50017—2017[S]. 北京：中国建筑工业出版社，2017.

［8］中华人民共和国住房和城乡建设部. 砌体结构设计规范：GB 50003—2011[S]. 北京：中国建筑工业出版社，2011.

［9］中华人民共和国住房和城乡建设部. 建筑结构检测技术标准：GB/T 50344—2004[S]. 北京：中国建筑工业出版社，2004.

［10］中华人民共和国住房和城乡建设部. 混凝土结构试验方法标准：GB 50152—2012[S]. 北京：中国建筑工业出版社，2012.

［11］王吉民. 土木工程试验[M]. 北京：北京大学出版社，2013.

［12］易伟建，张望喜. 建筑结构试验[M]. 北京：中国建筑工业出版社，2005.

［13］宋彧，李丽娟，张贵文. 建筑结构试验[M]. 重庆：重庆大学出版社，2005.

［14］刘自由，曹国辉. 土木工程实验[M]. 重庆：重庆大学出版社，2018.

［15］赵兰敏. 土木工程专业实验指导[M]. 武汉：武汉大学出版社，2015.

［16］张志恒. 土木工程实验与检测技术[M]. 长沙：中南大学出版社，2016.

［17］孙林柱. 土木工程实验[M]. 北京：科学出版社，2012.

［18］熊仲明，王社良. 土木工程结构试验[M]. 北京：中国建筑工业出版社，2015.

［19］马永欣，郑山锁. 结构试验[M]. 北京：科学出版社，2001.

［20］张伟丽，周云艳. 建筑结构实验指导书[M]. 武汉：中国地质大学出版社，2018.

［21］龙驭球. 结构力学 I——基础教程[M]. 4 版. 北京：高等教育出版社，2018.

[22] 湖南大学，等. 建筑结构试验[M]. 4 版. 北京：中国建筑工业出版社，2016.

[23] 王焕定. 实验结构力学[M]. 哈尔滨：哈尔滨工业大学出版社，2017.

[24] 周明华，王晓，毕佳. 土木工程结构试验与检测[M]. 南京：东南大学出版社，2002.

[25] 杨德建，马芹永. 建筑结构试验[M]. 2 版. 武汉：武汉理工大学出版社，2010.

[26] 刘明. 土木工程结构试验与检测[M]. 北京：高等教育出版社，2008.

[27] 李忠献. 工程结构试验理论与技术[M]. 天津：天津大学出版社，2004.

[28] 王天稳. 土木工程结构试验[M]. 武汉：武汉理工大学出版社，2006.